普通高等教育"十三五"规划教材

环境工程实验

张仁志　张尊举　主编

中国环境出版集团·北京

图书在版编目（CIP）数据

环境工程实验/张仁志，张尊举主编. —北京：中国环境出版集团，2019.2

普通高等教育"十三五"规划教材

ISBN 978-7-5111-3899-6

Ⅰ．①环… Ⅱ．①张…②张… Ⅲ．①环境工程—实验—高等学校—教材 Ⅳ．①X5-33

中国版本图书馆 CIP 数据核字（2019）第 012310 号

出 版 人 武德凯
责任编辑 沈 建 曹 玮
责任校对 任 丽
封面设计 彭 杉

出版发行 中国环境出版集团
（100062 北京市东城区广渠门内大街 16 号）
网 址：http://www.cesp.com.cn
电子邮箱：bjgl@cesp.com.cn
联系电话：010-67112765（编辑管理部）
发行热线：010-67125803，010-67113405（传真）
印 刷 北京中科印刷有限公司
经 销 各地新华书店
版 次 2019 年 2 月第 1 版
印 次 2019 年 2 月第 1 次印刷
开 本 787×1092 1/16
印 张 25
字 数 512 千字
定 价 49.00 元

本书编写组

主　　编: 张仁志　张尊举

编委成员: 姚淑霞　孙　蕾　金泥沙　金　伟　郝冬亮

　　　　　伦海波　董亚荣　王晓娜　赵　育　刘　芳

　　　　　胡天蓉　戴秋香　王　朦

前　言

　　《环境工程实验》是在"十二五"职业教育国家规划教材《环境综合实验》的基础上，结合当代本科职业教育的要求和环境工程专业知识技能学习的需要，通过增减项目、补充实验内容而编写的应用教材。

　　为了能够更好地满足今后一段时间环境保护高等教育的需求，保证基础理论知识能够联系实际，达到知识、技能、能力的综合培养目的，编写组在编写前对《环境综合实验》以及其他院校相关的实验教材使用情况进行了认真调研，征求了部分师生对现有教材使用的意见和建议，听取了从事环境工程相关专业技术人员的意见，并结合环境科学与工程专业培养方案，对教材进行了多次修改。在此基础上组织教师对主要工艺实验项目进行开发和预实验，完善实验内容和步骤，保证实验可操作性，以促进在有限的实验课时和条件下，获得最佳的教学效果。

　　实验教材在编写顺序上作了调整，以体现以学生为主体，以工程实验内容学习为重点的学习方法，即学生先预习了解实验设计方法、知道数据处理方法，并参照工艺实验内容，完善工艺实验设计，进行实验和数据处理，在工艺实验的同时复习监测方法。实验内容主要分两大部分，即环境工程工艺实验（包含水、气、声、土壤）和监测实验；在《环境综合实验》的基础上，增加了大气、噪声和土壤污染控制方面的工程实验，删除和修改了部分监测实验。教材更注重综合实验、工艺实验、设计性实验和创新性实验，减少验证性和演示性实验，以便提高学生综合运用知识和解决实际问题能力。例如，本书中的污水处理工艺实验可以将所有的实验联系在一起，便于学生理解对水污染控制工程的基本原理，培养学生选择和设计水污染处理研究与实验方法的初步能力，培养学生使用实验仪器设备能力与分析、处理实验数据的基本能力。本书还编写了实验设计与创新性实验的基本原则、思路、方法等内容，便于教师指导学生进行创新性实验。

在此，向为本书提供修改意见的老师、同学和工程技术人员一并表示感谢！

由于编者学识和工作经验不足、水平有限，教材中还存在着错误和不妥之处，希望各位老师、同学和读者批评指正，以便在下一版修订完善。

编　者

2018 年仲夏于北戴河

目　录

绪　论

第一节　环境工程实验的意义和教学目的

一、环境工程实验的意义

实践是检验真理的标准，实验则是提高学生理论联系实际的原始途径。众所周知，环境科学与工程是以实验为基础的学科，学科中的很多理论、应用参数、评价管理方法和工艺工程设计选择等都是通过实验验证获取的。因此，环境工程实验课程是环境类专业大学教育十分重要的环节。

环境工程实验可以使学生理论联系实际，加深对理论知识的理解，促进对专业知识的应用和创新，培养学生观察问题、分析问题和解决问题的能力，同时提高学生综合运用知识的能力、动手和科研的能力、创新能力和就业的能力。对学生后期的毕业设计、学习深造和岗位工作都具有深远的影响。

二、环境工程实验的教学目的

环境工程实验教学的主要目的是帮助学生深入掌握环境工程专业的基础知识以及工程技术的基本实验技能，为今后的学习深造和实习工作奠定基础。

通过工艺性和设计性实验，使学生了解如何进行实验方案的设计，并初步掌握环境实验的研究方法和基本测试技术，运用工艺实验数据进行工程设计，为企业提供咨询和服务。掌握实验数据的整理、分析、处理技术，包括如何收集实验数据，如何正确地分析和归纳实验数据、运用实验成果验证已有的概念和理论等。

加深对环境工程、环境监测等课程所学理论知识的理解；掌握各类水、气、噪声、土壤污染治理系统的操作、管理、维护以及工艺方法和原理，通过实验确定工艺参数，了解各种指标的意义；掌握监测数据的处理方法；掌握常用水质、大气、噪声等环境要素的监测方法；了解常规采样仪器、分析仪器的原理及使用方法。

第二节　环境工程实验的教学要求

一、实验课前预习

为完成好每个实验，学生在课前必须认真阅读实验教材，清楚地了解实验项目的目的要求、实验原理和实验内容，写出简明的预习报告。预习报告包括：实验目的、实验方法、实验步骤、注意事项、可能出现的问题、预期结果和准备向老师提出的问题。准备好实验记录表格，实验之前要将预习报告提交给指导老师。

二、实验设计

对综合性的实验，实验设计是实验研究的重要环节，是获得理想实验结果的基本保障。在实验教学中，宜将此环节的训练放在部分实验项目完成后进行，使学生掌握实验设计的方法。

三、实验操作

学生实验前应仔细检查实验设备、仪器仪表是否完整齐全。实验时要严格按照操作规程认真操作，仔细观察实验现象，精心测定实验数据并详细填写实验记录。实验结束后，要将实验设备和仪器仪表恢复原状，将周围环境整理干净。学生应注意培养自己严谨的科学态度，养成良好的工作和学习习惯。

四、实验数据处理

通过实验取得大量数据以后，必须对数据作科学的整理分析，去伪存真、去粗取精，以得到正确可靠的结论。

五、编写实验报告

将实验结果整理编写成一份实验报告，是实验教学必不可少的组成部分。这一环节的训练可为今后写好科学论文或科研报告打下基础。实验报告应独立完成，须包括下述内容：对实验目的和实验原理的认识、实验装置和方法、实验现象的观察与记录、实验数据处理、结果问题讨论与分析。

对于综合性实验或科研论文，最后还要列出参考文献。

对于分小组完成的实验项目，要提交小组实验报告。在实验过程中和全部实验结束后，由小组长主持全组总结、讨论、交流经验，完成小组实验报告。其内容应包括：实验计划、实验日志、观测记录、事故分析、失败原因、对计划执行情况的评估、对每个学生的评估、实验收获、技能提高等。小组实验报告是锻炼学生团队精神及合作意识、提高综合素质的一个重要而有效的教学环节。

第三节　实验教学考核

实验教学考核是对教学效果进行评估，保证教学质量，不断改革教学内容与方法的重要手段，也是对学生学习效果、知识掌握程度、能力和素质提高程度评估的重要教学环节。而实验课教学考核与其他理论课不同，应针对实验课教学内容、方法与规律，探索实验课的考核方法。其考核的内容应包括：

（1）对理论知识的应用能力；

（2）动手能力，对实验现象的观察能力，分析问题、解决问题的能力；

（3）工作态度、学习态度、团队合作精神，语言交流能力、提出问题能力；

（4）实验方法、实验结果表达是否正确，实验预习报告、实验报告的正确性、完整性。

对不同的实验课，单项实验课和综合实验课考核的方法、内容应有所不同。应确定一个量化考核评分指标体系，便于更加客观、公正地对实验课教学进行考核。

第一部分　实验设计与创新实验

第一节　工艺实验设计基本原理

实验设计的目的是选择一种对所研究的特定问题最有效的实验安排，以便用最少的人力、物力和时间获得满足要求的实验结果。从广义来说，包括明确实验目的、确定测定参数、确定需要控制或改变的条件、选择实验方法和测试仪器、确定测量精度要求、实验方案设计和数据处理步骤等。实验设计是实验研究过程的重要环节，通过实验设计可以使我们的实验安排在最有效的范围内，以保证通过较少的实验得到预期的实验结果。例如，在进行生化需氧量（BOD）的测定时，为了能全面地描述废水有机污染的情况，往往需要估计最终生化需氧量（BOD_u 或 L_u）和生化反应速率常数 K_1。完成这一实验需对 BOD 进行大量的、较长时间（约 20 天）的测定，既费时又费钱。此时如有较合理的实验设计，就可能在较短的时间得到比较正确的结果。表 1-1-1 是三种不同的实验设计得到的结果，图 1-1-1、图 1-1-2 是实验得到的 BOD 曲线。从上述图、表中可以看出，30 个测点的一组实验设计是不合适的，它不能给出满意的参数估算值。原因在于 BOD 是一级反应模型，因此，如果要使实验曲线与实测数据拟合得好些，要同时调整 K_1 和 L_u。由图 1-1-2 可以看出，如果只调整 K_1，会使 L_u 值变化很大，但模型对前 30 个数据的拟合情况却无显著差异，也就是说，两组截然不同的参数，其前 30 个点的拟合情况差别不大。可见在这种实验设计条件下，在一定的实验误差范围内，虽然两个实验者所得到的结果都是对的，但结论可能相差很大。20 天 59 次观测的结果虽然好，但需要大量人力与物力。而 20 天 12 次观测的实验安排（图 1-1-1 中第 4 天 6 个点，第 20 天 6 个点）测试次数最少，而其参数估算结果与 59 次观测所得结果相接近。这个例子说明，只要实验设计合理，不必进行大量观测便可得到精确的参数估算值，使实验的工作量显著地减少。如果实验点安排不好（如全部安排在早期），虽然得到的参数估算值高度相关，但实验不能达到预期目的。此外，即使实验观测的次数完全相同，如果实验点的安排不同，所得结果也可能截然不同。因此，正确的实验设计不仅可以节省人力、物力和时间，并且是得到可信的实验结果的重要保证。

表 1-1-1 三种 BOD 实验设计所得结果

实验安排	参数估算值		参数的均方差
	K_1/d^{-1}	L_u / （mg/L）	
20 天 59 次观测	0.22	101 000	−0.85
30 次观测，0～5 天	0.19	11 440	−0.998 9
第 4 天 6 次，第 20 天 6 次	0.22	10 190	−0.63

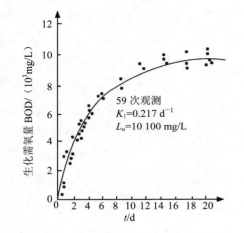

图 1-1-1　20 天 59 次观测的 BOD 曲线　　　　图 1-1-2　5 天 30 次观测的 BOD 曲线

在生产和科学研究中，实验设计方法已得到广泛应用，概括地说，包括以下三个方面的应用。

一、最佳运行参数选择

在生产过程中，人们为了达到优质、高产、低消耗等目的，常需要对有关因素的最佳点进行选择，一般是通过实验来寻找这个最佳点。实验的方法很多，为能迅速地找到最佳点，这就需要通过实验设计，合理安排实验点，才能最迅速地找到最佳点。例如，混凝剂是水污染控制常用的化学药剂，其投加量因具体情况不同而异，因此通常需要多次实验确定最佳投药量，此时便可以通过实验设计来减少实验的工作量。

二、数学模型中的参数估算

在实验前，若通过实验设计合理安排实验点、确定变量及其变化范围等，可以以较短的时间获得较精确的参数。例如，已知 BOD 一级反应模型 $Y=L_u（1-10^{-K_1 t}）$，要估

计 K_1 和 L_u。由于 $\dfrac{\mathrm{d}y}{\mathrm{d}t}\Big|_{t=0}=K_1L_u$，说明在反应的前期参数 K_1 和 L_u 相关性很好。所以如果在 t 靠近 0 的小范围内进行实验，就难以得到正确的 K_1 和 L_u，因为在此范围内，K_1 的任何偏差都会由于 L_u 的变化而得补偿（图 1-1-2）。因此，只有通过正确的实验设计，把实验安排在较大的时间范围内进行，才能比较精确地获得 K_1 和 L_u。

三、竞争模型的筛选

当可以用几种形式来描述某一过程的数学模型时，常需要通过实验来确定哪一种是较恰当的模型，此时也需要通过实验设计来保证实验提供可靠的信息，以便正确地进行模型筛选。例如，判断某化学反应是按 A→B→C 进行，还是按 A→B⇌C 进行时，要做许多实验。根据这两种反应动力学特征，B 的浓度与时间 t 的关系分别为图 1-1-3 所示的两条曲线。从图中可以看出，要区分表示这两种不同反应机理的数学模型，应该观测反应后期 B 的浓度变化，在均匀的时间间隔内进行实验是没有必要的。如果把实验安排在前期，用所得到的数据进行鉴别，则无法达到筛选模型的目的。这个例子说明，实验设计对于模型筛选是十分重要的，如果实验点位置选取得不好，即使实验数据很多，数据很精确，也达不到预期的实验目的。相反，选择适当的实验点位置后，即使测试精度稍差些，或者数据少一些，也能达到实验目的。

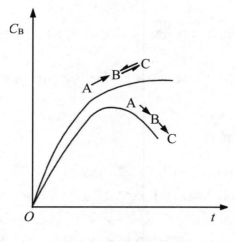

图 1-1-3 C_B 与 t 的关系

实验设计的方法很多，有单因素实验设计、双因素实验设计、正交实验设计、析因分析实验设计、序贯实验设计等。各种实验设计方法的目的和出发点不同，因此，在进行实验设计时，应根据研究对象的具体情况决定采用哪一种方法。

在生活过程和科学研究中，对实验指标有影响的条件，通常称为因素。有一类因素，在实验中可以人为地加以调节和控制，叫作可控因素。例如，混凝实验中的投药量和 pH 是可以人为控制的，属于可控因素。另一类因素，由于技术、设备和自然条件的限制，暂时还不能人为控制，叫作不可控因素。例如，气温、风对沉淀率的影响都是不可控因素。实验方案设计一般只适用于可控因素。本书中提到的因素，凡没有特别说明的都是指可控因素。在实验中，影响因素通常不止一个，但往往不是对所有的因素都加以考察。有的因素在长期实验中已经比较清楚，可暂时不考察，固定在某一状态上，只考察一个因素，这种考察一个因素的实验，叫作单因素实验；考察两个因素的实验称双因素实验；考察两个以上因素的实验称多因素实验。

在实验设计中用来衡量实验效果好坏所采用的标准称为实验指标，或简称指标。例如，在进行地面水的混凝实验时，为了确定最佳投药量和最佳 pH，选定浑浊度作为评定比较各次实验效果好坏的标准，即浊度是混凝实验的指标。

进行实验方案设计的步骤如下：

1．明确实验目的、确定实验指标。研究对象需要解决的问题，一般不止一个。例如，在进行混凝效果的研究时，要解决的问题有最佳投药量问题、最佳 pH 问题和水流速度梯度问题。不可能通过一次实验把所有这些问题都解决，因此，实验前应首先确定这次实验的目的究竟是解决哪一个或者哪几个主要问题，然后确定相应的实验指标。

2．挑选因素。在明确实验目的和确定实验指标后，要分析研究影响实验指标的因素。从所有的影响因素中排除那些影响不大，或者已经掌握的因素，让它们固定在某一状态上；挑选那些对实验指标可能有较大影响的因素来进行考察。例如，在进行 BOD 模型的参数估计时，影响因素有温度、菌种数、硝化作用及时间等。通常是把温度和菌种数控制在一定状态上，并排除硝化作用的干扰，只通过考察 BOD 随时间的变化来估计参数。

3．选定实验设计方法。因素选定后，可根据研究对象的具体情况决定选用哪一种实验设计方法。例如，对于单因素问题，应选用单因素实验设计法；3 个以上因素的问题，可以用正交实验设计法；若要进行模型筛选或确定已知模型的参数估计，可采用序贯实验设计法。

4．实验安排。上述问题都解决后，便可以进行实验点位置安排，开展具体的实验工作。

下面我们仅介绍单因素实验设计、双因素实验设计及正交实验设计法的部分基本方法，原理部分可根据需要参阅有关书籍。

第二节　单因素实验设计

单因素实验设计方法有 0.618 法（黄金分割法）、对分法、分数法、分批实验法、爬山法和抛物线法等。前 3 种方法可以用较少的实验次数迅速找到最佳点，适用于一次只能出一个实验结果的问题。对分法效果最好，每做一个实验就可以去掉实验范围的一半。分数法应用较广，因为它还可以应用于实验点只能取整数或某特定数的情况，以及限制实验次数和精确度的情况。分批实验法适用于一次可以同时得出多个实验结果的问题。爬山法适用于研究对象不适宜或者不易大幅度调整的问题。

下面介绍对分法、分数法和分批实验法。

一、对分法

采用对分法时，首先要根据经验确定实验范围。设实验范围在 a 至 b 之间，第一次实验点安排在 (a, b) 的中点 $x_1\left(x_1 = \dfrac{a+b}{2}\right)$。若实验结果表明 x_1 取值偏大，则丢去大于 x_1 的一半，第二次实验点安排在 (a, x_1) 的中点 $x_2\left(x_2 = \dfrac{a+x_1}{2}\right)$。如果第一次实验结果表明 x_1 取值偏小，便丢去小于 x_1 的一半，第二次实验点就取在 (x_1, b) 的中点。这个方法的优点是每做一次实验便可以去掉一半，且取点方便。适用于预先已经了解所考察因素对指标的影响规律，能够从一个实验的结果直接分析出该因素的取值是偏大或偏小的情况。

例如，确定消毒时加氯量的实验，可以采用对分法。

二、分数法

分数法又叫菲波那契数列法，它是利用菲波那契数列进行单因素优化实验设计的一种方法。当实验点只能取整数，或者限制实验次数的情况下，采用分数法较好。例如，如果只能做一次实验时，就在 1/2 处做，其精确度为 1/2，即这一点与实际最佳点的最大可能距离为 1/2。如果只能做两次实验，第一次实验在 2/3 处做，第二次在 1/3 处做，其精确度为 1/3。如果能做三次实验，则第一次在 3/5 处做实验，第二次在 2/5 处做，第三次在 1/5 或 4/5 处做，其精确度为 1/5……做几次实验就在实验范围内 $\left(\dfrac{F_n}{F_{n+1}}\right)$ 处做，其

精度为 $\left(\dfrac{1}{F_{n+1}}\right)$，如表 1-2-1 所示。

表 1-2-1　分数法实验点位置与精确度

实验次数	2	3	4	5	6	7	…	n	…	…
等分实验范围的份数	3	5	8	13	21	34	…	F_{n+1}	…	…
第一次实验点的位置	$\left(\dfrac{2}{3}\right)$	$\left(\dfrac{3}{5}\right)$	$\left(\dfrac{5}{8}\right)$	$\left(\dfrac{8}{13}\right)$	$\left(\dfrac{13}{21}\right)$	$\left(\dfrac{21}{34}\right)$	…	$\left(\dfrac{F_n}{F_{n+1}}\right)$	…	…
精确度	$\left(\dfrac{1}{3}\right)$	$\left(\dfrac{1}{5}\right)$	$\left(\dfrac{1}{8}\right)$	$\left(\dfrac{1}{13}\right)$	$\left(\dfrac{1}{21}\right)$	$\left(\dfrac{1}{34}\right)$	…	$\left(\dfrac{1}{F_{n+1}}\right)$	…	…

表 1-2-1 中的 F_n 及 F_{n+1} 叫作"菲波那契数"，它们可由下列递推式确定：

$$F_0=F_1=1 \quad F_k=F_{k-1}+F_{k-2} \quad (k=2,\ 3,\ 4,\ \cdots)$$

由此得 $F_2=F_1+F_0=2$，$F_3=F_2+F_1=3$，$F_4=F_3+F_2=5$，…，$F_{n+1}=F_n+F_{n-1}$，…

因此，表 1-2-1 第三行中各分数，从分数 2/3 开始，以后的每一分数，其分子都是前一分数的分母，而其分母都等于前一分数的分子与分母之和，照此方法不难写出所需要的第一次实验点位置。

分数法各实验点的位置，可用下列公式求得

$$\text{第一个实验点}=（大数-小数）\times\left(\dfrac{F_n}{F_{n+1}}\right)+小数 \qquad (1\text{-}2\text{-}1)$$

$$\text{新实验点}=（大数-中数）+小数 \qquad (1\text{-}2\text{-}2)$$

式中：中数——已实验的实验点数值。

上述两式推导如下：

首先，由于第一个实验点 x_1 取在实验范围内的 $\left(\dfrac{F_n}{F_{n+1}}\right)$ 处，所以 x_1 与实验范围左端点（小数）的距离等于实验范围总长度的 $\left(\dfrac{F_n}{F_{n+1}}\right)$ 倍，即第一实验点-小数=[大数（右端点）-小数]$\times\left(\dfrac{F_n}{F_{n+1}}\right)$ 移项后，即得式（1-2-1）。其次，由于新实验点（x_1，x_2，…）安排在余下范围内与已实验点相对称的点上，因此不仅新实验点到余下范围的中点的距离等于已实验点到中点的距离，而且新实验点到左端点的距离也等于已实验点到右端点的距离（图 1-2-1），即

新实验点-左端点=右端点-已实验点

移项后即得式（1-2-2）。

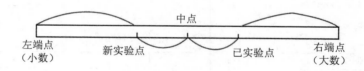

图 1-2-1　分数法实验点位置示意

下面以一具体例子说明分数法的应用。

某污水厂准备投加三氯化铁来改善污泥的脱水性能，根据初步调查投药量在 160 mg/L 以下，要求通过 4 次实验确定出最佳投药量。具体计算方法如下：

（1）根据式（1-2-1）要得到第一个实验点位置：

$$(160-0)\times\frac{5}{8}+0=100\ （mg/L）$$

（2）根据式（1-2-2）得到第二个实验点位置：

$$（160-100）+0=60\ （mg/L）$$

（3）假定第一点比第二点好，所以在 60～160 之间找第三点，丢去 0～60 的一段，即：

$$（160-100）+60=120\ （mg/L）$$

（4）第三点与第一点结果一样，此时要用对分法进行第四次实验，即在 $\frac{100+120}{2}=110$（mg/L）处进行实验得到的效果最好。

三、分批实验法

当完成实验需要较长的时间，或者测试一次要花很大代价，而每次同时测试几个样品和测试一个样品所花的时间、人力和费用相近时，采用分批实验法较好。分批实验法又可分为均匀分批实验法和比例分割实验法。这里仅介绍均匀分批实验法。这种方法是每批实验均匀地安排在实验范围内。例如，每批要做 4 次实验，我们可以先将实验范围 (a, b) 均分为 5 份，在其 4 个分点 x_1、x_2、x_3、x_4 处做 4 次实验。将 4 次实验样品同时进行测试分析，如果 x_3 好，则去掉小于 x_2 和大于 x_4 的部分，留下（x_2，x_4）范围。然后将留下部分再分成 6 份，在未做过实验的 4 个分点实验，这样一直做下去，就能找到最佳点。对于每批要做 4 次实验的情况，用这种方法，第一批实验后范围缩小 2/5，以后每批实验后都能缩小为前次余下的 1/3（图 1-2-2）。

图 1-2-2　分批实验法示意

例如，测定某种有毒物质进入生化处理构筑物的最大允许浓度时，可以用这种方法。

第三节　双因素实验设计

对于双因素问题，往往采取把两个因素变成一个因素的办法（即降维法）来解决，也就是先固定第一个因素，做第二个因素的实验，然后固定第二个因素再做第一个因素的实验。这里介绍两种双因素实验设计方法。

一、从好点出发法

这种方法是先把一个因素，例如，x 固定在实验范围内的某一点 x_1（0.618 点处或其他点处），然后用单因素实验设计对另一因素 y 进行实验，得到最佳实验点 $A_1(x_1, y_1)$；再把因素 y 固定在好点 y_1 处，用单因素方法对因素 x 进行实验，得到最佳点 $A_2(x_2, y_1)$。若 $x_2 < x_1$，因此 A_2 比 A_1 好，可以去掉大于 x_1 的部分，如果 $x_2 > x_1$，则去掉小于 x_1 的部分。然后，在剩下的实验范围内，再从好点 A_2 出发，把 x 固定在 x_2 处，对因素 y 进行实验，得到最佳实验点 $A_3(x_2, y_2)$，于是再沿直线 $y=y_1$ 把不包含 A_3 的部分范围去掉，这样继续下去，能较好地找到需要的最佳点（图 1-3-1）。

这个方法的特点是对某一因素进行实验选择最佳点时，另一个因素都是固定在上次实验结果的好点上（除第一次外）。

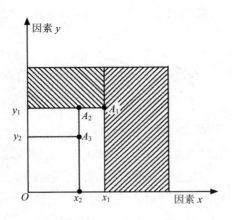

图 1-3-1　从好点出发法示意

二、平行线法

如果双因素问题的两个因素中有一个因素不易改变时，宜采用平行线法。具体方法如下：

设因素 y 不易调整，把 y 先固定在其实验范围的 0.5（或 0.618）处，过该点作平行于 x 轴的直线，并用单因素方法找出另一因素 x 的最佳点 A_1。再把因素 y 固定在 0.25 处，用单因素方法找出因素 x 的最佳点 A_2。比较 A_1 和 A_2，若 A_1 比 A_2 好，则沿直线 $y=0.25$ 将下面的部分去掉，然后在剩下的范围内再用对分法找出因素 y 的第三点 0.625。第三次实验将因素 y 固定在 0.625 处，用单因素法找出因素 x 的最佳点 A_3，若 A_1 比 A_3 好，则又可将直线 $y=0.625$ 以上的部分去掉。这样一直做下去，就可以找到满意的结果（图 1-3-2）。

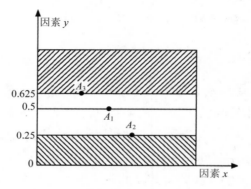

图 1-3-2　平行线法示意

例如，混凝效果与混凝剂的投加量、pH、水流速度梯度三个因素有关。根据经验分析，主要的影响因素是投药量和 pH，因此可以根据经验把水流速度梯度固定在某一水平上，然后，用双因素实验设计法选择实验点进行实验。

第四节　正交实验设计

在生产和科学研究中遇到的问题，一般都是比较复杂的，包含多种因素，且各个因素又有不同的状态，它们往往互相交织、错综复杂。要解决这类问题，常常需要做大量实验。例如，某工业废水欲采用厌氧消化处理，经过分析研究后，决定考察 3 个因素（如温度、时间、负荷率），而每个因素又可能有 3 种不同的状态（如温度因素为 25℃、30℃、35℃ 3 个水平），它们之间可能有 $3^3=27$ 种不同的组合，也就是说要经过 27 次实验后才能知道哪一种组合最好。显然，这种全面进行实验的方法，不但费时费钱，而且有时甚至是不可能的。对于这样的一个问题，如果采用正交设计法安排实验，只要经过 9 次实验便能得到满意的结果。对于多因素问题，采用正交实验设计可以达到事半功倍的效果，这是因为可以通过正交设计合理地挑选和安排实验点，较好地解决多因素实验中的两个突出矛盾：

（1）全面实验的次数与实际可行的实验次数之间的矛盾；

（2）实际所做的少数实验与要求掌握的事物的内在规律之间的矛盾。

正交实验设计法是一种研究多因素实验问题的数学方法。它主要是使用正交表这一工具从所有可能的实验搭配中挑选出若干必要的实验，然后再用统计分析方法对实验结果进行综合处理，得出结果。下面先介绍两个有关的概念。

1．水平。因素变化的各种状态叫因素的水平。某个因素在实验中需要考察它的几种状态，就叫它是几种水平的因素。因素在实验中所处状态（即水平）的变化，可能引起指标发生变化。例如，在污泥厌氧消化实验中要考察 3 个因素：温度、泥龄和负荷率。温度因素选择为 25 ℃、30 ℃、35 ℃ 3 种状态，这里的 25 ℃、30 ℃、35 ℃就是温度因素的 3 个水平。

因素的水平有的能用数量表示（如温度），有的则不能用数量表示。例如，在采用不同混凝剂进行印染废水脱色实验时，要研究哪种混凝剂较好，在这里各种混凝剂就表示混凝剂这个因素的各个水平，不能用数量表示。凡是不能用数量表示水平的因素，叫作定性因素。在多因素实验中，有时会遇到定性因素。对于定性因素，只要对每个水平规定具体含义，就可与定量因素一样对待。

2．正交表。用正交设计法安排实验都要用正交表。它是正交实验设计法中合理安排实验，以及对数据进行统计分析的工具。正交表都以统一形式的记号来表示。如 L_4(2^3)（图 1-4-1）。字母 L 代表正交表；L 右下角的数字"4"表示正交表有 4 行，即要安排 4 次实验；括号内的指数"3"表示表中有 3 列，即最多可以考察 3 个因素；括号内的底数"2"表示表中每列有 1、2 两种数据，即安排实验时，被考察的因素有两种水平 1 与 2，称为 1 水平与 2 水平。如表 1-4-1 所示。

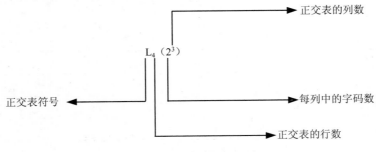

图 1-4-1　正交表记号示意

表 1-4-1 L₄（2³）正交表

实验号	列 号			实验号	列 号		
	1	2	3		1	2	3
1	1	1	1	3	2	1	2
2	1	2	2	4	2	2	1

如果被考察各因素的水平不同，应采用混合型正交表，其表示方式略有不同。如 $L_8（4×2^4）$，它表示有 8 行（即要做 8 次实验）5 列（即有 5 个因素）；而括号内的第一项"4"表示被考察的第一个因素是 4 个水平，在正交表中位于第一列，这一列由 1、2、3、4 四种数字组成；括号内第二项的指数"4"表示另外还有 4 个考察因素；底数"2"表示后 4 个因素是 2 水平，即后 4 列由 1、2 两种数字组成。用 $L_8（4×2^4）$ 安排实验时，最多要以考察一个具有五因素的问题，其中一因素为 4 水平，另四因素为 2 水平，共要做 8 次实验。

一、正交设计法安排多因素实验的步骤

1. 明确实验目的，确定实验指标。

2. 挑因素选水平，列出因素水平表。影响实验成果的因素很多，但是，我们不是对每个因素都进行考察。例如，对于不可控因素，由于无法测出因素的数值，因而看不出不同水平的差别，难以判断该因素的作用，所以不能列为被考察的因素。对于可控因素则应挑选那些对指标可能影响较大，但又没有把握的因素来进行考察，特别注意不能把重要因素固定（即固定在某一状态上不进行考察）。

对于选出的因素，可以根据经验定出它们的实验范围，在此范围内选出每个因素的水平，即确定水平的个数和各个水平的数量。因素水平选定后，便可列成因素水平表。例如，某污水厂进行污泥厌氧消化实验，经分析后决定对温度、泥龄、投配率 3 个因素进行考察，并确定了各因素均为 2 个水平和每个水平的数值。此时可以列出因素水平表（表 1-4-2）。

表 1-4-2 污泥厌氧消化实验因素水平表

水 平	因 素		
	温度/℃	泥龄/d	污泥投配率/%
1	25	5	5
2	35	10	8

3．选用正交表。常用的正交表有几十个，究竟选用哪个正交表，需要综合分析后决定，一般是根据因素和水平的多少、实验工作量大小和允许条件而定。实际安排实验时，挑选因素、水平和选用正交表等步骤有时是结合进行的。例如，根据实验目的，选好 4 个因素，如果每个因素取 4 个水平，则需用 $L_{16}(4^4)$ 正交表，要做 16 次实验。但是由于时间和经费上的原因，希望减少实验次数，因此，改为每个因素 3 个水平，则改为 $L_9(3^4)$ 正交表，做 9 次实验就够了。

4．表头设计。表头设计就是根据实验要求，确定各因素在正交表中的位置，如表1-4-3 所示。

表 1-4-3　污泥厌氧消化实验的表头

因素	温度	泥龄	污泥投配率
列号	1	2	3

5．列出实验方案。根据表头设计，从 $L_4(2^3)$ 正交表（表 1-4-4）中把 1、2、3 列的 1 和 2 换成表 1-4-2 所给的相应的水平，即得实验方案表（表 1-4-5）。

表 1-4-4　$L_4(2^3)$ 正交表

实验号	列号			实验号	列号		
	1	2	3		1	2	3
1	1	1	1	3	2	1	2
2	1	2	2	4	2	2	1

表 1-4-5　污泥厌氧消化实验方案表

实验号	因素（列号）				实验号	因素（列号）			
	A 温度/℃（1）	B 泥龄/d（2）	C 污泥投配率/%（3）	实验指标：产气量/(L/kgCOD)		A 温度/℃（1）	B 泥龄/d（2）	C 污泥投配率/%（3）	实验指标：产气量/(L/kgCOD)
1	25（1）	5（1）	5（1）		3	35（2）	5（1）	8（2）	
2	25（1）	10（2）	8（2）		4	35（2）	10（2）	5（1）	

二、实验结果的分析——直观分析法

通过实验获得大量实验数据后，如何科学地分析这些数据，从中得到正确的结论，是实验设计法不可分割的组成部分。

正交实验设计法的数据分析是要解决：①挑选的因素中，哪些因素影响大些，哪些影响小些，各因素对实验目的影响的主次关系如何；②各影响因素中，哪个水平能得到满意的结果，从而找到最佳的管理运行条件。

直观分析法是一种常用的分析实验结果的方法，其具体步骤如下。

1．填写实验指标。表 1-4-6 是采用直观分析法时的实验结果分析表示例。实验结束后，应归纳各组实验数据，填入表 1-4-6 中的"实验结果"栏中，并找出实验中结果最好的一个，计算实验指标的总和填入表内。

表 1-4-6　L₄（2³）正交表的实验结果分析

实验号	列 号				实验号	列 号			
	1	2	3	实验结果（实验指标）		1	2	3	实验结果（实验指标）
1	1	1	1	x_1	K_1 K_2				$\sum_{i=1}^{n} x(n=实验次数)$
2	1	2	2	x_2	$\overline{K_1}$				
					$\overline{K_2}$				
3	2	1	2	x_3	R				
4	2	2	1	x_4					

例如，将某污水厂厌氧消化实验所取得的 4 次产气量结果填入表 1-4-7 中，找出第 3 号实验的产气量最高（817 L/kgCOD），它的实验条件是 $A_2B_1C_2$，并将产气量的总和 2 854（2 854=627＋682＋817＋728）也填入表内。

2．计算各列的 K_1、$\overline{K_1}$ 和 R 值，并填入表 1-4-6 中。

K_1（第 m 列）=第 m 列中数字与"i"对应的指标值之和

$$\overline{K_1}（第 m 列）=\frac{K_i（第 m列）}{第m列中"i"水平的重复次数}$$

R（第 m 列）=第 m 列的 $\overline{K_1}$、$\overline{K_2}$、…中最大值减去最小值之差。

R 称为极差。极差是衡量数据波动大小的重要指标，极差越大的因素越重要。例如，表 1-4-7 的第一列中与水平（1）和水平（2）相应的实验指标分别为"627""682"和"817""728"，所以

$$K_1（第 1 列）=627+682=1\ 309（L/kgCOD）$$
$$K_2（第 1 列）=817+728=1\ 545（L/kgCOD）$$

表 1-4-7 中第一列中的水平（1）和水平（2）重复次数均为 2 次，所以

$$\overline{K_1}（第 1 列）=\frac{K_1（第1列）}{2}=\frac{1\ 309}{2}=654.5（L/kgCOD）$$

$$\overline{K_2}\text{（第 1 列）}=\frac{K_2\text{（第1列）}}{2}=\frac{1\,545}{2}=722.5\text{（L/kgCOD）}$$

$$R\text{（第 1 列）}=722.5-654.5=118\text{（L/kgCOD）}$$

3．制作因素与指标的关系图。以指标 $\overline{K}$ 为纵坐标，因素水平为横坐标作图。该图反映了在其他因素基本相同变化的条件下，该因素与指标的关系。

例如，表 1-4-7 中所列的 $\overline{K}$ 与 A、B、C 3 个因素的关系可以很直观地看出三个因素中，对产气量影响最大的是温度，影响最小的是泥龄。

表 1-4-7　厌氧消化实验结果分析

实验号	因素（列号）			实验结果（实验指标）
	A 温度/℃（1）	B 泥龄/d（2）	C 污泥投配率/%（3）	产气量/（L/kgCOD）
1	25（1）	5（1）	5（1）	627
2	25（1）	10（2）	8（2）	682
3	35（2）	5（1）	8（2）	817
4	35（2）	10（2）	5（1）	728
K_1	1 309	1 444	1 355	2 854
K_2	1 545	1 410	1 499	
$\overline{K_1}$	654.5	722	677.5	
$\overline{K_2}$	772.5	705	749.5	
R	118	17	72	

4．比较各因素的极差 R，排出因素的主次顺序。例如，根据表 1-4-7，厌氧消化过程中影响产气量大小的三个因素的主次顺序是：温度→污泥投配率→泥龄。

应该注意，实验分析得到的因素的主次、水平的优劣，都是相对于某具体条件而言的。在一次实验中是主要因素，在另一次实验中，由于条件变了，就可能成为次要因素；反过来，原来次要的因素，也可能由于条件的变化而转化为主要因素。

5．选取较好的水平组。从表 1-4-7 可以看出，4 个实验中产气量最高的操作条件是 $A_2B_1C_2$，通过计算分析找出好的操作条件也是 $A_2B_1C_2$。因此，可以认为 $A_2B_1C_2$ 是一组好的操作条件。如果计算分析结果与按实验安排进行实验后得到的结果不一致时，应将各自得到的好的操作条件再各做 2 次实验加以验证，最后确定哪一组操作条件最好。

三、正交实验分析举例

污水生物处理所用曝气设备，不仅关系到处理厂站基建投资，还关系到运行费用，因而国内外均在研制新型高效节能的曝气设备。自吸式射流曝气设备是一种新型设备，为了研制设备结构尺寸、运行条件与充氧性能关系，拟用正交实验法进行清水充氧实验。

实验是在 1.6 m×1.6 m×7.0 m 的钢板池内进行，喷嘴直径 d=20 mm（整个实验中的一部分）。

1．实验方案确定及实验

（1）实验目的。实验是为了找出影响曝气充氧性能的主要因素及确定较理想的结构尺寸和运行条件。

（2）挑选因素。影响充氧的因素较多，根据有关文献资料及经验，对射流器本身结构主要考察两个：一个是射流器的长、径比，即混合段的长度 L 与其直径 D 之比 L/D；另一个是射流器的面积比，即混合段的断面面积与喷嘴面积之比。

$$m = \frac{F_2}{F_1} = \frac{D^2}{d^2}$$

对射流器运行条件，主要考察喷嘴工作压力 p 和曝气水深 H。

（3）确定各因素的水平。为了能减少实验次数，又能说明问题，因此，每个因素选用 3 个水平。根据有关资料选用，结果如表 1-4-8 所示。

表 1-4-8　自吸式射流曝气实验因素水平表

项目	因　素			
	1	2	3	4
内容	水深 H/m	压力 p/MPa	面积比 m	长径比 L/D
水平	1，2，3	1，2，3	1，2，3	1，2，3
数值	4.5，5.5，6.5	0.1，0.2，0.25	9.0，4.0，6.3	60，90，120

（4）确定实验评价指标。本实验以充氧动力效率为评价指标。充氧动力效率系指曝气设备所消耗的理论功率为 1 kW·h 时，向水中充入氧的数量，以 kg/（kW·h）计。该值将曝气供氧与所消耗的动力联系在一起，是一个具有经济价值的指标，它的大小将影响活性污泥处理厂站的运行费用。

（5）选择正交表。根据以上所选择的因素与水平，确定选用 $L_9(3^4)$ 正交表。见表 1-4-9。

（6）确定实验方案。根据已定的因素、水平及选用的正交表。

A．因素顺序上列；

B．水平对号入座。则得出正交实验方案如表 1-4-10 所示。

C．确定实验条件并进行实验。根据表 1-4-10，共需组织 9 次实验，每组具体实验条件如表中 1，2，…，9 各横行所示。第一次实验在水深 4.5 m，喷嘴工作压力 p =0.1 MPa，面积比 $m = \dfrac{D^2}{d^2} = 9.0$，长径比 L/D=60 的条件下进行。

表 1-4-9 L$_9$（3^4）正交实验表

实验号	列 号				实验号	列 号			
	1	2	3	4		1	2	3	4
1	1	1	1	1	6	2	3	1	2
2	1	2	2	2	7	3	1	3	2
3	1	3	3	3	8	3	2	1	3
4	2	1	3	3	9	3	3	2	1
5	2	2	3	1					

表 1-4-10 自吸式射流曝气正交实验方案表 L$_9$（3^4）

实验号	因 子				实验号	因 子			
	H/m	p/MPa	m	L/D		H/m	p/MPa	m	L/D
1	4.5	0.10	9.0	60	6	5.5	0.25	9.0	90
2	4.5	0.20	4.0	90	7	6.5	0.10	6.3	90
3	4.5	0.25	6.3	120	8	6.5	0.20	9.0	120
4	5.5	0.10	4.0	120	9	6.5	0.25	4.0	60
5	5.5	0.20	6.3	60					

2．实验结果直观分析

实验结果及分析如表 1-4-11 所示，具体做法如下。

（1）填写评价指标。将每一实验条件下的原始数据，通过数据处理后求出动力效率 E，并计算算术平均值，填写在相应的栏内。

（2）计算各列的 K、$\overline{K_1}$ 及极差 R，如计算 H 这一列的因素时，各水平的 K 值如下。

第一个水平 $K_{4.5}=1.03+0.89+0.88=2.80$

第二个水平 $K_{5.5}=1.30+1.07+0.77=3.14$

第三个水平 $K_{6.5}=0.83+1.11+1.01=2.95$

其均值 $\overline{K}$ 分别为

$$\overline{K_{11}}=\frac{2.80}{3}=0.93$$

$$\overline{K_{12}}=\frac{3.14}{3}=1.05$$

$$\overline{K_{13}}=\frac{2.95}{3}=0.98$$

极差 $R_1=1.05-0.93=0.12$

依此分别计算 2、3、4 列，结果如表 1-4-11 所示。

表 1-4-11　自吸式射流曝气正交实验结果直观分析

实验号	因 子				
	H/m	p/MPa	m	L/D	$E/[kg/（kW\cdot h）]$
1	4.5	0.100	9.0	60	1.03
2	4.5	0.195	4.0	90	0.89
3	4.5	0.297	6.3	120	0.88
4	5.5	0.115	4.0	120	1.30
5	5.5	0.180	6.3	60	1.07
6	5.5	0.253	9.0	90	0.77
7	6.5	0.105	6.3	90	0.83
8	6.5	0.200	9.0	120	1.11
9	6.5	0.255	4.0	60	1.01
K_1	2.80	3.16	2.91	3.11	$\sum E=8.89$
K_2	3.14	3.07	3.20	2.49	$\mu=\dfrac{\sum E}{9}=0.99$
K_3	2.95	2.66	2.78	3.29	
$\overline{K_1}$	0.93	1.05	0.97	1.04	
$\overline{K_2}$	1.05	1.02	1.07	0.83	
$\overline{K_3}$	0.98	0.89	0.93	1.10	
R	0.12	0.16	0.14	0.27	

（3）成果分析。

A．由表中极差大小可见，影响射流曝气设备充氧效率的因素主次顺序依次为 $L/D\rightarrow$ $p\rightarrow m\rightarrow H$。

B．由表中各因素水平值的均值可见，各因素中较佳的水平条件分别为：$L/D=120$、 $p=0.1$ MPa、$m=4.0$、$H=5.5$ m。

四、常用正交实验表

（1）$L_4（2^3）$

实验号	列 号		
	1	2	3
1	1	1	1
2	1	2	2
3	2	1	2
4	2	2	1

（2）L_8（2^7）

实验号	列　号						
	1	2	3	4	5	6	7
1	1	1	1	1	2	1	1
2	1	1	1	2	1	2	2
3	1	2	2	1	2	2	2
4	1	2	2	2	1	1	1
5	2	1	2	1	2	1	2
6	2	1	2	2	1	2	1
7	2	2	1	1	2	2	1
8	2	2	1	2	1	1	2

（3）L_{16}（2^{15}）

实验号	列　号														
	1	2	3	4	5	6	7	8	9	10	11	12	13	14	15
1	1	1	1	1	1	1	1	1	1	1	1	1	1	1	1
2	1	1	1	1	1	1	1	2	2	2	2	2	2	2	2
3	1	1	1	2	2	2	2	1	1	1	1	2	2	2	2
4	1	1	1	2	2	2	2	2	2	2	2	1	1	1	1
5	1	2	2	1	1	2	2	1	1	2	2	1	1	2	2
6	1	2	2	1	1	2	2	2	2	1	1	2	2	1	1
7	1	2	2	2	2	1	1	1	1	2	2	2	2	1	1
8	1	2	2	2	2	1	1	2	2	1	1	1	1	2	2
9	2	1	2	1	2	1	2	1	2	1	2	1	2	1	2
10	2	1	2	1	2	1	2	2	1	2	1	2	1	2	1
11	2	1	2	2	1	2	1	1	2	1	2	2	1	2	1
12	2	1	2	2	1	2	1	2	1	2	1	1	2	1	2
13	2	2	1	1	2	2	1	1	2	2	1	1	2	2	1
14	2	2	1	1	2	2	1	2	1	1	2	2	1	1	2
15	2	2	1	2	1	1	2	1	2	2	1	2	1	1	2
16	2	2	1	2	1	1	2	2	1	1	2	1	2	2	1

（4）L$_{12}$（2^{11}）

实验号	列　号										
	1	2	3	4	5	6	7	8	9	10	11
1	1	1	1	2	2	1	2	1	2	2	1
2	2	1	2	1	2	1	1	2	2	2	2
3	1	2	2	2	2	2	1	2	2	1	1
4	2	2	1	1	2	2	2	2	1	2	1
5	1	1	2	2	1	2	2	2	1	2	2
6	2	1	2	1	1	2	2	1	2	1	1
7	1	2	1	1	1	1	2	2	2	1	2
8	2	2	1	2	1	2	1	1	2	2	2
9	1	1	1	1	2	2	1	1	1	1	2
10	2	1	1	2	1	1	1	2	1	1	1
11	1	2	2	1	1	1	1	1	1	2	1
12	2	2	2	2	2	1	2	1	1	1	2

（5）L$_9$（3^4）

实验号	列　号			
	1	2	3	4
1	1	1	1	1
2	1	2	2	2
3	1	3	3	3
4	2	1	2	3
5	2	2	3	1
6	2	3	1	2
7	3	1	3	2
8	3	2	1	3
9	3	3	2	1

（6）$L_{27}(3^{13})$

实验号	列 号												
	1	2	3	4	5	6	7	8	9	10	11	12	13
1	1	1	1	1	1	1	1	1	1	1	1	1	1
2	1	1	1	1	2	2	2	2	2	2	2	2	2
3	1	1	1	1	3	3	3	3	3	3	3	3	3
4	1	2	2	2	1	1	1	2	2	2	3	3	3
5	1	2	2	2	2	2	2	3	3	3	1	1	1
6	1	2	2	2	3	3	3	1	1	1	2	2	2
7	1	3	3	3	1	1	1	3	3	3	2	2	2
8	1	3	3	3	2	2	2	1	1	1	3	3	3
9	1	3	3	3	3	3	3	2	2	2	1	1	1
10	2	1	2	3	1	2	3	1	2	3	1	2	3
11	2	1	2	3	2	3	1	2	3	1	2	3	1
12	2	1	2	3	3	1	2	3	1	2	3	1	2
13	2	2	3	1	1	2	3	2	3	1	3	1	2
14	2	2	3	1	2	3	1	3	1	2	1	2	3
15	2	2	3	1	3	1	2	1	2	3	2	3	1
16	2	3	1	2	1	2	3	3	1	2	2	3	1
17	2	3	1	2	2	3	1	1	2	3	3	1	2
18	2	3	1	2	3	1	2	2	3	1	1	2	3
19	3	1	3	2	1	3	2	1	3	2	1	3	2
20	3	1	3	2	2	1	3	2	1	3	2	1	3
21	3	1	3	2	3	2	1	3	2	1	3	2	1
22	3	2	1	3	1	3	2	2	1	3	3	2	1
23	3	2	1	3	2	1	3	3	2	1	1	3	2
24	3	2	1	3	3	2	1	1	3	2	2	1	3
25	3	3	2	1	1	3	2	3	2	1	2	1	3
26	3	3	2	1	2	1	3	1	3	2	3	2	1
27	3	3	2	1	3	2	1	2	1	3	1	3	2

（7）L_{18}（6×3^6）

实验号	列 号						
	1	2	3	4	5	6	7
1	1	1	1	1	1	1	1
2	1	2	2	2	2	2	2
3	1	3	3	3	3	3	3
4	2	1	1	2	2	3	3
5	2	2	2	3	3	1	1
6	2	3	3	1	1	2	2
7	3	1	2	1	3	2	3
8	3	2	3	2	1	3	1
9	3	3	1	3	2	1	2
10	4	1	3	3	2	2	1
11	4	2	1	1	3	3	2
12	4	3	2	2	1	1	3
13	5	1	2	3	1	3	2
14	5	2	3	1	2	1	3
15	5	3	1	2	3	2	1
16	6	1	3	2	3	1	2
17	6	2	1	3	1	2	3
18	6	3	2	1	2	3	1

（8）L_{18}（2×3^7）

实验号	列 号							
	1	2	3	4	5	6	7	8
1	1	1	1	1	1	1	1	1
2	1	1	2	2	2	2	2	2
3	1	1	3	3	3	3	3	3
4	1	2	1	1	2	2	3	3
5	1	2	2	2	3	3	1	1
6	1	2	3	3	1	1	2	2
7	1	3	1	2	1	3	2	3
8	1	3	2	3	2	1	3	1
9	1	3	3	1	3	2	1	2
10	2	1	1	3	3	2	2	1
11	2	1	2	1	1	3	3	2
12	2	1	3	2	2	1	1	3
13	2	2	1	2	3	1	3	2
14	2	2	2	3	1	2	1	3
15	2	2	3	1	2	3	2	1
16	2	3	1	3	2	3	1	2
17	2	3	2	1	3	1	2	3
18	2	3	3	2	1	2	3	1

（9）L_8（4×2^4）

实验号	列　号				
	1	2	3	4	5
1	1	1	1	1	1
2	1	2	2	2	2
3	2	1	1	2	2
4	2	2	2	1	1
5	3	1	2	1	2
6	3	2	1	2	1
7	4	1	2	2	1
8	4	2	1	1	2

（10）L_{16}（4^5）

实验号	列　号				
	1	2	3	4	5
1	1	1	1	1	1
2	1	2	2	2	2
3	1	3	3	3	3
4	1	4	4	4	4
5	2	1	2	3	4
6	2	2	1	4	3
7	2	3	4	1	2
8	2	4	3	2	1
9	3	1	3	4	2
10	3	2	4	3	1
11	3	3	1	2	4
12	3	4	2	1	3
13	4	1	4	2	3
14	4	2	3	1	4
15	4	3	2	4	1
16	4	4	1	3	2

（11）L_{16}（$4^3 \times 2^6$）

实验号	列　号								
	1	2	3	4	5	6	7	8	9
1	1	1	1	1	1	1	1	1	1
2	1	2	2	1	1	2	2	2	2
3	1	3	3	2	2	1	1	2	2
4	1	4	4	2	2	2	2	1	1
5	2	1	2	2	2	1	2	1	2
6	2	2	1	2	2	2	1	2	1
7	2	3	4	1	1	1	2	2	1
8	2	4	3	1	1	2	1	1	2
9	3	1	3	1	2	2	2	2	1
10	3	2	4	1	2	1	1	1	2
11	3	3	1	2	1	2	2	1	2
12	3	4	2	2	1	1	1	2	1
13	4	1	4	2	1	2	1	2	2
14	4	2	3	2	1	1	2	1	1
15	4	3	2	1	2	2	1	1	1
16	4	4	1	1	2	1	2	2	2

（12）L_{16}（$4^4 \times 2^3$）

实验号	列　号						
	1	2	3	4	5	6	7
1	1	1	1	1	1	1	1
2	1	2	2	2	1	2	2
3	1	3	3	3	2	1	2
4	1	4	4	4	2	2	1
5	2	1	2	3	2	2	1
6	2	2	1	4	2	1	2
7	2	3	4	1	1	2	2
8	2	4	3	2	1	1	1
9	3	1	3	4	1	2	2
10	3	2	4	3	1	1	1
11	3	3	1	2	2	2	1
12	3	4	2	1	2	1	2
13	4	1	4	2	2	1	2
14	4	2	3	1	2	2	1
15	4	3	2	4	1	1	1
16	4	4	1	3	1	2	2

（13）$L_{16}(4^2 \times 2^9)$

实验号	列 号										
	1	2	3	4	5	6	7	8	9	10	11
1	1	1	1	1	1	1	1	1	1	1	1
2	1	2	1	1	1	2	2	2	2	2	2
3	1	3	2	2	2	1	1	1	2	2	2
4	1	4	2	2	2	2	2	1	1	1	1
5	2	1	1	2	2	1	2	2	1	2	2
6	2	2	1	2	2	2	1	1	2	1	1
7	2	3	2	1	1	1	2	2	1	1	1
8	2	4	2	1	1	2	1	1	1	2	2
9	3	1	2	1	2	2	1	2	2	1	2
10	3	2	2	1	2	1	2	1	1	2	1
11	3	3	1	2	1	2	1	2	1	2	1
12	3	4	1	2	1	1	2	1	2	1	2
13	4	1	2	2	1	2	2	1	2	2	1
14	4	2	2	2	1	1	1	2	1	1	2
15	4	3	1	1	2	2	2	1	1	1	2
16	4	4	1	1	2	1	1	2	2	2	1

（14）$L_{16}(4 \times 2^{12})$

实验号	列 号												
	1	2	3	4	5	6	7	8	9	10	11	12	13
1	1	1	1	1	1	1	1	1	1	1	1	1	1
2	1	1	1	1	1	2	2	2	2	2	2	2	2
3	1	2	2	2	2	1	1	1	1	2	2	2	2
4	1	2	2	2	2	2	2	2	2	1	1	1	1
5	2	1	1	2	2	1	1	2	2	1	1	2	2
6	2	1	1	2	2	2	2	1	1	2	2	1	1
7	2	2	2	1	1	1	1	2	2	2	2	1	1
8	2	2	2	1	1	2	2	1	1	1	1	2	2
9	3	1	2	1	2	1	2	1	2	1	2	1	2
10	3	1	2	1	2	2	1	2	1	2	1	2	1
11	3	2	1	2	1	1	2	1	2	2	1	2	1
12	3	2	1	2	1	2	1	2	1	1	2	1	2
13	4	1	2	2	1	1	2	2	1	1	2	2	1
14	4	1	2	2	1	2	1	1	2	2	1	1	2
15	4	2	1	1	2	1	2	2	1	2	1	1	2
16	4	2	1	1	2	2	1	1	2	1	2	2	1

（15）L_{25} （5^6）

实验号	列 号					
	1	2	3	4	5	6
1	1	1	1	1	1	1
2	1	2	2	2	2	2
3	1	3	3	3	3	3
4	1	4	4	4	4	4
5	1	5	5	5	5	5
6	2	1	2	3	4	5
7	2	2	3	4	5	1
8	2	3	4	5	1	2
9	2	4	5	1	2	3
10	2	5	1	2	3	4
11	3	1	3	5	2	4
12	3	2	4	1	3	5
13	3	3	5	2	4	1
14	3	4	1	3	5	2
15	3	5	2	4	1	3
16	4	1	4	2	5	3
17	4	2	5	3	1	4
18	4	3	1	4	2	5
19	4	4	2	5	3	1
20	4	5	3	1	4	2
21	5	1	5	4	3	2
22	5	2	1	5	4	3
23	5	3	2	1	5	4
24	5	4	3	2	1	5
25	5	5	4	3	2	1

（16）L$_{12}$（3×2^4）

实验号	列 号				
	1	2	3	4	5
1	2	1	1	1	2
2	2	2	1	2	1
3	2	1	2	2	2
4	2	2	2	1	1
5	1	1	1	2	2
6	1	2	1	2	1
7	1	1	2	1	1
8	1	2	2	1	2
9	3	1	1	1	1
10	3	2	1	1	2
11	3	1	2	2	1
12	3	2	2	2	2

（17）L$_{12}$（6×2^2）

实验号	列 号		
	1	2	3
1	1	1	1
2	2	1	2
3	1	2	2
4	2	2	1
5	3	1	2
6	4	1	1
7	3	2	1
8	4	2	2
9	5	1	1
10	6	1	2
11	5	2	2
12	6	2	1

第五节　创新实验

一、创新实验原则

创新实验是高等院校学生在实验、实训、实践教学环节中的最高阶段，具有一定的难度和挑战性。在教学实践中证明，这也是师生教学相长，师生最为感兴趣的创造性教学活动，因此它的积极作用是不可估量的。

创新实验对于实验的内容、方法、步骤、结果没有确定性，是学生利用已经掌握的理论知识，为解决现实或科学研究中的某一个问题而设计的实验。

创新实验的基本原则是：

（1）针对现实中需要解决的某些环境问题，或科学研究中的课题提出实验题目；

（2）实验的内容、方法、步骤要有一定的创新性，技术路线要合理先进，采用的研究方法要有一定的前沿性；

（3）利用已具备的实验条件，或经过努力可以实现的条件，提倡自己动手组装、研制、开发实验设备，使整个研究实验活动都在创新中完成；

（4）对实验目的的可达性进行充分论证，对各种风险要进行充分预测；

（5）对实验是否一定成功不应作为实验选择的首要条件，更重要的是实验的创新性，对学生创新能力的挖潜与提高是创新实验的主要目的。

二、创新实验设计

创新实验的成功与否、是否能够达到锻炼学生的目的，关键是实验题目的选择与实验方案的设计。

（1）在教师的启发下，激发学生的创新意识，调动学生参加创新实验的积极性。

（2）学生通过查阅资料、社会调查、进行头脑激发，针对现实中的环境问题与科研中的环境问题，提出若干个实验题目。

（3）根据学生的知识储备、学历层次与能力、实验条件与试剂等，对备选题目的可达性进行风险评估，并且通过努力扩大机遇、降低风险。

（4）选定题目，确定实验方法与技术路线，制订实验计划，明确小组人员分工。

（5）实施实验方案，定期对实验情况与进度进行评估，调整实验进度与计划。

（6）定期整理分析实验数据。实验数据的可靠性分析是实验工作的重要环节。实验者必须经常用已掌握的基本概念分析实验数据，通过数据分析加深对基本概念的理解。

（7）检查并发现实验设备、操作运行、测试方法和实验方向等方面的问题，以便及时解决，使实验工作能较顺利地进行。

（8）终期评估，对实验计划执行情况、存在的问题、取得的成果进行认真总结，写出实验报告。

在实验设计和实验的全过程中，教师应以一个参与者和顾问的身份出现，而不是以教师的身份出现，应该着力调动学生的积极性，提高学生的动手能力，激发学生的潜能；教师只对学生的方案以及实验的实施进行提示与启发，不应对学生的超常想象、思路和方法等进行限制，而只对一些较明显的错误给予指正。保证学生是在一个自由想象的空间内构想与工作，激发他们的成就感和自我实现意识。创新实验设计见图 1-5-1。

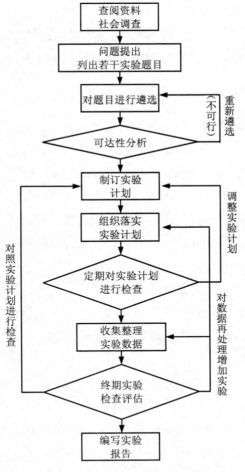

图 1-5-1　创新实验设计实施流程

三、创新实验组织

一个创新性实验不是一次实验课能够完成的，短则几周，长则几个月才能够完成，因此，有效的实验组织是保证实验按计划进行，并且取得理想的实验结果的重要保证。一般实验要以小组进行，每小组 3～5 人，对于综合性创新实验，可以由更多学生组成小组进行。实验小组要有明确的分工与合作。

小组长：负责实验的全部工作，对实验计划的制订、组织落实、实施进度进行控制，协调成员间的工作，解决遇到的困难等；

副组长：应协助组长做好组织工作，并完成自己分担的工作；

成员：要有明确的分工，对自己承担的工作负责，同时按实验计划协助其他同学工作。

实验过程中要经常邀请老师参与活动，汇报实验进度与实验数据，特别是对调整实验计划要及时与老师沟通。创新实验的组织与实施见图 1-5-1。

四、创新实验报告

（1）对实验进行综述，对实验装置和过程进行描述。

（2）实验数据处理、分析与讨论。

（3）通过实验掌握了哪些新的知识，是否解决了提出研究的问题，是否证明了文献中的某些论点。

（4）实验结论对环境的管理、规划、评价与政策的建议与观点；工艺实验结果是否可用于改进已有的工艺设备和操作运行条件，或设计新的处理设备。

（5）如果实验没有达到理想的结果，总结其原因，认真分析实验数据，查找实验日志，分析原因，给出结论或提出新的实验方案。

好的创新性实验报告应近似于一个科学研究的报告或学位论文，因此，做好创新性实验，写好实验报告对提高学生的科研写作能力，为完成学位论文或进行科学研究打下良好的基础。

五、创新实验举例

为了便于教师指导学生开展创新性实验，针对一般的环境保护问题，一些地区环境保护需要不断探索、不断研究的内容，以下举例一些可以作为创新性实验的题目，为学生在进行创新性实验时打开思路，或从中选择题目，以解决某一地区环境保护的相关问题。

1．环境监测与评价创新实验

（1）某水系环境监测与评价

对流经某城市的河流（某一区段）进行污染现状调查、污染源调查和水文数据调查，按布点原则确定对照断面、控制断面、削减断面，制订监测计划，采样监测，对数据进行处理，评价报告环境质量状况。

（2）某区域工业污染源监测与评价

对选定的区域进行工业污染源现状调查，选择重点污染企业或某项污染源进行监测，首先进行布点，确定监测指标和监测方法，制定监测实验方案，组织采样监测，进行实验室分析，数据处理，报告结果。

（3）大气环境监测与评价

对选定的区域进行污染现状调查、污染源调查和社会、经济情况调查，确定主要污染源，确定监测指标和监测点，制定监测方案，组织监测，对数据进行处理与分析，报告污染源监测评价结果。

（4）区域噪声监测与评价

对选定的区域进行区域噪声监测布点，制定监测方案，对其进行昼夜噪声水平监测，对数据进行处理，评价该区域噪声水平，以及暴露人口情况。提出噪声防治对策。

（5）交通噪声监测与评价

在已经确定的主要交通路（网）段上，进行布点，制定监测方案，现场监测，对取得的数据进行处理、分析、评价，写出评价报告，提出交通噪声控制对策。

2．污染物迁移转化规律创新实验

（1）大气扩散规律箱模型实验

根据选定的某一城市（镇），调查其气象数据，大气污染现状，污染源情况，制订实验计划，确定相关参数，通过模拟计算，得出不同季节、不同气象条件下的箱模型用于选定城市（镇）大气污染控制的科学依据。

（2）某高架源污染扩散研究

在高架源主导下风向，进行布点监测，取得监测数据，修正高斯模型有关系数，对高架源的污染规律进行描述，提出治理方案。

（3）自然水体污染迁移转化规律实验

针对某一河流（湖泊、海域）的某种污染物，对其本底情况进行调查，如污染源情况调查、布点监测、水团追踪监测等，取得监测数据后分析处理，建立不同水文条件下的污染物迁移转化、自然降解的模型，从而较准确地模拟计算出环境容量，为实施排污总量控制、排污许可证制度实施提供科学依据。

3．大气污染控制创新实验

（1）大气污染治理实验

对某一个特定的大气污染源，对生产工艺进行调查，对原材料、中间产品、产成品的种类和数量进行调查，对主要控制的污染物进行现场监测，根据排污浓度与总量以及控制达到的标准，选择控制工艺技术与设备，组装小型实验装置，进行实验研究，经过运行实验，取得运行参数，提出控制工艺的可行性报告。

（2）炉窑尾气脱硫实验

对要治理的炉窑生产运行情况进行调查，对二氧化硫排放浓度进行监测，计算排放量，制定实验研究的工艺路线，制作小型实验装置，现场取样进行处理，并检测处理排气，对各种可行工艺进行投资与运行价格比较，确定技术可行、经济合理的工艺技术，并对实验数据进行放大计算。

4．工业噪声综合控制实验

对选定的工业企业、车间或工段的噪声现状进行调查，对生产情况进行了解，制定监测方案，对车间噪声、设备噪声及频谱、振动进行全面测量，根据测量结果，噪声产生的特性，所要达到的标准，综合地提出改善设备运行状态、减少振动、消声、隔声、吸声等综合措施方案。

5．水污染控制创新实验

（1）工业废水处理实验

对要治理企业（生产车间）污水的水质、排污量、排放规律进行调查，再根据出水标准、企业投资能力、运行控制成本等条件，选择合理工艺路线，设计实验方案，运行实验装置，取得监测数据，对数据进行分析处理，写出完整的实验报告。对选择方案的可行性进行结论报告，为企业提供决策参考。

（2）生活污水处理运行参数实验

对于某个城市（区）生活污水处理运行参数模拟实验，对于集水区内的管网情况进行调查，针对不同的管网，采集综合水样，测定其主要污染物的浓度，根据污水总量确定处理工艺技术，一般选择以活性污泥法为代表的好氧处理系统，改变停留时间、污泥负荷、泥龄、污泥浓度等主要控制参数。通过实验取得较佳的运行条件，用于扩大设计。

（3）高浓度有机废水处理实验

对于高浓度有机废水，根据测定的污染物浓度或给定的浓度，首先分析废水是否可生化处理，再根据出水标准要求或回用标准，选择处理工艺，或对成熟工艺进行组合，例如，厌氧—好氧系统、好氧—超滤系统等，组装实验装置，进行实验研究，取得实验数据，分析结果，写出实验报告。

（4）开发新的处理工艺或设备实验

针对某种工业废水（生活污水），改变现有的设备、流程、运行参数等，以期达到更好的运行效果，提高出水水质，降低运行成本，便于运行维护等任何方面的改进。根据已经掌握的理论和实践经验，提出新的处理技术或设备，并对其进行研究。

第二部分　实验数据处理

环境工程实验中的监测实验和污染处理工艺实验等都需要作一系列的测定，并取得大量数据。实践表明，每项实验都有误差，同一项目的多次重复测量，结果总有差异。即实验值与真实值之间的差异，这是由于实验环境不理想，实验人员技术水平、实验设备或实验方法不完善等因素引起的。随着研究人员对研究课题认识的提高，仪器设备的不断完善，实验中的误差可以逐渐减小，但是不可能做到没有误差。因此，绝不能认为取得了实验数据就已经万事大吉。一方面，必须对所测对象进行分析研究，估计测试结果的可靠程度，并对取得的数据给予合理的解释；另一方面，还必须将所得到的数据加以整理归纳，用一定的方式表示出各数据之间的相互关系。前者即误差分析，后者为数据处理。

对实验结果进行误差分析与数据处理的目的是：

（1）可以根据科学实验的目的，合理地选择实验装置、仪器、条件和方法；

（2）能正确处理实验数据，以便在一定条件下得到接近真实值的最佳结果；

（3）合理选定实验结果的误差，避免由于误差选取不当造成人力、物力的浪费；

（4）总结测定的结果，得出正确的实验结论，并通过必要的整理归纳（如绘成实验曲线或得出经验公式）为验证理论分析提供条件。

误差与数据处理内容很多，在此介绍一些基本知识。读者需要更深入了解时，可参阅有关参考书。

第一节　误　差

即使在同一个试验室、由同一个分析人员采用相同的样品处理步骤和分析方法分析同一个样品，通常都不能获得一致的测量数据，即测量结果存在差异。这是因为在实验过程中，存在一些难以控制的因素。简单来说，引起误差的原因可分为：

（1）测量装置（包括计量器具）的固有误差；

（2）在非标准工作条件下所增加的附加误差；

（3）所用测量原理以及根据该原理在实施测量中的运用和实际操作的不完善引起的方法误差；

（4）在标准工作条件下，被测量值随时间的变化；

（5）环境因素（温度、湿度、空气污染等）的变化引起被测量值的变化；

（6）与观测人员有关的误差因素。

因此，了解、分析和表述误差及其来源，是质量保证和质量控制工作的主要内容。

一、误差的种类

测量误差指测量结果与被测量真值之差。它既可用绝对误差表示，也可用相对误差表示。按其产生的原因和性质，误差可分为系统误差、随机误差和过失误差。

1. 系统误差

系统误差又称恒定误差、可测误差。在多次测量同一样品时，其测量值与真值之间误差的绝对值和符号保持恒定；或在改变测量条件时，测量值按某一确定规律变化的误差。确定规律是指这种误差的变化，可以归结为某个或某几个因素的函数。这种函数一般可以用解析公式、曲线来表述。按其变化规律系统误差可分为两类：

（1）固定值的系统误差。其值的大小、正负号恒定。如天平称重中标准砝码误差引起的称量误差。

（2）随条件变化的系统误差。其值以确定的、并通常是已知的规律随某些测量条件的变化而变化。例如，随温度周期变化而引起的温度附加误差。

由于系统误差所具有的特征，系统误差是可避免或尽量消除的。而且，对于已确定或已知的系统误差，应对测量结果进行修正。一般来说，修正系统误差的方法为：

（1）仪器校准。测量前，预先对仪器进行校准，并对测量结果进行修正。

（2）空白实验。用空白实验结果修正测量结果，以消除实验中各种原因所产生的误差。

（3）标准物质对比分析。将实际样品与标准物质在完全相同的条件下进行测定，当标准物质的测定值与其保证值一致时，即可认为测量的系统误差已基本消除。

将同一样品用不同原理的分析方法进行分析。例如，与经典分析方法进行比较，以校准方法、减少误差。

（4）回收率实验。在实际样品中加入已知量的标准物质，与样品于相同条件下进行测量，用所得结果计算回收率，观察是否定量回收，必要时可用回收率作校正因子。

2. 随机误差

随机误差又称偶然误差，常用标准差表示，是由测量过程中各种随机因素的共同作用造成的。在实际测量条件下，多次测量同一量时，误差的绝对值和符号的变化，时大时小、时正时负，以不可确定的方式变化。随机误差遵从正态分布，并具有以下特点：

（1）有界性。在一定条件下，对同一样品进行有限次测量的结果，其误差的绝对值不会超过一定界限。

（2）单峰性。绝对值小的误差出现次数比绝对值大的误差出现次数多。

（3）对称性。在测量次数足够多时，绝对值相等的正误差与负误差的出现次数大致相等。

（4）抵偿性。在一定条件下，对同一样品进行测量，随机误差的代数和随着测量次数的无限增加而趋于零。

由于随机误差的可变性或随机性，因此，必须严格控制实验条件，按操作规程正确地处理和分析样品，以减小随机误差。另外，增加测量次数也可减小随机误差。

3．过失误差

过失误差也称粗大误差或粗差。这类误差是分析人员在测量过程中不应有的过失或错误造成的，它无一定规律可循。例如，器皿不洁净、错用样品和标准、错加试剂、操作过程中的样品损失、仪器异常而未发现、错记读数以及计算错误等。

含有过失误差的测量数据，经常是离群数据，可按照离群数据的统计检验方法将其剔除。对于确知操作中存在失误或错误所产生的测量数据，无论结果好与坏，都必须舍去。

二、误差的表示方法

1．绝对误差和相对误差

（1）绝对误差是单一测量值或多次测量值的均值与真值之差。测量值大于真值时，误差为正，反之为负。

$$绝对误差=测量值-真值 \qquad (2\text{-}1\text{-}1)$$

（2）相对误差为绝对误差与真值的比值，常用百分数表示。

$$相对误差（\%）=绝对误差\div真值\times100\% \qquad (2\text{-}1\text{-}2)$$

2．绝对偏差和相对偏差

（1）绝对偏差为单一测量值（X_i）与多次测量值的均值（$\overline{X}$）之差，用 d_i 表示。

$$d_i=X_i-\overline{X} \qquad (2\text{-}1\text{-}3)$$

（2）相对偏差为绝对偏差与多次测量值的均值的比值，常用百分数表示。

$$相对偏差（\%）=d_i\div\overline{X}\times100\% \qquad (2\text{-}1\text{-}4)$$

3．平均偏差和相对平均偏差

（1）平均偏差为单一测量值的绝对偏差的绝对值之和的平均值，用 $\overline{d}$ 表示。

$$\overline{d}=1/n\sum_{i=1}^{n}|d_i|=1/n（|d_1|+|d_2|+\cdots+|d_n|）\qquad(2\text{-}1\text{-}5)$$

（2）相对平均偏差为平均偏差与多次测量值的均值的比值，常用百分数表示。

$$相对平均偏差（\%）=\overline{d}\div\overline{X}\times100\%\qquad(2\text{-}1\text{-}6)$$

4．标准偏差（用 S 或 SD 表示）

$$S=\sqrt{\frac{1}{n-1}\sum_{i=1}^{n}(X_i-\overline{X})^2}\qquad(2\text{-}1\text{-}7)$$

5．相对标准偏差

相对标准偏差（RSD）是样本的标准偏差与其均值的比值，常用百分数表示。

$$相对标准偏差（\%）=\frac{S}{\overline{X}}\times100\%\qquad(2\text{-}1\text{-}8)$$

6．差方和、方差

差方和又称离均差平方和或平方和，指绝对偏差的平方之和，用 S 表示。

$$S=\sum_{i=1}^{n}(X_i-\overline{X})^2=\sum_{i=1}^{n}d_i^{\,2}\qquad(2\text{-}1\text{-}9)$$

方差用 S^2 或 V 表示。

$$S^2=\frac{1}{n-1}\sum_{i=1}^{n}(X_i-\overline{X})^2\qquad(2\text{-}1\text{-}10)$$

第二节 准确度

准确度是用来评价在规定的条件下，样品的测定值（单次测定值或重复测定值的均值）与假定的或公认的真值之间的符合程度。由于监测分析方法大多数是相对方法，因此，分析结果的准确度主要取决于方法的系统误差和随机误差。在对分析方法的精密度、灵敏度，仪器的稳定性，样品的均匀性、稳定性、代表性、方法干扰、基体效应、分析空白和试剂的制备等进行全面研究后，才能将准确度控制在质量保证目标以内。

用绝对误差和相对误差表示分析方法的准确度。用测定标准物质和（或）标准物质加标回收率的方法来评价分析方法的准确度。

一、标准样品

通过分析标准样品，比较所获得的测定结果与标准样品的给定值，可了解分析方法的准确度。

二、加标回收率

加标回收率实验，可以反映分析方法是否存在系统误差。因此，在实际工作中，这是运用比较普遍的确定准确度的方法。

三、不同方法的比较

用已知准确度或大家公认的经典分析方法与待考察的方法进行比较，往往用于新方法准确度的确定。而且，两种方法的原理最好是不同的。

当用不同原理的分析方法对同一样品进行重复测定时，若所得结果与待考察方法一致，或经统计检验数据间的差异不显著时，则可认为该方法具有可接受的准确度。若所得结果呈显著性差异，则应以大家公认的经典分析方法为准。

第三节 精密度

精密度表示在规定的条件下，用同一方法对同一样品进行重复测定，所得结果的一致性或发散程度。它的大小由分析方法的随机误差决定，测量过程的随机误差越小，分析方法的精密度越好（或越小）。分析方法的精密度可用极差、平均偏差、相对平均偏差、标准偏差和相对标准偏差表示，而标准偏差常被采用。通常情况下，分析方法的精密度可表述为：

一、平行测定的精密度

在相同的条件下（同一实验室、相同的分析人员、相同的仪器设备），用同一分析方法，在不同的时间内，对同一样品进行 n 次重复测定，精密度用标准偏差或相对标准偏差表示。

二、重复性精密度

在相同的条件下（同一实验室、相同的分析人员、相同的仪器设备），用同一分析方法，在不同的时间内，对同一样品进行 m 次重复测定的离散程度。计算出 m 个平均

值 $\overline{X_1}$，$\overline{X_2}$，$\overline{X_3}$，…，$\overline{X_m}$，重复性精密度 S_r 为：

$$S_r = \sqrt{\frac{\sum S_i^2}{m}} \qquad (2\text{-}3\text{-}1)$$

三、再现性精密度

用同一分析方法，在不同的条件下［不同的实验室、不同的分析人员、不同的仪器设备和（或）在不同的时间内］，对同一样品重复测定的离散程度。可以是一个实验室，进行 m 次或 n 次重复测定；或由 m 个实验室进行 n 次重复测定。由式（2-3-2）计算出总的标准偏差：

$$S_{\overline{X}} = \sqrt{\frac{\sum (\overline{X_i} - \overline{\overline{X}})^2}{m-1}} \qquad (2\text{-}3\text{-}2)$$

式中：$\overline{\overline{X}} = \sum \overline{X_i} / m$。

第四节　工作曲线中可疑值的检验

监测分析中往往是通过工作曲线来确定待测污染物的含量。一般是测定几个已知浓度的标准溶液，通过线性回归绘出工作曲线，再由工作曲线计算出待测污染物含量。那么，这几个已知浓度的标准溶液的测定值中有无应剔除的可疑值，可采用标准化残差法进行统计检验。

测量值与最佳直线的拟合值之差叫作残差 d_i。令已知浓度的标准溶液的仪器读数为 Y_i，标准溶液的浓度为 X_i，用线性回归法求解最佳直线的截距 a 和斜率 b，则该测定值的残差为：

$$d_i = Y_i - (a + bX_i) \qquad (2\text{-}4\text{-}1)$$

标准化残差的定义为：d_i/S_{di}，其中，残差的标准误差用式（2-42）计算：

$$S_{di} = S_f \sqrt{\frac{N-1}{N} - \frac{(X_i - \overline{X})^2}{\sum (X_i - \overline{X})^2}} \qquad (2\text{-}4\text{-}2)$$

若计算的标准化残差大于临界值（表 2-4-1、表 2-4-2），则在给定的显著性水平下，某标准溶液测定值是离群值，可考虑剔除。

表 2-4-1　不同浓度的观测值及标准化残差

溶液序号	标准溶液浓度（X_i）	观测值（Y_i）	拟合值 $Y_i=a+bX_i$	残差 $d_i=Y_i-(a+bX_i)$	标准化残差
1	0.181 3	0.212	0.229	−0.017	−1.07
2	0.192 8	0.277	0.240	0.037	2.26
3	0.562 7	0.585	0.599	−0.014	−0.74
4	0.600 2	0.615	0.635	−0.020	−1.07
5	0.921 9	0.954	0.947	0.007	0.35
6	0.987 3	1.004	1.011	−0.007	0.36
7	1.102 7	1.137	1.123	0.014	0.81
8	1.181 6	1.200	1.199	0.001	0.05

表 2-4-2　标准化残差临界值表

N	显著性水平 a			N	显著性水平 a		
	0.10	0.05	0.01		0.10	0.05	0.01
4	1.41	1.41	1.41	11	2.30	2.43	2.64
5	1.69	1.71	1.73	12	2.35	2.48	2.70
6	1.88	1.92	1.97	14	2.43	2.57	2.80
7	2.01	2.07	2.16	16	2.50	2.64	2.92
8	2.10	2.19	2.31	18	2.56	2.71	2.99
9	2.18	2.28	2.43	20	2.60	2.76	3.06
10	2.24	2.35	2.53	24	2.69	2.85	3.17

第五节　有效数字修约及运算规则

在一组分析数据中，由于实验条件和实验操作等难以重现，或在实验过程中出现差错、过失，或数据计算、记录时出现失误等原因，有时个别数据与正常数据之间有显著的差别，此类数据统称为离群数据。因此，在分析处理和运用数据之前，往往要进行数据检验，以判断和剔除离群值。根据以往的工作经验，分析测试人员往往不经任何数据处理或检验，便将原始数据用于各种计算。或者某些监测站的质控人员完全按照数据处理的有关规定和计算公式，对原始数据进行机械地处理和检验，剔除提示的一切"异常值"。这两种情形都是不对的或者说不科学的。

另外，由于原始实验结果的修约程度可以严重地影响分析结果的精密度，甚至"人为挑选或修饰"数据，使原始数据的标准差或极差变小，产生了失真。因此，在进行离群值的判定时应特别注意这一因素。尤其是质控人员，千万不能根据上述检验方法的结果，直接将参加检验的数据进行简单的剔除处理，而应与分析测试人员和其他相关的研究人员进行认真的分析研究，查找原因，并结合分析化学的基本常识，再决定取舍，这一点对于监测数据的处理，尤其是协作试验的数据处理至关重要。

一、有效数字

表示测定结果应该用有效数字，才能精确地表示数字的有效意义。一个有效数字其倒数的第二位以上的数字应该是可靠的，即确定的数字。而末位数字是可疑的，即不确定的。所谓有效数字应该是由全部确定的和一位不确定的数字构成。因此，由有效数字表示的数据必然是近似值。那么，测定值的记录和报告必须按照有效数字的计算规则进行。

数字"0"的含义非常不确定，这主要与"0"在有效数字中的位置有关。当它用于指示小数点的位置，不表示测量的准确度时，不是有效数字。当它用于表示与准确度有关的数字时，即为有效数字。例如：

（1）第一个非零数字前的"0"不是有效数字，例如，0.045 6，仅有三位有效数字；0.006，仅有一位有效数字。

（2）非零数字中的"0"是有效数字，例如，2.007 6，有五位有效数字；6 307，有四位有效数字。

（3）小数中最后一个非零数字后的"0"是有效数字，例如，2.760 0，有五位有效数字；0.760%，有三位有效数字。

（4）以零结尾的整数，有效数字的位数较难判断，例如，27 600，有效数字可能是三位、四位或者五位。为了避免出现上述情况，建议根据有效数字的准确度改写成指数形式：例如，2.07×10^4，有三位有效数字；2.700×10^4，有四位有效数字。

二、数字的修约规则

按《数值修约规则与极限数值的表示和判定》（GB 8170—2008）的有关规定对监测数据进行修约，进舍规则如下：

（1）拟舍去数字的最左一位数字小于 5 时，则舍去，即保留的各位数字不变。

例如：将 12.149 8 修约到一位小数，得 12.1。

例如：将 12.149 8 修约成两位有效位数，得 12。

（2）拟舍去数字的最左一位数字大于 5，或者是 5，而其后跟有非"0"数字时，则进一，即保留的末数字加 1。

例如，将 1 268 修约到"百"数位，得 13×10^2 或 1.3×10^3。

例如，将 1 268 修约成三位有效位数，得 127×10 或 1.27×10^2。

例如，将 10.502 修约到个数位，得 11。

（3）拟舍去数字的最左一位数字为 5，而后面无数字或皆为"0"时，若保留的末位数字为奇数（1，3，5，7，9），则进一，为偶数（2，4，6，8，0），则舍去。

例如，将下列数字修约成两位有效位数，0.032 5 则修约为 0.032；32 500 修约为 3.2×10^4。

（4）负数修约时，先将它的绝对值按上述三条规定进行修约，然后在修约值前面加上负号。

（5）不许连续修约。拟修约数字应在确定修约位数后，一次修约获得结果，而不是多次按上述规定连续修约。

例如，修约间隔为 1（即修约到个数位），15.454 6 正确的修约值为 15。不正确的做法为：15.454 6→15.455→15.46→15.5→16。

（6）在具体工作中，测试或计算部门，有时先将获得的数值按指定的修约位数多一位或几位数报出，而后由其他部门判定。为了避免产生连续修约的错误，应按下述步骤进行：

报出数值最后的非零数字为 5 时，应在数值后面加"（＋）"或"（－）"或不加符号，分别表示该数字已进行过舍、进或未舍未进处理。

例如，16.50（＋）表示实际值大于 16.50，经修约舍弃成为 16.50；16.50（－）表示实际值小于 16.50，经修约进一步成为 16.50。

如果判定报出值需要进行修约，当拟舍弃数字的最左一位数字为 5，而后面无数字或皆为零时，数值后面有"（＋）"号者进一，数值后面有"（－）"号者舍去，其他仍按前述的规定进行修约。

例如，将下列数字修约到个数位后进行判定（报出值多留一位到一位小数）：

实测值：	15.454 6	16.520 3	17.500 0	−15.454 6
报出值：	15.5	16.5（＋）	17.5	−15.5（−）
修约值：	15	17	18	−15

三、有效数字的计算规则

在进行数据计算时，应弃去多余的数字，一般采取"四舍六入五单双"的原则，或者说"4 要舍，6 要入，5 前单数要进一，5 前双数全舍光"，而不用"四舍五入"的方式。

（1）对于多个数字（一般为 6 个以上）的一组数据，在进行平均值等计算时，可以保留两位可疑数字计算均值，然后再按"四舍六入五单双"的原则进行修约。

（2）几个数字相加减时，有效数字位数的取舍，取决于绝对误差最大的一个数据的有效数据的位数。

（3）几个数据相乘除时，得数的修约以有效数字位数最少的数据为依据，或相对误差最大的为依据。在作乘除、开方、乘方运算时，若所得结果的第一位数字等于或大于8，则其有效数字可多记一位。例如，经过乘除、开方、乘方运算后的结果前三位为8.01，则计算结果的有效数字位数可增至四位。

（4）在所有计算式中，常数π、e 以及$\sqrt{2}$、1/2 等系数的有效数字的位数，可以认为是无限的，即在计算中，需要几位就取几位。

（5）在对数计算中，所取对数位数应与真数的有效数字位数一致。例如，pH 12.25 和$[H^+]=5.6\times10^4$ mol 等，都是两位有效数字。也就是说，对数的有效数字位数，只计小数点以后的数字位数，不计对数的整数部分。

四、数据记录规则

（1）记录测量数据时，只保留一位可疑（不确定）数字。当用合格的计量器具称量物质或量取溶液时，有效数字可以记录到最小分度值，最多保留一位不确定数字。例如，用最小分度值为 0.1 mg 的分析天平称量物质时，有效数字可以记录到小数点后第四位；用有分度标记的吸管或滴定管量取溶液时，读数的有效位数可达其最小分度后一位，保留一位不确定数字。

（2）表示精密度通常只取一位有效数字。测定次数很多时，方可取两位有效数字，且最多只取两位。

（3）在数值计算中，当有效数字位数确定之后，其余数字应按修约规则一律舍去。

（4）在数值计算中，某些倍数、分数、不连续物理量的数目，以及不经测量而完全根据理论计算或定义得到的数值，其有效数字的位数可视为无限。这类数值在计算中，需要几位就可以写几位。

（5）测量结果的有效数字所能达到的位数不能低于方法检出限的有效数字所能达到的数位。

第六节　实验数据表示方法

在对实验数据进行误差分析整理剔除错误数据后，还要通过数据处理将实验所提供的数据进行归纳整理，用图形、表格或经验公式加以表示，以找出影响研究事物的各因素之间互相影响的规律，为得到正确的结论提供可靠的信息。

常用的实验数据表示方法有列表表示法、图形表示法和方程表示法三种。表示方法的选择主要是依靠经验，可以用其中一种方法，也可两种或三种方法同时使用。

一、列表表示法

列表表示法是将一组实验数据中的自变量和因变量的各个数值依一定的形式或顺序一一对应列出来，以反映各变量之间的关系。

列表法具有简单易作、形式紧凑、数据容易参考比较等优点，但对客观规律的反映不如图形表示法和方程表示法明确，在理论分析方面使用不方便。

完整的表格应包括表的序号、表题、表内项目的名称和单位、说明以及数据来源等。

实验测得的数据，其自变量和因变量的变化，有时是不规则的，使用起来很不方便。此时可以通过数据的分度，使表中所列数据成为有规则的排列，即当自变量作等间距顺序变化时，因变量也随着顺序变化。这样的表格查阅较方便。数据分度的方法有多种，较为简便的方法是先用原始数据（即未分度的数据）画图，作出一条光滑曲线，然后在曲线上一一读出所需的数据（自变量作等距离顺序变化），并列表。

二、图形表示法

图形表示法的优点在于形式简明直观，便于比较，易显出数据中的最高点或最低点、转折点、周期性以及其他特异性等。当图形作得足够准确时，可以不必知道变量间的数学关系，对变量求微分或积分后得到需要的结果。

图形表示法可用于两种场合：①已知变量间的依赖关系图形，通过实验，将取得的数据作图，然后求出相应的一些参数；②两个变量之间的关系不清，将实验数据点绘于坐标纸上，用以分析、反映变量间的关系和规律。

图形表示法包括以下 4 个步骤。

1. 坐标纸的选择

常用的坐标纸有直角坐标纸、半对数坐标纸和双对数坐标纸等。选择坐标纸时，应根据研究变量间的关系，确定选用哪一种坐标纸。坐标线不宜太密或太稀。

2. 坐标分度和分度值标记

坐标分度指沿坐标轴规定各条坐标线所代表的数值的大小。进行坐标分度应注意下列几点。

（1）一般以 x 轴代表自变量，y 轴代表因变量。在坐标轴上应注明名称和所用计量单位。分度的选择应使每一点在坐标纸上都能够迅速方便地找到。例如，图 2-6-1（b）中的横坐标分度不合适，读数时图 2-6-1（a）比图 2-6-1（b）方便得多。

（2）坐标原点不一定就是零点，也可用低于实验数据中最低值的某一整数作起点，高于最高值的某一整数作终点。坐标分度与实验精度一致，不宜过细，也不能太粗。图 2-6-2 中的（a）和（b）分别代表两种极端情况，（a）的纵坐标分度过细，超过实验精度，而（b）分度过粗，低于实验精度，这两种分度都不恰当。

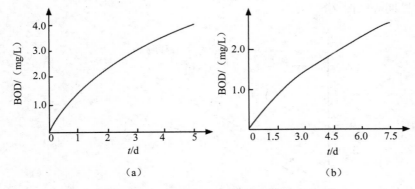

图 2-6-1　某种废水的 BOD 与时间 t 的关系

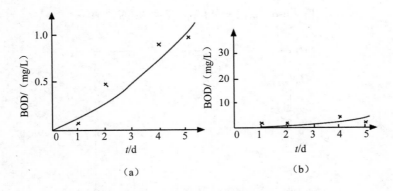

图 2-6-2　某污水的 BOD 与时间 t 关系

（3）为便于阅读，有时除了标记坐标纸上的主坐标线的分度值外，还有一组副主线上也标以数值。

3．根据实验数据描点和作曲线

描点方法比较简单，把实验得到的自变量与因变量一一对应地点在坐标纸上即可。若在同一图上表示不同的实验结果，应采用不同符号加以区别，并注明符号的意义，如图 2-6-3 所示。

作曲线的方法有两种：① 数据不够充分、图上的点数较少，不易确定自变量与因变量之间的对应关系，或者自变量与因变量间不一定呈函数关系时，最好是将各点用直线直接连接，如图 2-6-3 所示；② 实验数据充分，图上的点数足够多，自变量与因变量呈函数关系，则可作出光滑的连续曲线，如图 2-6-3 所示 BOD 曲线。

4．注解说明

每一个图形下面应有图名，将图形的意义清楚准确地描写出来，紧接图表应有一个简要说明，使读者能较好地理解图形意义。此外，还应注明数据的来源，如作者姓名、实验地点、日期等（图 2-6-4）。

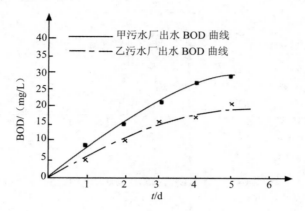

图 2-6-3　在同一图上表示不同的实验结果

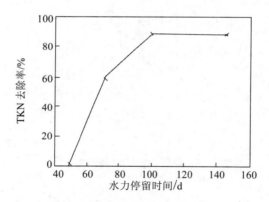

图 2-6-4　TKN 去除率与水力停留时间的关系，××年×月×日

兼性氧化塘出水测试结果

三、方程表示法

实验数据用列表或图形表示后，使用时虽然较直观简便，但不便于理论分析研究，故常需要用数学表达式来反映自变量与因变量的关系。

方程表示法通常包括下面两个步骤：

1．选择经验公式

表示一组实验数据的经验公式应该是形式简单紧凑，式中系数不宜太多。一般没有一个简单方法可以直接获得一个较理想的经验公式，通常是先将实验数据在直角坐标纸上描点，再根据经验和解析几何知识推测经验公式的形式。若经验证明此形式不够理想时，则另立新式，再进行实验，直至得到满意的结果为止。表达式中容易直接用实验验证的是直线方程，因此应尽量使所得函数形式呈直线式。若得到的函数形式不是直线式，可以通过变量变换，使所得图形改为直线。

2．确定经验公式的系数

确定经验公式中系数的方法有多种，在此仅介绍直线图解法和回归分析中的一元线性回归、一元非线性回归以及回归线的相关系数与精度。

（1）直线图解法。凡实验数据可直接绘成一条直线或经过变量变换后能改为直线的，都可以用此法。具体方法如下：

将自变量与因变量一一对应地点绘在坐标上作直线，使直线两边的点差不多相等，并使每一点尽量靠近直线。所得直线的斜率就是直线方程 $y=a-bx$ 中的系数 b，y 轴上的截距就是直线方程中的 a 值。直线的斜率可用直角三角形的 $\Delta y/\Delta x$ 比值求得。

直线图解法的优点是简便，但由于每个人用直尺凭视觉画出的直线可能不同，因此，精度较差。当问题比较简单，或者精度要求低于 0.2%～0.5%时可以用此法。

（2）一元线性回归。一元线性回归就是工程上和科研中常常遇到的配直线的问题，即两个变量 x 和 y 存在一定的线性相关关系，通过实验取得数据后，用最小二乘法求出系数 a 和 b，并建立起回归方程 $y=a-bx$（它称为 y 对 x 的回归线）。

用最小二乘法求系数时，应满足以下两个假定：

1）所有自变量的各个给定值均无误差，因变量的各值可带有测定误差；

2）最佳直线应使各实验点与直线的偏差的平方和为最小。

由于各偏差的平方均为正数，如果平方和为最小，说明这些偏差很小，所得的回归线即为最佳线。

计算式为：

$$a=\bar{y}-b\bar{x} \tag{2-6-1}$$

$$b=\frac{L_{xy}}{L_{xx}} \tag{2-6-2}$$

式中：

$$\bar{x}=\frac{1}{n}\sum_{i=1}^{n}x_i \tag{2-6-3}$$

$$\bar{y}=\frac{1}{n}\sum_{i=1}^{n}y_i \tag{2-6-4}$$

$$L_{xx} = \sum_{i=1}^{n} x_i{}^2 - \frac{1}{n}\left(\sum_{i=1}^{n} x_i\right)^2 \tag{2-6-5}$$

$$L_{xy} = \sum_{i=1}^{n} x_i y_i - \frac{1}{n}\left(\sum_{i=1}^{n} x_i\right)\left(\sum_{i=1}^{n} y_i\right) \tag{2-6-6}$$

一元线性回归的计算步骤如下。

a. 将实验数据列入一元回归计算表（表 2-6-1），并计算。

表 2-6-1　一元回归计算表

序号	x_i	y_i	x_i^2	y_i^2	$x_i y_i$
$\sum$					

$\sum x =$ $\qquad\qquad\qquad$ $\sum y =$ $\qquad\qquad\qquad$ $n=$

$\bar{x} =$ $\qquad\qquad\qquad\qquad$ $\bar{y} =$

$\sum x^2 =$ $\qquad\qquad\qquad$ $\sum y^2 =$ $\qquad\qquad\qquad$ $\sum xy$

$L_{xx}=\sum x^2 - \left(\sum x\right)^2/n=$ $\qquad\qquad$ $L_{xy}=\sum xy - \left(\sum x\right)\left(\sum y\right)/n=$

$L_{yy}=\sum y^2 - \left(\sum y\right)^2/n=$

b. 根据式（2-6-1）、式（2-6-2）计算 a、b，得一元线性回归方程 $\bar{y}=a+bx$。

（3）回归线的相关系数与精度。用上述方法配出的回归线是否有意义？两个变量间是否确实存在线性关系？在数学上引进了相关系数 r 来检验回归线有无意义，用相关系数的大小判断建立的经验公式是否正确。

相关系数 r 是判断两个变量之间相关关系的密切程度的指标，它有下述特点。

1）相关系数是介于 -1 和 1 之间的值。

2）当 $r=0$ 时，说明变量 y 的变化可能与 x 无关，这时 x 与 y 呈非线性关系，如图 2-6-5 所示。

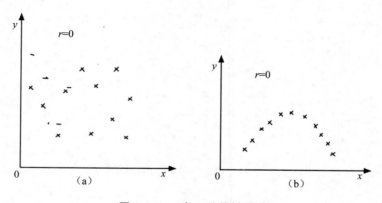

图 2-6-5　x 与 y 非线性关系

3）0<|r|<1 时，x 与 y 之间存在着一定线性关系。当 r>0 时，直线斜率是正的，y 值随 x 增加而增加，此时称 x 与 y 为正相关（图 2-6-6）。当 r<0 时，直线的斜率是负的，y 随着 x 的增加而减少，此时称 x 与 y 为负相关（图 2-6-7）。

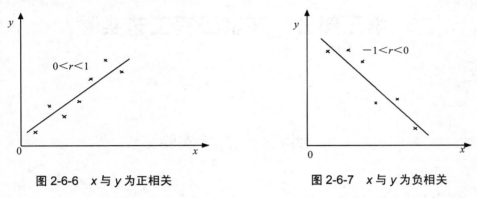

图 2-6-6　x 与 y 为正相关　　　　　　　图 2-6-7　x 与 y 为负相关

4）|r|=1 时，x 与 y 完全线性相关。当 r=+1 时称为完全正相关（图 2-6-8）。当 r=−1 时，称为完全负相关（图 2-6-9）。

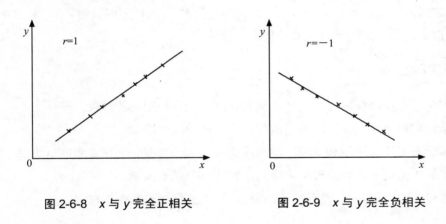

图 2-6-8　x 与 y 完全正相关　　　　　　图 2-6-9　x 与 y 完全负相关

相关系数只表示 x 与 y 线性相关的密切程度，当|r|很小，甚至为零时，只表明 x 与 y 之间线性关系不密切，或不存在线性关系，并不表示 x 与 y 之间没有关系，可能两者存在着非线性关系（图 2-6-5）。

相关系数计算式如下：

$$r = \frac{L_{xy}}{\sqrt{L_{xx}L_{yy}}}$$

（2-6-7）

相关系数的绝对值越接近 1，x 与 y 的线性关系越好。

第三部分　环境工程工艺实验

实验一　沉淀实验

沉淀是指溶液中的固体颗粒依靠重力作用,从溶液中分离去除的一种过程。根据液体中固体物质的浓度和性质,可将沉淀过程分为自由沉淀、絮凝沉淀、成层沉淀和压缩沉淀等四类。用于沉淀分离的构筑物根据水流的方向可以分为平流式、竖流式和辐流式,其中平流式沉淀(砂)池是常用形式,具有构造简单、处理效果好的特点,斜板沉淀池是在其基础上发展起来的一种高效的新型沉淀池。

一、实验目的

1. 加深对自由沉淀的特点、基本概念、沉淀规律和应用的理解。
2. 掌握颗粒自由沉淀实验的方法和沉淀特性曲线的绘制。
3. 加深对平流沉淀池和斜板沉淀池的构造、工作原理、工作特点的认识。
4. 了解平流沉淀池和斜板沉淀池的运行特点和影响因素。
5. 通过实验,了解平流沉淀池和斜板沉淀池的优缺点和应用选择。

二、实验原理

1. 颗粒自由沉淀原理

自由沉淀是水中的固体悬浮物浓度不是很高,而且不具有凝聚的性质,在沉淀的过程中,固体颗粒不改变形状、尺寸,也不互相黏合,各自独立地完成沉淀过程。废水中的固体颗粒在沉砂池中的沉淀以及低浓度污水在初沉池中的沉淀过程都是自由沉淀。自由沉淀过程可以由斯托克斯(Stokes)公式进行描述,即:

$$u = \frac{1}{18} \times \frac{\rho_g - \rho}{\mu} g d^2 \qquad (3\text{-}1\text{-}1)$$

式中：u——颗粒的沉速，m/s；

ρ_g——颗粒的密度，kg/m³；

ρ——溶液的密度，kg/m³；

μ——溶液的黏滞系数，Pa·s；

g——重力加速度，m/s²；

d——颗粒的直径，m。

由于水中颗粒的复杂性，颗粒粒径、颗粒比重很难或无法准确地测定，因而沉淀效果、沉淀特性无法通过公式求得，而是通过静沉实验确定。

在 t 时间能沉到 h 深度颗粒的沉速 $u=h/t$。根据给定的时间 t 计算出颗粒的沉速，凡是沉淀速度大于或等于 u 的颗粒，在 t 时间内可全部被去除，沉淀速度小于 u 的颗粒可被部分去除。设原水中悬浮物的浓度为 c_0，则与沉点历时 t_i 相对应的总去除率为：

$$E = \frac{c_0 - c_i}{c_0} = 1 - \frac{c_i}{c_0} = 1 - P_i \tag{3-1-2}$$

式中：c_0——原水悬浮颗粒物浓度，mg/L；

c_i——测点的悬浮颗粒物浓度，mg/L；

P_i——未被去除的颗粒百分比，%；

E——被去除颗粒的百分比即去除率，%。

通过实验测定自由沉淀器不同沉淀时间的悬浮颗粒物浓度 c_i，计算颗粒物的去除率，绘制 E-t（去除率-沉降时间）、E-u（去除率-沉降速度）、P-u（剩余率-沉降速度）的沉淀曲线。

自由沉淀曲线可以使我们了解自由沉淀的过程，推断沉淀池的沉淀过程，利用自由沉淀的过程，从而更好地设计和调节运行沉淀池。

2．平流沉淀池和斜板沉淀池工作原理

平流沉淀池是水按水平方向流过沉降区并完成沉降过程的反应池。池型呈长方形，池体由进水区、沉淀区、缓冲区、污泥区和出水区五部分组成，废水从池的一端流入，水平方向流过池子，从池的另一端流出。在池的进口处底部设贮泥斗，其他部位池底有坡度，倾向贮泥斗。在水流方向上，颗粒物由于重力作用自然下沉而去除。

斜板沉淀池是根据浅层理论，在沉淀池有效容积一定的条件下，增加沉淀面积，提高沉淀效率的沉淀反应池。斜板沉淀池实际上是把多层沉淀池底板做成一定倾斜率，以利于排泥。斜板与水平成60°角，放置沉淀池中，水在斜板间的流动过程中，水中的颗粒由于重力作用在较短的时间内沉于斜板上，得以去除，当颗粒积累到一定程度时，便自动滑下落入污泥区。

平流式沉淀池构造简单，沉淀效果好，使用较广泛，但占地面积大。斜板沉淀池沉淀效率高，停留时间短，占地面积小，常在已有的污水处理厂扩大处理能力时或者受到占地面积的限制时，作为初次沉淀池采用。斜板沉淀池不宜作为二次沉淀池，由于活性污泥的黏度较大，容易黏附在斜板上，影响沉淀效果甚至可能堵塞斜板。同时，在厌氧消化产生的气体上升时会干扰污泥的沉淀，并把从板上脱落下来的污泥带至水面结成污泥层。

三、实验装置与设备

1．自由沉淀实验装置

自由沉淀实验装置如图 3-1-1 所示，由于自由沉淀时颗粒是等速下沉，下沉速度与沉淀高度无关，因而自由沉淀可在一般沉淀柱内进行，但其直径应足够大，一般应使 $D \geqslant 100$ mm 以免颗粒沉淀受柱壁干扰。因此，玻璃沉淀柱一根，柱体尺寸 $L \times B \times H$ 为 200 mm×200 mm×1 000 mm。工作水深即由溢流口至取样口距离，共 5 个取样口，$H_1 = 0.15$ m，$H_2 = 0.30$ m，$H_3 = 0.45$ m，$H_4 = 0.60$ m，$H_5 = 0.75$ m。沉降柱上设溢流管、取样管、进水及放空管。配水及投配系统包括水池、搅拌装置、水泵、配水管和循环水管。

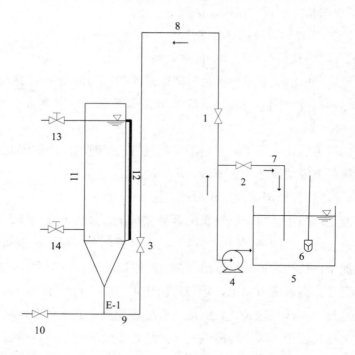

1，3—配水管上闸门；2—水泵循环管上闸门；4—水泵；5—水池；6—搅拌器；7—循环管；8—配水管；
9—进水管；10—放空管闸门；11—沉淀柱；12—标尺；13—溢流管；14—取样口闸门

图 3-1-1　自由沉淀静沉实验装置

2．平流沉淀池和斜板沉淀池实验装置

平流沉淀池和斜板沉淀池实验装置如图 3-1-2 所示，两个沉淀池共用原水池，池体设有取样口、进水和放空管，配水及投配系统包括水池、搅拌装置、水泵和配水管。

3．计量用标尺，计时用秒表或手表。

4．玻璃烧杯、移液管、玻璃棒等。

5．浊度计。

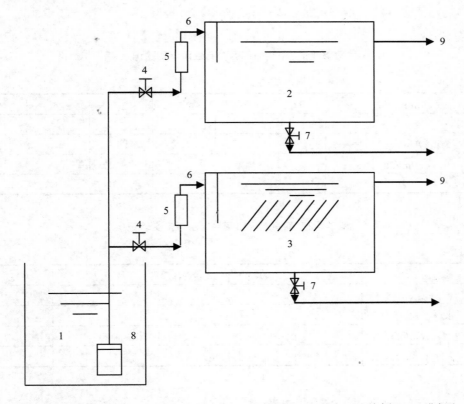

1—原水池；2—平流沉淀池；3—斜板沉淀池；4—进水阀门；5—流量计；6—进水；7—放空阀；8—进水泵；9—出水

图 3-1-2　平流沉淀池和斜板沉淀池实验装置

四、实验步骤

实验过程中用浊度替代悬浮物的浓度作为处理效果的指标，进行沉淀实验。

1．自由沉淀实验

（1）配制实验用水：采用硅藻土配制一定浓度的原水，并搅拌均匀。

（2）待池内水质均匀后，从池内取样，测定浊度，此浊度即为 c_0 值。

（3）开启自由沉淀实验装置系统的进水泵，将水样快速加入自由沉淀器至指定刻度，记录当前时间 t_0，沉淀实验开始。

（4）沉淀过程中观察悬浮颗粒沉淀特点、现象。

（5）静止沉淀 5 min、10 min、15 min、20 min、25 min、30 min，由取样口 H_3 分别取不同沉淀时间后的水样 50 mL，测定水样浊度，测量取样口至起始刻度的距离，并记录如表 3-1-1 所示。

（6）放空后，重新加入水样，静止沉淀 30 min，有取样口 H_1、H_2、H_3、H_4、H_5 同时取水样，测定其浊度，并记录如表 3-1-2 所示。

表 3-1-1 不同时间颗粒自由沉淀实验记录

日期：　　　　　　　　　　　　原水浊度：

静沉时间/min	0	5	10	15	20	25	30
水样浊度							
沉降深度/cm							
沉降速度/（cm/min）							
去除率/%							

表 3-1-2 不同取样口颗粒自由沉淀实验记录

日期：　　　　　　　　　　　　原水浊度：

取样口	H_1	H_2	H_3	H_4	H_5
沉降深度/cm					
水样浊度					
沉降速度/（cm/min）					
去除率/%					

2. 平流沉淀池和斜板沉淀池实验

（1）配制废水，搅拌均匀后，取样测定其浊度，作为原始浊度。

（2）开启进水泵，将废水分别泵入平流沉淀装置和斜板沉淀装置，注满沉淀器，待溢流口有水流溢出后，沉淀实验开始。

（3）调整进水流量至 100 L/h，流量计稳定后，测定实际进水流量。

（4）测量反应器有效容积，根据进水流量，计算各池的水力停留时间（HRT）。

（5）使系统按照计算出的沉淀时间（HRT）稳定运行，并观察池内沉淀现象。

（6）经历相应的 HRT 后，取两系统出水水样 50 mL，测定水样浊度，并记录如表 3-1-3 所示。

（7）将两套系统的进水流量均调至 200 L/h，重复步骤（3）～（5）。

（8）测量两池子的沉淀面积、过流断面面积，并记录如表 3-1-4 所示。

（9）根据实际流量，分别计算水力表面负荷和水平流速。

（10）实验结束后，放空实验装置，并清洗沉淀池。

表 3-1-3　平流沉淀装置和斜板沉淀装置实验数据表

系统名称	进水流量/（L/h）	有效容积/L	实际流量/（L/h）	水力停留时间/h	进水浊度	出水浊度	去除率/%
平流沉淀装置	100						
	200						
斜板沉淀装置	100						
	200						

表 3-1-4　平流沉淀装置和斜板沉淀装置水力参数

系统名称	进水流量/（L/h）	实际流量/（L/h）	沉淀面积/m²	过流面积/m²	水力表面负荷/[m³/（m²·h）]	水平流速/（m/h）
平流沉淀装置	100					
	200					
斜板沉淀装置	100					
	200					

五、结果与讨论

1．根据表 3-1-1 和表 3-1-2 的实验数据，计算沉降速度（$u=h/t$）和去除率（式（3-1-2））。

2．根据表 3-1-1 的数据，以 E 为纵坐标，分别以 u 及 t 为横坐标，绘制 $E\text{-}u$、$E\text{-}t$ 关系曲线。

3．根据表 3-1-2 的数据，以 E 为纵坐标，以 u 及 h 为横坐标，绘制 $E\text{-}u$、$E\text{-}h$ 关系曲线。

4．根据以上关系曲线分析沉降效率与沉降速率、沉降时间、取样深度的关系。

5．根据下列计算式，计算平流沉淀装置和斜板沉淀装置的去除效率（E）、水力停留时间（HRT）、水力表面负荷（q），以及水平流速（v）。

$$E = \frac{c_0 - c_i}{c_0} \times 100\% \tag{3-1-3}$$

$$HRT = \frac{V_a}{Q} \tag{3-1-4}$$

$$q = \frac{Q}{A_1} \tag{3-1-5}$$

$$v = \frac{Q}{A_2} \qquad\qquad (3\text{-}1\text{-}6)$$

式中：E——沉淀去除效率，%；

HRT——水力停留时间，h；

q——水力表面负荷，$m^3/(m^2 \cdot h)$；

v——水平流速，m/h；

c_0——进水浊度；

c_i——出水浊度；

V_a——沉淀池的有效容积，m^3；

A_1——沉淀池的沉淀面积，m^2；

A_2——沉淀池的过流面积，m^2。

6．比较流量对沉淀效果的影响。

7．比较平流沉淀装置和斜板沉淀装置的去除效果。

六、注意事项

1．向自由沉淀柱内进水时，速度要适中，既要较快完成进水，以防进水中一些较重颗粒沉淀，又要防止速度过快造成柱内水体紊动，影响静沉实验效果。

2．取样前，一定要记录沉淀柱中水面至取样口距离 H（以 cm 计）。

3．取样时，先排除管中积水而后取样，每次约取 50 mL，不宜过多以防 H 变化过大。

4．测定水样浊度时，因颗粒较重，从烧杯取样要边搅拌边测定，以保证两平行水样的均匀性。若测定悬浮颗粒物浓度，贴于烧杯壁上细小的颗粒一定要用蒸馏水洗净。

5．平流沉淀装置和斜板沉淀装置流量调节时应缓慢调节，出水稳定时再测定流量，根据水力停留时间取出水水样，进行水样浊度的测定。

七、思考题

1．自由沉淀中颗粒沉速有何特点？

2．如何绘制自由沉淀静沉曲线？沉降曲线对沉淀池的设计有什么意义？

3．如果自由沉淀柱取样点分别为 H_1、H_3 时，实验结果是否一样，为什么？

4．相同水力负荷下，平流沉淀池和斜板沉淀池哪个处理效果好，为什么？

5．影响平流沉淀池和斜板沉淀池运行的因素有哪些？

实验二 混凝沉淀与混凝气浮实验

混凝沉淀是指将药剂投入污水中，在一定的水力条件下完成混合、水解与缩聚反应，使污水中悬浮态（粒径大于 100 nm）和胶态（粒径为 1～100 nm）的细小颗粒脱稳，凝聚成大的可自然沉降的絮体，再通过沉淀去除的工艺过程。该工艺可用于各种水量的城镇污水处理和工业废水处理，对悬浮颗粒、胶体颗粒、疏水性污染物具有良好的去除效果；对亲水性、溶解性污染物也有一定的絮凝效果。此外，混凝工艺可用于不溶性大分子有机物的吸附凝聚处理，可用于色度物质、腐殖酸、富里酸、表面活性剂等物质的脱稳凝聚处理，也可用于乳化液破乳、凝聚处理。

混凝是一种复杂的物理化学现象，目前对其工作原理认识尚不统一。悬浮态和胶态的细小颗粒在水中以负电荷亲水胶体的状态存在，且外围包裹着一层由极性分子组成的水壳，极其稳定，因而永远不可能借自身重力沉淀下来。当混凝剂加入到污水中，并与污水充分混合以后：一方面混凝剂水解生成一系列阳离子（Al^{3+} 或 Fe^{3+} 及其络合离子），可以中和污水中胶体颗粒表面所带的负电荷；另一方面由于这些水解的离子有很强的水化能力（与 H_2O 结合成络合离子），能夺走胶粒周围的水分子，破坏水壳和胶体粒子的稳定性。通过以上两方面的作用，胶粒将失去原来的稳定性，相互之间发生凝聚，形成较大的矾花（经絮凝之后形成的大颗粒、可沉絮体俗称矾花）经沉淀去除。

加压溶气气浮是最常用的一种气浮方法，是对含乳化油废水的处理、含有细小颗粒物不易沉淀废水处理不可缺少的工艺之一。加压溶气气浮是指使空气在一定压力作用下溶解于水中（在溶气罐内进行），达到饱和状态后再急速减压释放（在气浮池中进行），空气以微气泡逸出，与水中杂质接触，把污染物质附于气泡上（或者气泡附于污染物上）从而形成比重小于水的气水结合物浮升到水面，从而达到净化水的目的。它适用于不同水量，较高浓度悬浮性污染物，油类、微生物、纸浆、纤维的处理。

一、实验目的

1. 观察混凝现象，加深对混凝理论的理解。
2. 掌握可编程六联电动搅拌器的使用方法和混凝程序的设置。
3. 了解混凝剂的筛选方法。
4. 掌握混凝工艺运行条件的确定方法。

二、实验原理

混凝沉淀由混合、絮凝和沉淀 3 个过程组成。

混合的目的是均匀而迅速地将药液扩散到污水中，它是絮凝的前提。当混凝剂与污水中的胶体及悬浮颗粒充分接触以后，会形成微小的矾花。混合时间很短，一般要求在 10~30 s 内完成混合，最多不超过 2 min。因而要使混凝剂与污水混合均匀，就必须提供足够的动力使污水产生剧烈的紊流。

将混凝剂加入污水中，污水中大部分处于稳定状态的胶体杂质将失去稳定。脱稳的胶体颗粒通过一定的水力条件相互碰撞、相互凝结、逐渐长大成能沉淀去除的矾花，这一过程称为絮凝或反应。要保证絮凝的顺利进行，需保证足够的絮凝时间、足够的搅拌外力，但搅拌外力的强度要远远小于混合阶段，防止已形成的或正在形成的矾花被外力打碎。

污水经混凝过程形成的矾花，要通过静止沉淀去除，需要一定的沉淀时间。

混凝剂的种类有：有机混凝剂、无机混凝剂、人工合成混凝剂（阴离子型、阳离子型、非离子型）、天然高分子混凝剂（淀粉、树胶、动物胶）等。

混凝过程实质上是混凝剂—溶剂、混凝剂—胶体和胶体—溶剂这三种关系相互作用的综合结果。为了提高混凝效果，必须根据废水中胶体和细微悬浮物的性质和浓度，正确地选择混凝剂和控制混凝过程的工艺条件。

混凝沉淀的效果受很多因素影响：①胶体和细微悬浮物的种类、粒径和浓度；②废水中阳离子和阴离子的浓度；③pH；④混凝剂的种类、投加量和投加方式；⑤搅拌强度和时间；⑥碱度；⑦水温等。

在水污染控制工程中，固液分离是一种很重要的水质净化单元过程。气浮法是进行固液分离的一种方法，它常被用来分离密度小于或接近于"1"、难以用重力自然沉降法去除的悬浮颗粒。例如，从天然水中去除藻类和细小的胶体杂质，从工业废水中分离短纤维、石油微滴等。有时还用以去除溶解性污染物如表面活性物质、放射性物质等。

气浮是实现固液分离的一种水处理技术，它是将水、污染杂质和气泡这样一个多相体系中含有的疏水性污染粒子，或者附有表面活性物质的亲水性污染粒子，有选择地从废水中吸附到气泡上、以泡沫形式从水中分离去除的一种操作过程。因此，气浮法处理废水（或处理含藻类等饮用水）的实质是：气泡和粒子间进行物理吸附，并形成浮选体上浮分离。

加压气浮实验装置由空气溶解设备（溶气压力桶、空压机）、气浮实验控制器、溶气水喷射管道组成。溶气罐应保证气水接触的水力条件，工作压力通常为 0.4~0.5 MPa。为了保证溶气水的质量，应提前 24 h 启动容器压力桶。

三、实验设备及药品

1. 设备

（1）1 000 mL 量筒，2 个。

（2）200 mL 烧杯，6 个。

（3）10 mL 移液管，5 个。

（4）滴管，2 个，玻璃棒若干。

（5）50 mL 塑料烧杯，2 个。

（6）光电式浊度仪。

（7）可编程六联电动搅拌器。

（8）pH 试纸或 pH 计。

（9）空气压缩机。

（10）溶气压力桶。

（11）气浮实验控制器。

（12）溶气水喷射管道。

2. 药品

（1）硫酸铝[$Al_2(SO_4)_3 \cdot 18H_2O$]溶液：10 g/L。

（2）三氯化铁（$FeCl_3 \cdot 6H_2O$）溶液：10 g/L。

（3）盐酸（HCl）溶液：10%。

（4）氢氧化钠（NaOH）溶液：10%。

四、实验步骤

混凝沉淀实验：

实验处理水样采用实验室污水处理系统二沉池的出水，实验前收集备用。

1. 用 1 000 mL 量筒量取 6 个水样至 6 个 1 000 mL 混凝杯中，并测定原水的浊度、pH 及温度。

2. 将水样置于搅拌器上（搅拌时间和程序预先设定好）。与此同时，选取混凝剂溶液[10 g/L 的 $Al_2(SO_4)_3$ 溶液]，按给定的投药量，用移液管分别移取不同量的药液至加药管中。

3. 投药量：1.00 mL、2.00 mL、4.00 mL、8.00 mL、10.00 mL、12.00 mL。

4. 按表 3-2-1 设置六联电动搅拌器运行程序，并启动运行程序。

表 3-2-1 搅拌器程序设置表

混凝过程	程序阶段号	时间	转速/（r/min）	加药	备注
混合	1	20 s	500	1	加药（1 表示加药，0 表示不加药）
	2	1 min	500	1	用洗气瓶快速第一次洗加药杯
絮凝	3	30 s	150	1	用洗气瓶快速第二次洗加药杯
	4	3 min	150	0	不加药（1 表示加药，0 表示不加药）
	5	5 min	50	0	
沉淀	6	10 min	0	0	

5．搅拌过程中，观察并记录"矾花"形成的过程，"矾花"外观、大小、密实程度等。

6．搅拌过程完成后，沉淀过程阶段，观察并记录"矾花"沉淀的过程。

7．沉淀完成后，分别从混凝杯取样口取出 100 mL 上清液，置于 6 个洗净的 200 mL 烧杯中，立即用浊度仪测出剩余浊度，记入表 3-2-3。

8．取 6 个 1 000 mL 水样，置于搅拌器上，以混凝剂 $FeCl_3$ 代替混凝剂 $Al_2(SO_4)_3$，按步骤 3、4、5、6、7 进行，水样剩余浊度结果记入表 3-2-3。

9．取 6 个 1 000 mL 水样，用 10%HCl 和 10%NaOH 溶液调节水样，使 6 个水样的 pH 分别（约）为 2、4、7、9、11、12。

10．根据上述 $Al_2(SO_4)_3$ 混凝剂混凝实验确定的最佳投药量，加入 $Al_2(SO_4)_3$ 混凝剂，按步骤 4、5、6、7 进行，水样剩余浊度结果记入表 3-2-4。

混凝气浮实验：

实验处理水样采用实验室污水处理系统二沉池的出水，实验前收集备用。

1．将溶气压力桶里注满 7 L 水，盖好桶盖，拧紧螺丝。关闭出口阀门，打开进气阀门，将进气管道与空气压缩机连接，打开空气压缩机电源给溶气压力桶充气，充气过程中转动溶气压力桶上的手动摇柄，充气 24 h 以后方可保证溶气水质量。

2．用 1 000 mL 量筒量取 6 个水样至 6 个 1 000 mL 混凝杯，并测定原水的浊度、pH 及温度。

3．将水样置于搅拌器上（搅拌时间和程序预先设定好）。与此同时，选取混凝剂溶液［10 g/L 的 $Al_2(SO_4)_3$ 溶液］，按给定的投药量，用移液管分别移取不同量的药液至加药管中。

4．投药量：1.00 mL、2.00 mL、4.00 mL、8.00 mL、10.00 mL、12.00 mL。

5．按表 3-2-2 设置二联电动搅拌器运行程序，并启动运行程序。

表 3-2-2　搅拌器程序设置表

混合过程	程序阶段号	时间	转速/（r/min）	加药	备注
	1	15 s	500	1	加药（1 表示加药，0 表示不加药）
	2	15 s	500	1	用洗气瓶快速第一次洗加药杯

6. 搅拌完成后，在气浮控制器上分别设置 6 个支路的气浮时间为 15 s。计时 10 min，观察并记录浮渣形成的过程。

7. 气浮完成后，分别从混凝杯取样口取出 100 mL 上清液，置于 6 个洗净的 200 mL 烧杯中，立即用浊度仪测出剩余浊度，记入表 3-2-3。

8. 取 6 个 1 000 mL 水样，置于搅拌器上，以混凝剂 $FeCl_3$ 代替混凝剂 $Al_2(SO_4)_3$，按步骤 4、5、6、7 进行，结果记入表 3-2-3。

9. 根据上述 $Al_2(SO_4)_3$ 混凝剂混凝实验确定的最佳投加量，加入 $Al_2(SO_4)_3$ 混凝剂，按步骤 5、6、7 进行，结果记入表 3-2-4。

五、结果与讨论

沉淀和气浮过程分别进行：

1. 按下面两个表整理实验数据。

表 3-2-3　最佳投药量实验记录表

原水浊度：　　　　　原水温度/℃：　　　　　原水 pH：　　　　　混凝剂浓度：

混凝剂名称	水样编号	1	2	3	4	5	6
$Al_2(SO_4)_3$	投加体积/mL	1.00	2.00	4.00	8.00	10.00	12.00
	投加量/（mg/L）						
	水样剩余浊度						
$FeCl_3$	投加体积/mL	1.00	2.00	4.00	8.00	10.00	12.00
	投加量/（mg/L）						
	水样剩余浊度						

表 3-2-4　最佳 pH 实验记录表

原水浊度：　　　原水温度/℃：　　　混凝剂名称：　　　混凝剂投加量/（mg/L）：

水样编号	1	2	3	4	5	6
水样的 pH	2	4	7	9	11	13
水样剩余浊度						

2．以投药量为横坐标，以剩余浊度为纵坐标，绘制剩余浊度-投药量曲线，曲线最低点所对应的投药量即为最佳投药量值。

3．以 pH 为横坐标，以剩余浊度为纵坐标，绘制剩余浊度-pH 曲线，曲线最低一段所对应的 pH 即为最佳 pH 范围。

4．比较混凝剂 $Al_2(SO_4)_3$ 和混凝剂 $FeCl_3$ 的混凝效果。

5．比较混凝与气浮的实验效果。

六、注意事项

1．整个实验采用同一水样，而且取水样时要搅拌均匀，要一次量取，以尽量减少取样浓度上的误差。

2．要充分冲洗加药管，以免药剂残留在加药管上太多，影响投药量的精确度。

3．取沉淀反应后的上清液时，要用相同的条件取，不要把沉下去的矾花搅起来。

4．取沉淀反应后的上清液时，应将取样管尾端残液放出后，再取水样，避免影响实验结果。

七、思考题

1．根据实验结果以及实验中所观察到的现象，简述影响混凝效果的几个主要因素。

2．为什么投药量大时，混凝效果不一定好？

3．混凝剂 $Al_2(SO_4)_3$ 和混凝剂 $FeCl_3$ 处理污水各有什么特点？

4．沉淀和气浮分别适用哪种情况？

实验三　加压溶气气浮工艺

加压溶气气浮是最常用的一种气浮方法，是对含乳化油废水的处理、含有细小颗粒物不易沉淀废水处理不可缺少的工艺之一。加压溶气气浮是指使空气在一定压力作用下溶解于水中（在溶气罐内进行），达到饱和状态后再急速减压释放（在气浮池中进行），空气以微气泡逸出，与水中杂质接触使其上浮的处理方法。它适用于不同水量，较高浓度悬浮性污染物，如油类、微生物、纸浆、纤维的处理。

一、实验目的

1．通过实验掌握气浮的工作原理和工艺流程。

2．掌握加压溶气气浮实验方法和释气量测定方法。

3．了解悬浮颗粒浓度、操作压力、气固比、澄清分离效率之间的关系，加深对基本概念的理解。

二、实验原理

气浮是实现固液分离的一种水处理技术，它是将水、污染杂质和气泡这样一个多相体系中含有的疏水性污染粒子，或者附有表面活性物质的亲水性污染粒子，有选择地从废水中吸附到气泡上、以泡沫形式从水中分离去除的一种操作过程。因此，气浮法处理废水（或处理含藻类等饮用水）的实质是：气泡和粒子间进行物理吸附，并形成浮选体上浮分离。

加压气浮工艺流程由空气溶解设备（溶气罐、溶气水泵、空压机或射流器等）、溶气释放器、分离室、水位控制室、刮渣机、集水管等组成。溶气罐应保证气水接触的水力条件，工作压力通常为 0.4～0.5 MPa。

影响加压溶气气浮的主要因素有两个方面：一是废水中悬浮颗粒的物理化学性质，如密度、粒径、对水的浸润程度；二是加压溶气水释放出空气微气泡的大小、数量、稳定性以及和废水中悬浮颗粒的接触方式及接触时间等。

在加压溶气气浮系统设计中，常用的基本参数是气固比，即空气析出量与去除污染物量的比值。气固比与操作压力、悬浮固体的浓度、性质有关。一般废水处理，气固比为 0.005～0.006，通常通过实验确定。气固比也可按式（3-3-1）计算：

$$\frac{A}{S} = \frac{\gamma S_a (fP-1)Q_r}{QS_i} \qquad (3\text{-}3\text{-}1)$$

式中：$\dfrac{A}{S}$——气固比（释放的空气质量/悬浮固体质量），g/g；

γ ——空气的容重，g/L（查表 3-3-1）；

S_i ——入流中的悬浮固体质量浓度，mg/L；

Q_r ——加压水流量，L/d；

Q ——污水流量，L/d；

S_a ——某一温度时的空气溶解度，mL/（L·atm）（查表 3-3-1）；

f ——加压溶气系统溶气解系数，通常采用，$f=0.8\sim0.9$；

P ——溶气压力，绝对压力，atm；

$$P = \frac{p+101.32}{101.32} \qquad (3\text{-}3\text{-}2)$$

p ——表压，kPa。

表 3-3-1　空气在水中的溶解度

温度/℃	0	10	20	30	40
空气容重 γ /（g/L）	1.252	1.206	1.164	1.127	1.092
空气溶解度 S_a /[mL/（L·atm）]	29.2	22.8	18.7	15.7	14.2

出流水中的悬浮固体浓度和浮渣中的固体浓度与气固比的关系如图 3-3-1 所示。由图 3-3-1 可以看到，在一定范围内，气浮效果是随气固比的增大而增大的，即气固比越大，出水悬浮固体质量浓度越低，浮渣的固体质量浓度越高。

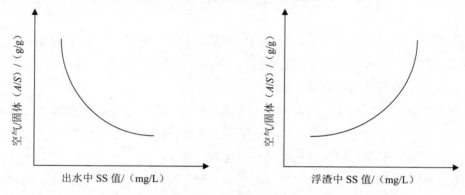

图 3-3-1　气固比对浮渣固体质量浓度和出水固体质量浓度的影响

三、实验设备与材料

1. 气固比实验装置，见图 3-3-2。

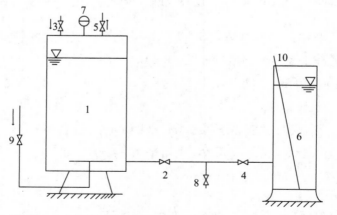

1—压力溶气罐；2—减压阀或释放器；3—加压水进水口；4—入流阀；5—排气口；

6—反应量筒（1 000～1 500 mL）；7—压力表；8—排放阀；9—压缩空气进气阀；10—搅拌棒

图 3-3-2　气固比实验装置

2．释气量实验装置，如图 3-3-3 所示。

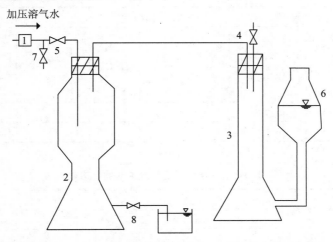

1—减压阀或释放器；2—释气瓶；3—气体计量瓶；4—排气阀；5—入流阀；6—水位调节瓶；7—分流阀；8—排放阀

图 3-3-3　释气量实验装置示意图

四、实验步骤

1．气固比实验

（1）将某污水加药混凝沉淀，然后取压力溶气罐 2/3 倍体积的上清液加入压力溶气罐。

（2）开、进气阀门使压缩空气进入加压溶气罐，待罐内压力达到预定压力时（一般为 0.3～0.4 MPa），关闭进气阀门并静置 10 min，使罐内水中溶解空气达到饱和。

（3）测定加压溶气水的释气量以确定加压溶气水是否合格（一般释气量与理论饱和值之比为 0.9 以上即可）。

（4）将 500 mL 已加药并混合好的某污水倒入反应量筒中（加药量按混凝实验定），并测原污水中的悬浮物浓度。

（5）当反应量筒内已见微小絮体时，开减压阀（或释放器）按预定流量往反应量筒内加溶气水（其流量可根据所需回流比而定），同时用搅拌棒搅动 30 s，使气泡分布均匀。

（6）观察并记录反应筒中随时间而上升的浮渣界面高度并求其分离速度。

（7）静止分离 10～30 min 后分别记录清液与浮渣的体积。

（8）打开排放阀门分别排出溶液和浮渣，并测定清液和浮渣中的悬浮物浓度。

（9）按几个不同回流比重复上述实验即可得出不同的气固比与出水水质 SS 值。

记录见表 3-3-2 和表 3-3-3。

表 3-3-2　气固比与出水水质记录表

实验号	原污水						压力溶气水					出水			浮渣
	水温/℃	pH	体积/V_0/mL	加药名称	加药量/%	悬浮物/(mg/L)	体积/mL	压力/MPa	释气量/mL	气固比(A/S)/(g/g)	回流比R	悬浮物/(mg/L)	去除率/%	体积/V_1/mL	体积/V_2/mL	悬浮物/(mg/L)

表 3-3-3　浮渣高度与分离时间记录表

t/min					
h/cm					
H—h/cm					
V_1/L					
$V_2/V_1\times100\%$					

2. 释气量实验

（1）打开气体计量瓶的排气阀，将释气瓶注入清水至计量刻度，上下移动水位调节瓶，将气体计量瓶内液位调至零刻度，然后关闭排气阀。

（2）当加压溶气罐运行正常后，打开减压阀和分流阀，使加压溶气水从分流口流出，在确认流出的加压溶气水正常后，开启入流阀，关闭分流阀，使加压溶气水进入释气瓶内。

（3）当释气瓶内增加的水达到 100～200 mL 后，关闭减压阀和入流阀并轻轻摇晃释气瓶，使加压溶气水中能释放出的气体全部从水中分离出来。

（4）打开释气瓶的排放阀，使瓶中液位降回到计量刻度，同时准确计量排出液的体积。

（5）上下移动水位调节瓶，使调节瓶中的液位与气体计量瓶中的液位处于同一水平线上，此时记录气体增加量即所排入释放瓶中加压溶气水的释气量。实验记录如表 3-3-4 所示。

表 3-3-4　释气量实验记录表

实验号	加压溶气水				释气	
	压力/MPa	体积/mL	水温/℃	理论释气量/(mL/L)	释气量/mL	溶气效率/%

注：①溶气效率 η（%）＝释气量/理论释气量×100%；

②理论释气量 $V = K_T P$

式中：P——空气所受的绝对压力，以 MPa 计；

K_T——温度溶解常数，见表 3-3-5。

表 3-3-5　不同温度时的 K_T

温度/℃	0	10	20	30	40	50
K_T	0.038	0.029	0.024	0.021	0.018	0.016

五、结果与讨论

1. 绘制气固比与出水水质关系曲线，并进行回归分析。
2. 绘制气固比与浮渣中固体浓度关系曲线。
3. 完成释气量实验，并计算溶气效率。

六、思考题

1. 气浮法与沉淀法有什么相同之处？有什么不同之处？
2. 气固比实验中得到的两条曲线各有什么意义？

实验四　砂滤工艺

过滤技术是给水处理和废水处理中分离水中不溶物质的一种快速方法。20 世纪 60 年代以来，由于水资源的严重短缺，废水回用问题提到了议事日程。为了得到高质量的出水，过滤技术被广泛用于污（废）水的深度处理。过滤技术通常用在化学混凝和生化处理之后，它是一种使水通过砂、煤粒或硅藻土等多孔介质的床层以分离水中悬浮物的水处理操作过程，其主要作用是去除水中呈分散悬浮态的无机质和有机质粒子，也包括各种浮游生物、细菌、滤过性病毒、漂浮油、乳化油等。

一、实验目的

1. 熟悉砂滤池的构造及工作过程。
2. 加深对滤池过滤机理的理解。
3. 掌握利用砂滤池去除污水中悬浮物的实验方法。

二、实验原理

滤池的形式多种多样，以石英砂为滤料的普通快滤池使用历史最久，并在此基础上出现了双层滤料、多层滤料和上向流过滤等。若按作用水头分，有重力式滤池和压力式滤池两类。为了减少滤池的闸阀并便于操作管理，又发展了虹吸滤池、无阀滤池等自动冲洗滤池。所有上述各种滤池，其工作原理、工作过程都基本相似。

滤池的过滤过程是一个复杂的过程，其机理也涉及多种因素，常用的几种解释有：

1．阻力截留

当废水自上而下流过粒状滤料层时，粒径较大的悬浮颗粒首先被截留在表层滤料的空隙中，随着此层滤料间的空隙越来越小，截污能力也变得越来越大，逐渐形成一层主要由被截留的固体颗粒构成的滤层，截留水中更小的颗粒物，这种作用属于阻力截留或筛滤作用。悬浮物粒径越大，表层滤料粒径和滤速越小，就越容易形成表层筛滤层，滤层的截污能力也越强。

2．重力沉降

废水通过滤料层时，众多的滤料表面提供了巨大的沉降面积。重力沉降强度主要与滤料直径及过滤速度有关。滤料越小，沉降面积越大；滤速越小，则水流越平稳，这些都有利于悬浮物的沉降。

3．接触絮凝

由于滤料具有巨大的比表面积，它与悬浮物之间有明显的物理吸附作用。此外，砂粒在水中常带有表面负电荷，能吸附带电胶体，从而在滤料表面形成带正电荷的薄膜，进而吸附带负电荷的黏土和多种有机物胶体等，在滤料上发生接触絮凝。

在实际过滤过程中，上述三种机理往往同时起作用，只是随条件不同而有主次之分。对粒径较大的悬浮颗粒，以阻力截留为主，这一过程主要发生在滤料表层，通常称为表面过滤。对于细微悬浮物，以发生在滤料深层的重力沉降和接触絮凝为主，称为深层过滤。

随着过滤过程的进行，污染物在滤料中不断积累，滤料层内的孔隙由上而下逐渐被堵塞，水流流过滤料层的阻力和水头损失随之逐渐增大，当水头损失达到允许的最大值或出水水质达到某一规定值时，过滤中止，需要对滤池进行反冲洗以除去积聚在滤床内部的污染物。

反冲洗机理：高速水流自下向上冲洗时，滤层便膨胀起来，截留于滤料层中的污染物在滤层孔隙中的水流剪力以及滤料颗粒碰撞摩擦作用下，从滤料表面脱落下来，然后被冲洗水流带出滤池。

滤池的冲洗方法主要有三种：反冲洗、反冲洗加表面冲洗和反冲洗辅以空气冲洗。

（1）反冲洗：反冲洗指从滤料层底部进水，逆工作时的水流对滤料进行冲洗，因而称为反冲洗。反冲洗是冲洗的主要方法。

（2）反冲洗加表面冲洗：在很多情况下，反冲洗不能保证足够的冲洗效果，可辅以表面冲洗。表面冲洗是在滤料上层表面设置喷头，对膨胀起来的表层滤料进行强制冲洗。按照冲洗水管路的配水形式，表面冲洗有旋转管式表面冲洗和固定管式表面冲洗两种。

（3）反冲洗辅以空气冲洗（常称为气水反冲洗）：气水反冲洗常用于粗滤料的冲洗，因粗滤料要求的冲洗强度很大，如果进行单纯反冲洗，用水量会很大，同时还会延长反冲洗历时。实践证明，污水深度处理中的过滤，必须采用气水反冲洗。一方面是因为滤料的粒径普遍较大，另一方面是由于污水中的有机物与滤料黏附较紧，要求较高的冲洗强度方可见效。

反冲洗效果主要取决于冲洗强度和时间。

三、实验装置

实验所用工艺流程如图 3-4-1 所示。

1. 带 PLC 控制系统的压力砂滤池一套：由砂滤池、原水泵、清水泵、空气压缩机、清水压力罐等组成；滤池滤料：石英砂。

2. 必要的水质分析仪器和玻璃仪器。

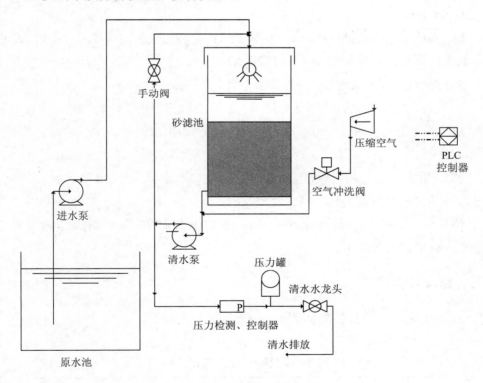

图 3-4-1　砂滤池工艺流程图

四、实验步骤

1. 配制原水，其浑浊度在 40～200 mg/L，以最佳投药量将混凝剂 $Al_2(SO_4)_3$ 或者

$FeCl_3$ 投入原水池中，经过搅拌，配成原水。

2．打开压力滤池电源总开关、清水压力罐出水阀门，过滤即开始。

3．过滤时，进水泵启动，将原水泵入滤池，经滤池顶部的喷头喷入池中，原水自上而下通过滤料床层，其中含有的悬浮颗粒和胶体颗粒被截留在滤料的表面和内部空隙中，净化后的污水经配水系统收集到一定量后，清水泵启动，将清水经滤池底部的清水管泵入压力清水罐。

过滤过程中，每隔 10 min 取出水水样 100 mL 于烧杯中，测定浊度，结果记入表 3-4-1。

4．当出水水质超过一定值时，过滤中止。开始对滤池进行反冲洗。

本系统采用原水作为反冲洗水。反冲洗的方式为压力水反冲洗和空气助洗的混合方式。反冲洗时，原水泵启动，将原水从滤池底部泵入滤池，经底部集水系统均匀分布于池中。同时空气压缩机开启，往滤池底部送气。注意气量不要过大。

反冲洗过程中，每隔 2 min 取出水水样 100 mL 于烧杯中，测定反冲洗水浊度，结果记入表 3-4-1。

因为本系统采用原水进行反冲洗，因此滤床内部依然残留一定量的污染物，所以反冲洗后需将清水从顶部泵入滤床，对滤床进行清洗。

5．经过一段时间的清洗后，过滤重新开始。

6．清洗后，滤池开始过滤运行，调节出水压力罐的出水阀，阀门全开，稳定运行 10 min 后，测定出水流量（压力罐排水的平均流量）、出水浊度，并同时测定滤池的过滤直径，结果记录入表 3-4-2。

7．调节阀门 1/2 开，稳定运行 10 min 后，测定出水流量（压力罐排水的平均流量）、出水浊度，结果记录入表 3-4-2。

8．调节阀门 1/4 开，稳定运行 10 min 后，测定出水流量（压力罐排水的平均流量）、出水浊度，结果记录入表 3-4-2。

五、结果与讨论

1．按表 3-4-1，表 3-4-2 整理数据。

表 3-4-1　滤池过滤实验记录表

水样编号	1	2	3	4	5	6
过滤出水浊度						
水样编号	1	2	3	4	5	6
反冲洗出水浊度						

表 3-4-2 滤池过滤实验记录表

运行出水流量 Q /（m³/h）	滤池直径 d/m	滤池过滤面积 A/m²	滤速 v/（m/h）	出水浊度

2．以运行时间为横坐标，出水浊度为纵坐标，绘制出水浊度与运行时间的关系曲线。

3．以反冲洗时间为横坐标，反冲洗出水浊度为纵坐标，绘制反冲洗出水浊度与运行时间的关系曲线。

4．分析上述两关系曲线，说明两关系曲线有什么作用。

5．计算滤池过滤面积 A 和滤速 v，并说明滤速对过滤效果的影响。

$$v = \frac{Q}{A} \qquad (3\text{-}4\text{-}1)$$

式中：v——滤速，m/h；

Q——进水流量，m³/h；

A——滤池过滤面积，m²。

6．根据实验结果确定滤池最佳运行周期。

六、思考题

1．滤层内有空气泡时对过滤、冲洗有何影响？

2．冲洗强度为何不宜过大？

3．叙述气、水反冲洗法与水反冲洗法各有什么优缺点？

实验五　活性污泥法好氧生物处理工艺

活性污泥法是以活性污泥为主体的废水生物处理的主要方法。活性污泥法是向废水中连续通入空气，经一定时间后因好氧性微生物繁殖而形成的污泥状絮凝物。其上栖息着以菌胶团为主的微生物群，具有很强的吸附与氧化有机物的能力。利用活性污泥的生物凝聚、吸附和氧化作用，以分解去除污水中的有机污染物。然后使污泥与水分离，大部分污泥再回流到曝气池，多余部分则排出活性污泥系统。

活性污泥法是一种最常用、最普遍、最重要的污水好氧生物处理方法，多用于处理生活污水、城市污水以及有机性工业废水，它以悬浮在水中的活性污泥为主体，通过采取一系列人工强化、控制技术措施，使活性污泥微生物所具有的对有机物氧化、分解为主体的生理功能得到充分发挥，从而达到对污水净化的目的。

一、实验目的

1. 熟悉活性污泥法的基本工艺流程。
2. 加深对污水好氧生物处理和活性污泥法原理的理解。
3. 掌握利用完全混合系统和氧化沟系统处理生活污水的实验方法。
4. 掌握活性污泥法工艺运行参数的意义、测定和计算方法。
5. 了解活性污泥法工艺系统的运行和管理。

二、实验原理

活性污泥法是在有氧的条件下，利用好氧微生物氧化分解有机物。有机物好氧分解过程可用图 3-5-1 表示：

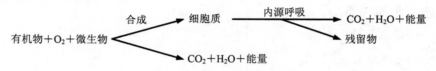

图 3-5-1 污水好氧生物处理原理示意图

污水中的有机污染物，首先被吸附在微生物的表面，小分子的有机物能够直接透过细胞壁进入微生物体内，而如淀粉、蛋白质等大分子有机物，则必须在细胞外酶的作用下，被水解为小分子后再被微生物摄入细胞体内。

微生物对一部分有机物进行氧化分解，最终形成 CO_2 和 H_2O 等稳定的无机物质，并从中获取合成新细胞物质所需的能量，这一过程可用下列化学方程式表示，这里我们用 $C_xH_yO_z$ 表示有机污染物：

$$C_xH_yO_z + (\frac{x+y}{4} - \frac{z}{2})O_2 \xrightarrow{\text{酶}} xCO_2 + \frac{y}{2}H_2O + 能量 \tag{3-5-1}$$

另一部分有机污染物被微生物用于合成新细胞，所需能量来自于上述有机物氧化分解过程中产生的能量。这一反应过程可用下列方程式表示，$C_5H_7NO_2$ 表示微生物细胞组织的化学式：

$$nC_xH_yO_z + nNH_3 + n(\frac{x+y}{4} - \frac{z}{2} - 5)O_2 \xrightarrow{\text{酶}} (C_5H_7NO_2)_n + n(x-5)CO_2 + \frac{n(y-4)}{2}H_2O - 能量$$

$$\tag{3-5-2}$$

当有机污染物浓度较低时，微生物会由于营养物质的缺乏而进入内源代谢阶段，即微生物对其自身的细胞物质进行代谢反应，其过程可用下列化学式表示：

$$(C_5H_7NO_2)_n + 5nO_2 \xrightarrow{\text{酶}} 5nCO_2 + 2nH_2O + nNH_3 + 能量 \tag{3-5-3}$$

活性污泥法对有机污染物及氨氮的去除主要通过以下过程：

（1）初期吸附过程：在污水开始与活性污泥接触后较短的时间（5～10 min）内，污水中的有机污染物由于活性污泥的吸附作用被转移到活性污泥中从而被去除。

（2）氧化分解过程：在有氧的条件下，好氧性微生物将吸附在活性污泥中的有机污染物氧化分解以获得能量或合成细胞质。

（3）沉淀过程：在二沉池中活性污泥和已处理的废水进行固液分离。

三、实验装置

实验所用工艺流程见图 3-5-2。

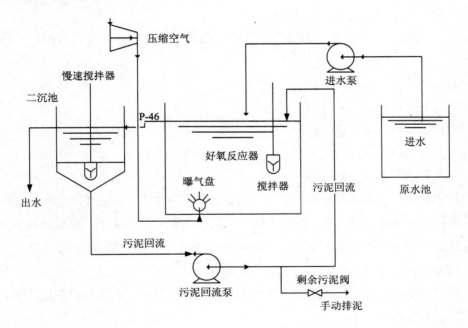

图 3-5-2 活性污泥系统工艺流程图

1．完全混合系统一套：由原水池、完全混合反应器、二次沉淀池、进水泵、污泥回流泵、空气压缩机、搅拌器、曝气盘、PLC 控制器等组成。

2．氧化沟工艺系统一套：由原水池、氧化沟、二次沉淀池、进水泵、污泥回流系统、曝气系统和剩余污泥排放系统组成。

3．抽滤系统：真空泵、缓冲瓶、抽滤瓶和布氏漏斗组成。

4．其他必要的水质分析仪器、设备和玻璃仪器。

四、实验步骤

1．实验前期准备

活性污泥工艺系统的启动：接种活性污泥，将培养好的活性污泥注入好氧反应器，开启进水泵、污泥回流泵、曝气系统及搅拌器，连接好微电脑控制系统，实验系统即开始运行。

系统的试运行：试运行的目的是确定最佳的运行条件。在活性污泥系统的运行中，作为变数考虑的因素有混合液污泥浓度（MLSS）、曝气空气量、污水的注入方式、水力停留时间等。试运行的任务就是参照有关经验数据，将这些变数组合成几种运行条件分阶段进行实验，观察各种条件的处理效果，并确定最佳的运行条件。

2．工艺参数测定

（1）曝气池的水力容积，V_a（L）。

根据曝气池的几何形状，测量并计算曝气池的水力容积，即混合液浸没的反应器体积。

（2）进水流量，Q_i（L/h）。

计时容量法测定进入系统污水的流量。

（3）污泥回流流量，Q_r（L/h）。

计时容量法测定回流污泥的流量。

（4）污泥质量浓度，MLSS。

也称混合液悬浮固体质量浓度（MLSS），是指曝气池中 1 L 活性污泥混合液中悬浮物的重量，单位 mg/L 或 g/L。污泥质量浓度从表观上反映了活性污泥数量的多少。活性污泥法工艺的 MLSS 一般控制在 2 000～6 000 mg/L。其测定步骤如下：

①称量一张干燥恒重的空白滤纸，重量为 m_0。

②量取 100 mL 曝气池中的混合液（避开进水和回流口），利用抽滤系统，用上述称量的滤纸进行过滤。

③将过滤后带有泥饼的滤纸放到烘干箱中，在 103～105℃烘干至恒重（烘干后，取出在干燥器中冷却至平衡温度称重，然后再放入烘干箱中烘干 30 min，取出在干燥器中冷却至平衡温度称重，前后称重质量差小于 0.5 mg，认为恒重），在干燥器中冷却后，称重量为 m_1。

④计算污泥质量浓度：

$$MLSS = \frac{m_1 - m_0}{0.1} \qquad\qquad (3\text{-}5\text{-}4)$$

式中：MLSS——混合液悬浮固体质量浓度，g/L；

$\quad\quad m_0$——滤纸的质量，g；

$\quad\quad m_1$——滤纸和污泥的质量，g；

$\quad\quad 0.1$——混合液取样体积，L。

（5）混合液可挥发性悬浮固体质量浓度，MLVSS。

混合液可挥发性悬浮固体质量浓度（MLVSS）是指混合液悬浮固体（MLSS）中的有机物量。生活污水一般 MLVSS/MLSS=0.7。测定采用定量滤纸，步骤如下：

①②③同 MLSS 测定，只是将滤纸选用定量滤纸。

④称量一干燥恒重的坩埚，重量为 m_2。

⑤将③中干燥后的带有泥饼的滤纸放到坩埚中，然后一块放入马弗炉中，加热到 600℃灼烧 60 min（从温度达到 600℃开始计时），冷却后，称重为 m_3。

⑥计算混合液可挥发性悬浮固体质量浓度：

$$MLVSS = \frac{(m_1 + m_2 - m_0) - m_3}{0.1} \qquad\qquad (3\text{-}5\text{-}5)$$

式中：MLVSS——混合液可挥发性悬浮固体质量浓度，g/L；

$\quad\quad m_2$——坩埚的质量，g；

$\quad\quad m_3$——污泥灰分和坩埚的质量，g。

（6）污泥沉降比，SV_{30}。

SV_{30} 是指 1 L 曝气池混合液静止沉降 30 min 后，沉淀污泥占混合液的百分比。它反映污泥沉降性能和浓缩性能。活性污泥处理工艺理想的沉降比为 15%～30%。其测定步骤如下：

①在曝气池中迅速取 1 000 mL 混合液倒入锥形 SV 测定器中（可用 1 000 mL 量筒代替）。

②静止沉淀 30 min，读取量筒中污泥的体积 V。

③计算污泥沉降比

$$SV_{30} = \frac{V}{1\,000} \times 100\% \qquad\qquad (3\text{-}5\text{-}6)$$

式中：SV_{30}——污泥沉降比，%；

$\quad\quad V$——沉降后污泥的体积，mL。

将（4）（5）（6）测量和计算的结果记入表 3-5-1、表 3-5-2。

表 3-5-1　系统活性污泥参数记录表

系统	m_0/g	m_1/g	m_2/g	m_3/g	V/mL	MLSS/（g/L）	MLVSS/（g/L）	SV_{30}/%
系统 1								
系统 2								

（7）曝气池内溶解氧质量浓度，DO（mg/L）。

用便携式溶氧仪测定溶解氧，读取数据。

（8）进、出水的 COD（mg/L）。

采样测定进、出水 COD 浓度，也可由另一实验取得。

（9）进、出水的 BOD_5（mg/L）。

采样测定进、出水 BOD_5 浓度，也可由另一实验取得。

（10）微生物镜检。

五、结果与讨论

表 3-5-2　活性污泥系统运行参数表

项目	系统 1	系统 2	系统 3
曝气池有效容积 V_a/L			
污水进水流量 Q_i/（L/h）			
水力停留时间 HRT/h			
污泥回流量 Q_r/（L/h）			
污泥回流比 R/%			
混合液污泥质量浓度 MLSS/（g/L）			
混合液挥发性污泥质量浓度 MLVSS/（g/L）			
混合液 30 min 沉淀比 SV_{30}/%			
SVI/（mL/g）			
混合液溶解氧 DO/（g/L）			
进水 COD/（mg/L）			
出水 COD/（mg/L）			
进水 BOD_5/（mg/L）			
出水 BOD_5/（mg/L）			
污泥负荷 N_s/[kgBOD$_5$/（kgMLSS·d）]			
体积负荷 N_v/[kgBOD$_5$/（m^3·d）]			
COD 去除效率 η/%			
微生物镜检 描述原生、后生动种类与种群数量			

根据表 3-5-2 记录和计算数据，对不同系统运行数据进行对比分析，分析存在的问题，找到调整方案。

1. 计算以下参数，计算数据列入表 3-5-2。

（1）BOD_5 污泥负荷（N_s）

BOD_5 污泥负荷（N_s）是指单位质量的活性污泥在单位时间内所去除的有机污染物的量，单位 $kgBOD_5/(kgMLSS \cdot d)$。

$$N_s = \frac{Q_{inf} \times BOD_{5(inf)} \times 24}{MLSS \times V_a} \qquad (3\text{-}5\text{-}7)$$

（2）BOD_5 容积负荷（N_v）

BOD_5 容积负荷（N_v）是指每立方米曝气池容积每日所负担的有机污染物的量，单位 $kgBOD_5/(m^3 \cdot d)$。

$$N_v = \frac{Q_{inf} \times BOD_{5(inf)} \times 24}{V_a} \qquad (3\text{-}5\text{-}8)$$

（3）水力停留时间（HRT）

水力停留时间（HRT）指污水从进入曝气池到流出曝气池所需要的时间，单位 h。

$$HRT = \frac{V_a}{Q_i} \qquad (3\text{-}5\text{-}9)$$

（4）污泥体积指数（SVI）

污泥体积指数（SVI）又称污泥容积指数，是指曝气池中的活性污泥混合液经 30 min 沉降后 1 g 干污泥所占的容积，单位 mL/g。

$$SVI = \frac{SV_{30} \times 1\,000}{MLSS} \qquad (3\text{-}5\text{-}10)$$

（5）污泥回流比（R）

污泥回流比（R）是指曝气池中回流污泥的流量与进水流量的比值。一般用百分数表示。

$$R = \frac{Q_r}{Q_{in}} \times 100\% \qquad (3\text{-}5\text{-}11)$$

（6）COD 去除率（η）

$$\eta = \frac{(COD_{inf} - COD_{eff})}{COD_{inf}} \times 100\% \qquad (3\text{-}5\text{-}12)$$

2. 判断活性污泥处理系统的运行状况。

3. 调节各工艺参数，使系统处在最佳的运行条件下运行。

六、注意事项

1．取活性污泥混合液时，可取不同部位的混合样，尽量能代表整个池子的平均污泥浓度。

2．沉降比测定时，取混合液要迅速，以防取样时污泥沉降影响测定结果。

七、思考题

1．影响活性污泥法污水好氧生物处理效果的因素都有哪些？

2．通过本实验系统的观测和控制，阐述完全混合式活性污泥法和氧化沟系统的优缺点。

实验六　活性污泥耗氧速率测定

活性污泥的耗氧速率是评价污泥微生物代谢活性的一个重要指标，它指单位质量的活性污泥在单位时间内所利用氧的量，根据同一系统中不同时期污泥耗氧速率的变化可以判断进水特性的变化及污泥性质的改变。在活性污泥系统运行中，污泥耗氧速率的大小及其变化趋势可指示处理系统负荷的变化情况，以此来控制剩余污泥的排放。污泥耗氧速率值若大大高于正常值，往往提示污泥负荷过高，这时出水水质较差，残留有机物较多，处理效果较差。污泥耗氧速率值长期低于正常值，这种情况往往在活性污泥负荷低下的延时曝气处理系统中可见，这时出水中残存有机物数量较少，处理完全，但若长期运行，也会使污泥因缺乏营养而解絮。

一、实验目的

1．理解活性污泥耗氧速率的定义和作用。

2．掌握活性污泥耗氧速率的测定的原理与方法。

二、实验原理

活性污泥耗氧速率（SOUR）是指单位重量的活性污泥在单位时间内消耗的溶解氧的量。它是活性污泥法的重要参数之一，可用来衡量活性污泥的生物活性；判断入流污水水质的变化；判断废水的可生化性以及污泥承受废水毒性的极限程度。传统活性污泥处理工艺的 SOUR 一般在 8～20 mgO$_2$/（gMLSS·h）。SOUR 可通过实验方法获得，实验测定方法有瓦勃呼吸仪法、排气分析法、极谱法以及溶解氧仪测定法，本实验介绍溶解氧仪法获得 SOUR。

$$\mathrm{SOUR}\left(\mathrm{mgO_2/gMLSS \cdot h}\right)=\frac{\mathrm{DO_1}-\mathrm{DO_2}}{(t_2-t_1)\cdot\mathrm{MLSS}}=\frac{R_r}{\mathrm{MLSS}} \quad\quad （3\text{-}6\text{-}1）$$

式中：$\mathrm{DO_1}$——t_1 时刻活性污泥混合液的溶解氧质量浓度，mg/L；

$\quad\quad\mathrm{DO_2}$——t_2 时刻活性污泥混合液的溶解氧质量浓度，mg/L；

$\quad\quad t_1$、t_2——测定活性污泥系统反应的起始时间，h；

$\quad\quad\mathrm{MLSS}$——活性污泥的质量浓度，g/L；

$\quad\quad R_r$——单位体积活性污泥的耗氧率，mg/（L·min）。

从式（3-6-1）中可以看出活性污泥耗氧速率（SOUR）和单位体积活性污泥的耗氧率（R_r）以及活性污泥浓度（MLSS）有关，通过测定 R_r 和 MLSS 即可计算出 SOUR。

三、实验设备

1．耗氧速率测定装置：由溶解氧仪、电磁搅拌器、BOD 测定瓶以及恒温水浴组成，如图 3-6-1 所示。

2．鼓风曝气系统：由鼓风机和曝气头组成。

3．其他监测设备和玻璃仪器。

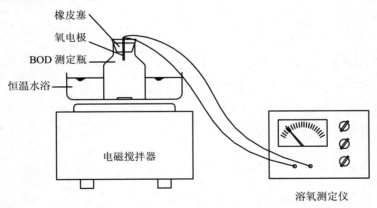

图 3-6-1　耗氧速率测定装置示意图

四、实验步骤

1．取曝气池活性污泥混合液迅速置于烧杯中，在恒温水浴中使混合液温度调节至 20℃，充氧至混合液溶解氧 5～6 mg/L，也可充氧至饱和，可根据具体情况而定。

2．将已充氧的活性污泥混合液倒入内装搅拌棒的 BOD 测定瓶中，并塞上安有溶解氧仪电极探头的橡皮塞，塞紧。

3．将 BOD 测定瓶置于 20℃恒温水浴中，开动电磁搅拌器和溶解氧仪。

4．待温度和溶解氧仪稳定后即可读数并记录 DO 值，每隔 30 s 读数一次，数据记入表 3-6-1 中。

5．待 DO 降至 1 mg/L 时停止整个试验。

6．实验同时测定充氧后混合液的污泥浓度。数据记入表 3-6-1 中。

7．重复以上步骤，获取多组数据，获取平均耗氧速率。

表 3-6-1　耗氧速率实验数据表

序号	1	2	3	4	5	6	7	8	9	10
实验时间/s										
DO/（mg/L）										
序号	11	12	13	14	15	16	17	18	19	⋯
实验时间/s										
DO/（mg/L）										
滤纸质量 $m_0=$		滤纸泥饼质量 $m_1=$					混合液体积 $V=$		
MLSS=		$R_r=$					SOUR=		

五、结果与讨论

1．以溶解氧 DO 为纵坐标，时间 t 为横坐标，绘制 DO-t 曲线

2．拟合 DO-t 曲线，并求解其斜率即为 R_r。

3．计算 SOUR。

4．分析该活性污泥的活性。

六、注意事项

1．曝气池不同部位污泥浓度和活性有所不同，取样时可取不同部位的混合样。

2．已充氧的污泥混合液倒入 BOD 测定瓶时，使污水溢出，瓶内不应存有气泡。

3．整个试验过程控制在 10～30 min 为宜，尽量使每升污泥每小时耗氧量在 5～40 mg 内，若 DO 值下降过快，可将混合液适当稀释后测定。

七、思考题

1．测定活性污泥耗氧速率有什么意义？

2．如果 BOD 测定瓶内存有气泡，是否会影响测定结果，为什么？

实验七　氧转移速率测定

空气中的分子态氧溶解在水中称为溶解氧。水中的溶解氧的含量与空气中氧的分压、水的温度都有密切关系。在自然情况下，空气中的含氧量变动不大，故水温是主要的因素，水温越低，水中溶解氧的含量越高。溶解于水中的分子态氧称为溶解氧，通常记作 DO。氧转移速率是指水在 20℃和标准大气压条件下测得的氧溶解速度。

一、实验目的

1. 了解氧转移速率的定义和影响氧转移速率的因素。
2. 掌握测定曝气设备氧总转移系数 K_{La} 的方法。
3. 学会氧转移速率的计算。
4. 掌握曝气设备充氧性能的测定方法。

二、实验原理

氧转移速率也称充氧能力，是指空气中的氧气溶解到水中的速率，即单位时间溶解到水中氧气的质量，是衡量曝气设备充氧能力的重要参数。通常通过实验方法测定氧总转移系数 K_{La} 从而计算获得氧转移速率。

活性污泥处理过程中曝气设备的作用是使氧气、活性污泥、营养物三者充分混合，使污泥处于悬浮状态，促使氧气从气相转移到液相，从液相转移到活性污泥上，保证微生物有足够的氧进行物质代谢。由于氧的供给是保证生化处理过程正常进行的主要因素，因此工程设计人员通常通过实验来评价曝气设备的供氧能力。

曝气充氧过程属于传质过程，氧气为难溶于水的气体。在氧气由气相向液相转移过程中，阻力主要来于液膜。在现场用自来水实验时，先用 Na_2SO_3（或 N_2）进行脱氧，然后在溶解氧等于或接近零的状态下再曝气，使溶解氧升高趋于饱和水平。假定整个液体是完全混合的，符合一级反应，此时水中溶解氧的变化可以用式（3-7-1）、式（3-7-2）表示：

$$\frac{dc}{dt} = K_{La}(\rho_s - \rho) \tag{3-7-1}$$

将上式积分整理后：

$$\ln(\rho_s - \rho) = \ln \rho_s - K_{La} \cdot T \tag{3-7-2}$$

式中：$\dfrac{\mathrm{d}c}{\mathrm{d}t}$——氧转移速率，mg/（L·min）；

ρ_s——实验条件下，水中饱和溶解氧质量浓度，mg/L；

ρ——与曝气时间 t 相应的水中溶解氧质量浓度，mg/L；

T——曝气时间，min；

K_{La}——曝气设备在测试条件下氧总转移系数，1/min。

由式（3-7-2）可见，当将待曝气之水脱氧为零后开始曝气，水中的溶解氧质量浓度 ρ 是曝气时间 t 的函数。曝气开始后，记录溶解氧质量浓度 ρ 随时间 t 的变化，并利用式（3-7-2）绘制 $\ln（\rho_s-\rho）$ 与 t 的关系曲线，即可获得氧总转移系数，计算氧转移速率。

氧总转移系数的测定采用间歇非稳态法，即测试水池的水不进不出，在曝气过程中，水中的溶解氧质量浓度 ρ 随曝气时间 t 而变的方法。该法又可分为静态启动法和曝气启动两种测试方法。静态启动法是指测试时先投加药剂进行脱氧，在溶解氧为零后开始曝气进行测试的方法，适用于完全混合式池型清水充氧实验；动态启动法是在启动曝气的同时投加脱氧剂，池内的溶解氧浓度先降至零后又回升，适用于推流式和循环式池型清水充氧测定。

本实验采用静态启动法，同时进行污水中的氧转移情况实验，加深对曝气设备充氧能力和污水溶氧能力的区别与联系。

三、实验设备与试剂

1．测试水池。

2．溶解氧测定仪。

3．曝气系统。

4．磁力搅拌器或搅拌机。

5．秒表。

6．脱氧剂：亚硫酸钠（工业用）。

7．催化剂：氯化钴或其他钴盐（化学纯），也可用硫酸铜替代。

8．烧杯。

9．分析天平。

四、实验步骤

1．向反应器内注入自来水 2 L，记录水样体积 V（m³）和温度 T（℃）。

2．将调试好的溶解氧仪探头固定在测定点，测定并记录水中溶解氧质量浓度 ρ。

3．计算脱氧加药量。

Na_2SO_3 理论用量为水中溶解氧的 8 倍。而水中有部分杂质会消耗亚硫酸钠，故实际用量为理论用量的 1.5 倍。

静态启动实验亚硫酸钠投加量计算公式：

$$G = 1.5 \times 8\rho \times V = 12\rho \times V \qquad (3\text{-}7\text{-}3)$$

式中：G——亚硫酸钠投加量，g；

ρ——水中溶解氧质量浓度，mg/L；

V——充氧水的体积，m^3；

8——理论上 1 g 氧需要亚硫酸钠的量，g/g。

经验证,清水中有效钴离子质量浓度约为 0.4 mg/L 为好，一般使用氯化钴（$CoCl_2 \cdot 6H_2O$）。催化剂的投加量按 Co^{2+} 质量浓度为 0.3～0.5 mg/L 计算。所以单位水样投加钴盐量为：

$$CoCl_2 \cdot 6H_2O \quad 0.4 \times 4.0 = 1.6 （g/m^3）$$

本实验所需投加钴盐为：

$$CoCl_2 \cdot 6H_2O \quad 1.6\,V （g）$$

式中：V——水样体积，m^3。

4．药剂投加

将 Na_2SO_3 用煮沸过的常温水化开，均匀倒入测试水池内，溶解的钴盐倒入水中，并开动搅拌装置，轻微搅动使其混合，进行脱氧。

5．当水中溶解氧为零时，开启曝气装置，调节所需气体流量，并记录水中溶解氧数据，每隔 1 min 读取一个数值，直到达到饱和状态。气量、气温和气压分别在开始、中间和结束时测量 3 次，达到饱和浓度是指 20 min 内溶解氧质量浓度增加值小于 0.1 mg/L 或 15 min 中溶解氧质量浓度不变。

6．将自来水改为实际生活污水，重复 1～5 步骤，考察污水中实际氧转移效果。

7．测试记录如表 3-7-1、表 3-7-2 所示。

表 3-7-1　测定条件记录表

测试时间：　　　　　　　　测试地点：

DO 浓度/（mg/L）		亚硫酸钠 G / g		催化剂/g	
气压/kPa		水温/℃		水样体积/m^3	

表 3-7-2　氧总转移系数测定数据记录表

序号	时间 t/min	ρ/（mg/L）	$\rho_s-\rho$	ln（$\rho_s-\rho$）
1				
2				
3				
4				
5				
6				
7				
8				
...				

五、结果讨论

1. 整理实验数据如表 3-7-2 所示，并绘制 ρ-t 曲线和 ln（$\rho_s-\rho$）-t 线性曲线，作 ln（$\rho_s-\rho$）-t 线性曲线图时应舍去溶解氧浓度小于 20%（ρ_s）和大于 80% 的数据，已消除脱氧剂的影响，减小实验结果误差。

2. 氧总转移系数 $K_{La s}$

利用回归法求出 ln（$\rho_s-\rho$）-t 线性曲线的斜率即 K_{La}。

由于溶解氧的饱和浓度、温度、污水性质和混合程度等因素影响氧总转移系数，因此应对温度、压力校正，采用如下公式：

$$K_{Las} = K_{La}\theta^{20-T} \tag{3-7-4}$$

式中：K_{Las}——标准状态测试条件下氧总转移系数，1/min；

　　　T——测试水温，℃；

　　　θ——温度修正系数取 1.024。

3. 计算充氧能力 Q_s

充氧能力 Q_s 的计算公式：

$$Q_s = K_{Las} \times V \times \rho_{s(20)} = 0.55K_{Las} \times V \tag{3-7-5}$$

式中：Q_s——标准状态下，曝气装置的充氧能力，kg/h；

　　　V——测试水池中水的体积，m^3；

　　　$\rho_{s(20)}$——20℃水中的饱和溶解氧质量浓度，9.17 mg/L。

4. 比较清水和污水氧的转移系数。

六、注意事项

1．污水中测定的氧总转移系数，用于考察污水溶氧效果的，不可用于衡量曝气设备的充氧能力，表征曝气设备的充氧能力只能采用清水中测定的氧总转移系数。

2．生产或生产验证测试可在实际生产池内进行。

3．实际测定中测定点位置设置为水面下 0.5 m 左右、池内 1/2 水深处、池底以上 0.5 m 左右，测点距池壁至少 0.6 m（池宽小于 1.2 m 时，测点位于池中）。

4．测试水温应在 10～30℃ 范围内，最好 20℃ 左右，水温变化宜小于 2℃。

5．每池水重复测定次数不宜超过两次。

6．如有条件，溶解氧数据的记录采用记录仪完成。

7．实验设备较多，计算公式较多，实验前要读懂公式，熟悉实验仪器的使用方法。

8．严格控制实验基本条件，如水温、搅拌强度。

9．所加试剂应溶解后再均匀加入测试水中。

10．溶解氧仪使用前要校正。

七、思考题

1．氧总转移系数 K_{La} 有何意义？如何测得？

2．影响氧转移速率的因素有哪些？

3．曝气设备充氧性能的指标为何是清水？

实验八　SBR 处理工艺

间歇式活性污泥法（以下简称 SBR 法），又称序批式活性污泥法，是一种不同于传统的连续流活性污泥法的废水处理工艺。SBR 工艺具有工艺简单、所需费用较低等特点。采用该工艺处理城镇污水时，比普通的活性泥法节省基建费用投资约 30%。而且该工艺布置紧凑，节省占地面积。此外，其理想的推流过程使生化反应推动力大，效率也高；运行方式较灵活，脱氯除磷效果好，可防止污泥膨胀，且耐冲击负荷。

SBR 法实际上并不是一种新工艺，而是活性污泥法初创时期充排式反应器的改进与复兴。1914 年英国的 Ardem 和 Lockett 首创活性污泥法时，采用的就是间歇式。但由于当时的自动监控技术水平较低，间歇处理的控制阀门十分繁琐，操作复杂且工作量大，特别是后来由于城市和工业废水处理的规模趋于大型化，使得间歇式活性污泥法逐渐被连续式活性污泥法所代替。因此，SBR 法处理工艺在当时未能得到推广应用，主要是

SBR 法自动化控制要求高的特点造成的。

近年来，随着工业和自动化控制技术的飞速发展，特别是监控技术的自动化程度以及污水处理厂自动化管理要求的日益提高，出现了电动阀、气动阀、定时器及微处理机等先进的监控技术产品，为间歇式活性污泥法再度得到深入的研究和应用，提供了极为有利的先决条件。自从 1955 年 Hoover 与 Porges 用 SBR 法处理牛奶场废水取得成功后，人们逐渐认识到该工艺的巨大潜能，从而拉开了 SBR 复兴的序幕。此后，美国、日本、澳大利亚、荷兰等国相继投入大量的人力、物力进行研究，并取得一定的成果。近年来，SBR 法也引起了我国水污染治理界的重视。

一、实验目的

1. 了解 SBR 法工艺系统的构造。
2. 通过实验，理解和掌握 SBR 法的原理和特征。
3. 通过实验，理解和掌握 SBR 法的监测指标的意义和运行管理。

二、实验原理

SBR 工艺作为活性污泥法的一种，其去除有机物的机理与传统的活性污泥法相同，即微生物利用污水中的有机物合成新的细胞物质，并为合成提供所需的能量；同时通过活性污泥的絮凝、吸附、沉淀等过程来实现有机污染物的去除；所不同的只是其运行方式。典型的 SBR 系统包含一座或几座反应池及初沉池等预处理设施和污泥处理设施，反应池兼有调节池和沉淀池的功能。该工艺被称为序批间歇式，它有两个含义：一是其运行操作在空间上按序排列，是间歇的；二是每个 SBR 的运行操作在时间上也是按序进行，并且也是间歇的。当反应池充水，开始曝气后，就进入了反应期；待有机物含量达到排放标准或不再降解时，停止曝气。混合液在反应器中处于完全静止状态，进行固液分离，一段时间后，排放上清液。活性污泥留在反应池内，多余的污泥可通过放空管排出。至此，就完成了一个运行周期，反应器又处于准备进行下一周期运行的待机状态。图 3-8-1 为 SBR 法的基本运行模式。

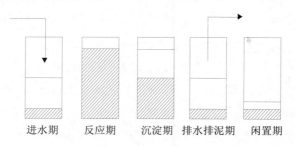

| 进水期 | 反应期 | 沉淀期 | 排水排泥期 | 闲置期 |

图 3-8-1　SBR 好氧生物处理基本过程

SBR 法系统的运行分 5 个阶段，即进水期、反应期、沉淀期、排水排泥期和闲置期。从进水到闲置的整个过程称为一个运行周期，在一个运行周期内，底物浓度、污泥浓度、底物的去除率和污泥的增长速率等都随时间不断地变化，因此，间歇式活性污泥法系统属于单一反应器内非稳定状态的运行。

1．进水期

进水阶段不仅是水位上升过程，更重要的是在反应器内进行着重要的生化反应。在这期间，根据不同微生物生长的特点，可以用曝气、厌氧搅拌或二者轮换的方式运行，如脱氮、释磷，则应保持缺氧状态，只进行缓慢搅拌。进水需要时间根据实际排水情况和设备条件而定，从处理效果考虑，进水时间以短为宜。

2．反应期

当反应器充水至设计水位后，污水不再流入反应器内，曝气和搅拌成为该阶段的主要运行方式。其间，曝气一方面降解污水中 BOD，另一方面进行硝化反应和磷的吸收。

在反应期，活性污泥中微生物周期性地处于高浓度及低浓度基质的环境中，反应器也相应地形成厌氧—缺氧—好氧的交替过程，使其不仅具有良好的有机物处理效能，而且具有良好的脱氮除磷效果。

反应期所需的反应时间是确定 SBR 处理工艺的一个非常重要的工艺设计参数。其取值的大小将直接影响处理工艺运行周期的长短。反应时间可通过对不同类型的废水进行研究，求出不同时间内污染物浓度随时间的变化规律来确定。

进入沉淀期之前，要进行短暂微曝气，来吹脱污泥上黏附的气泡或氮气，以保证沉淀效果。

3．沉淀期

沉淀过程的功能是澄清出水、浓缩污泥，在 SBR 法中澄清出水是更为主要的。在连续流活性污泥法中，泥水混合液必须经过管道流入沉淀池沉淀的过程，从而有可能使部分刚刚开始絮凝的活性污泥重新破碎，SBR 法有效地避免了这一现象。此外，该工艺中污泥的沉降过程是在相对静止的状态下进行的，因而受外界的干扰甚小，具有沉降时间短、沉淀效率高的优点。

SBR 工艺的沉淀阶段所需的时间应根据污水的类型及处理要求而具体确定，一般为 $1 \sim 2$ h。

4．排水排泥期

SBR 反应器中的混合液在经过一定时间的沉淀后，将反应器中的上清液排出反应器，然后将相当于反应过程中生长而产生的污泥量排出反应器，以保持反应器内一定数量的污泥。一般而言，SBR 法反应器中的活性污泥数量一般为反应器容积的 50%左右。

5．闲置期

闲置期的设置是保证 SBR 工艺处理出水水质的重要内容。闲置期的功能是在静置无进水的条件下，使微生物通过内源呼吸作用恢复其活性，为下一个运行周期创造良好的初始条件。通过闲置期后的活性污泥处于一种营养物的饥饿状态，单位重量的活性污泥具有很大的吸附表面积，因而当进入下个运行周期的进水期时，活性污泥便可充分发挥其较强的吸附能力而有效地发挥其初始去除作用。

闲置期所需的时间也取决于所处理的污水种类、处理负荷和所要达到的处理效果。

三、实验装置和设备

1．SBR 实验装置（图 3-8-2）。

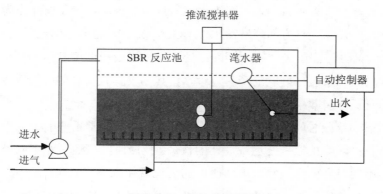

图 3-8-2　SBR 实验装置

2．实验测定用相关仪器和玻璃器皿。

四、SBR 的特点

1．工艺简单，调节池容积小或可不设调节池，不设二次沉淀池，无污泥回流。

2．投资省、占地少、运行费用低。

3．反应过程基质浓度梯度大，反应推动力大，处理效率高。

4．抗有机负荷和有毒物负荷冲击能力强，运行方式灵活，静止沉淀，出水水质好。

5．厌氧（缺氧）和好氧过程交替发生，有效抑制污泥膨胀，泥龄短且活性高，能够同时脱氮除磷。

五、监测指标及意义

1．进出水的 BOD_5/COD

BOD_5、COD 分别代表废水中可被微生物氧化分解的有机物含量和近似的废水中全部有机物的含量。BOD_5/COD 指废水中可生物降解的有机物占全部有机物的百分比，即该废水的可生物降解程度。一般 $BOD_5/COD>0.25$ 就可以用生物法处理，反之可采用物理法或化学法。

通过对比进、出水的 BOD_5/COD 来判断生物处理系统运行的状况。若进、出水 BOD_5/COD 变化不大，出水 BOD_5 值也比较高，表明该系统运行不正常；反之，出水 BOD_5/COD 与进水 BOD_5/COD 相比下降较快，说明系统运行正常。

2．出水的悬浮固体（ESS）

在废水中悬浮固体（SS）主要由砂、石等无机成分组成的非挥发性悬浮固体（FSS）和由纸、纤维、菜皮等有机成分组成的挥发性悬浮固体（VSS）两部分所组成。在生物处理中进水 SS 经沉砂、格栅、初沉等预处理工艺后被大部分去除，剩下的 SS 进入曝气池后也被大部分活性污泥吸附，只有极少部分随出水带走，成为出水悬浮固体（ESS）。其中 ESS 主要来源于沉降性能较差，结构松散，颗粒较小的活性污泥。因此，测定 ESS 对判断污泥性能好坏有极其重要的指标意义。污泥性能较好的处理系统，其 ESS 一般小于 30 mg/L。

3．曝气池中溶解氧（DO）的变化

当供气量不变，而曝气池 DO 有较大波动时，除了及时调整 DO 水平，还需查明原因。如进水 pH 突变或毒液浓度突然增加时，DO 会增高，这是污泥中毒的最早症状；若曝气池 DO 长期偏低，则有可能使泥龄过短或负荷过高，应根据实际情况予以调整。

4．污泥系统的调节与控制

污泥系统往往根据某一设定水质水量参数及处理目标设计而建造的，但实际运行中，废水水质水量均在不断变化，环境条件也在变化，我们需要利用系统的弹性及特点，按照活性污泥中微生物的代谢规律进行调节控制，使系统处于最佳的运行状态。常用方法为 MLSS 法。即逐日测定 MLSS，根据 MLSS 增减情况掌握排泥量。具体使用时，应注意观察废水水质受季节而变化的规律，通过试凑法，找出不同季节与不同水质条件下能维持最佳运行状态的 MLSS 值，并维持下去。

一般难以降解的有毒废水宜采用较高浓度活性污泥以提高耐冲击的能力及减少污泥对毒物的负荷。但这时必须同时提高供氧量。

六、结果与讨论

1．用城市污水注入 SBR 系统，记下进水时间和 pH；进入反应期、沉淀期后，监测并记录 SBR 系统的 HRT、DO、pH；在闲置阶段记录闲置时间和 pH，同时给予一定的曝气，以保证污泥的存活，数据记入表 3-8-1。

表 3-8-1　SBR 系统运行参数表

HRT/h				DO/（mg/L）		pH			
进水期	反应期	沉淀期	闲置期	反应期	沉淀期	进水期	反应期	沉淀期	闲置期

2．对进、出水水质进行采集，并对以下指标进行监测，数据记录表 3-8-2。

表 3-8-2　SBR 系统实验监测数据记录表

COD/（mg/L）		BOD$_5$/（mg/L）		氨氮/（mg/L）		污泥参数/（mg/L）			微生物镜检
进水	出水	进水	出水	进水	出水	MLSS	SV$_{30}$	SVI	描述镜检结果

3．分析 SBR 工艺运行状况。

七、运行管理

对于活性污泥法这类工艺主要从气、水、泥三方面考虑。

1．气——维持曝气池合适 DO

DO 低引起 ESS 增加，菌胶团细菌胞外多聚物减少，导致污泥解絮，同时吞食游离细菌的微型动物数量减少；DO 高除耗能增加外，曝气翼轮高速转动或强烈的空气搅拌还会使絮体破碎，并易使污泥老化，也会使 ESS 增加，影响出水水质，一般认为，曝气池出口处溶解氧控制在 2 mg/L 左右为适宜。

DO 的调节，对于鼓风曝气系统可控制进气量大小调节，曝气翼轮系统可改变翼轮的转速或浸没深度调节。

2．水——保持匀质匀量地进水及合适的营养

进水水质水量的调节可以通过设置调节池，使废水更均衡地进入处理系统，从而避免冲击负荷对后续构筑物的影响。对于生活污水，水质比较稳定，主要考虑调节水量，当处理水量较大时，水量的变化系数相对较小，此时后续构筑物可以承担进水水量波动的影响，故可以不设调节池，当水量较小时，水量变化系数相对较大，此时应考虑设置调节池。对于工业废水，种类复杂多变，水量、水质情况千差万别，故设置调节池时，应协同考虑水量、水质的调蓄作用，一般工业废水的调节池主要功能是调节水质。对于化工、农药等工业废水处理，应设置事故池，加强对废水检测，在有毒成分含量超过额

定值时将其导入事故池暂时保存，在生产恢复正常时再将它掺入到进水中逐步处理掉。

3．泥——改善污泥质量

污泥形状不良的主要症状有污泥膨胀、小颗粒污泥上浮、大块污泥上浮、污泥发黑等。

（1）污泥膨胀

正常的活性污泥沉降性能良好。当污泥变质时，污泥不易沉降，污泥的结构松散和体积膨胀，颜色异变；严重时，污泥外溢、流失，处理效果急剧下降，这种现象就是污泥膨胀。污泥膨胀主要是丝状菌大量繁殖所引起的。

导致污泥膨胀的原因主要有：污水中营养物质不平衡，缺乏氮、磷等养料；溶解氧不足；水温高；pH 低；泥龄长；负荷过高等，解决方法根据引起膨胀的原因而定。

（2）小颗粒污泥上浮

小颗粒污泥不断随出水带出，俗称飘泥，一般引起飘泥的原因大致可有如下几种：

① 进水水质，如 pH 突变，使污泥无法适应或中毒，造成解絮。

② 污泥因缺乏营养或充氧过度造成老化。

当发生飘泥现象时，必须弄清原因，分别对待。对于 pH 不稳定造成的飘泥，应该运用化学法调节；由于污泥因缺乏营养或充氧过度，适当补充生活污水和调节曝气量。

（3）大块污泥上浮

大块污泥上浮主要有两种：反硝化污泥和腐化污泥。

硝化污泥色泽较淡，有时带铁锈色，是由于曝气池内硝化程度较高，排泥量少使得污泥长期得不到更新，池底发生反硝化，产生氮气集结于污泥上，最终使大块污泥上浮。改进办法是减小泥龄，多排泥以促进沉淀池底污泥更新；还可以适当降低曝气池 DO 水平。

腐化污泥颜色黑，并有恶臭，主要是由于污泥停留时间过长，曝气池中溶解氧低引起厌氧消化。这时应该适当提高曝气量，缩短排泥周期。

八、思考题

1．SBR 工艺具有同时脱氮除磷的效果，且运行方式灵活，当利用 SBR 处理高浓度氨氮废水时，应该怎样合理调整 SBR 运行过程。

2．SBR 工艺的沉淀性能比普通沉淀池好，试分析原因。

3．通过主要指标的检测数据，对 SBR 工艺的运行状况进行分析。

4．简单介绍各种监测指标的意义。

5．溶解氧不足、水温高、pH 低容易引起污泥膨胀，试分析原因。

6．谈谈对 SBR 工艺运行管理的认识。

实验九　塔式生物滤池工艺

在生物滤池的基础上，参照化学工业中的填料塔方式，建造了直径与高度比为 1∶6～1∶8，高达 8～24 m 的滤池。由于它的直径小、高度大、形状如塔，因此称为塔式生物滤池，简称为"塔滤"。塔式生物滤池也是利用好氧微生物处理污水的一种构筑物，是生物膜法处理生活污水和有机工业废水的一种基本方法，目前已在石油化工、焦化、化纤、造纸、冶金等行业的污水处理方面得到了应用。通过近几年的实践表明，塔式滤池对处理含氰、酚、腈、醛等有毒污水效果较好，处理出水能符合要求。由于它具有一系列优点，故而得到了比较广泛的应用。

一、实验目的

1. 通过塔式生物滤池实验，了解和掌握塔式生物滤池的构造与原理。
2. 通过模型演示实验，初步理解和掌握塔式生物滤池处理系统的特征。
3. 通过塔式生物滤池实验，了解塔式生物滤池的运行管理。

二、实验原理

塔式生物滤池是污水处理生物膜法的一种反应器。所谓生物膜法是与活性污泥法并列的一种污水好氧生物处理技术，是指使细菌和菌类一类的微生物和原生动物、后生动物等附着在载体膜上，并形成膜状生物污泥——生物膜，污水在与生物膜接触过程中，水中有机污染物作为营养物质被膜上微生物摄取而得到降解，同时膜上微生物得到增殖的过程。生物膜成熟以后，除好氧层之外，由于膜上微生物增殖，使生物膜厚度不断增加，在增加到一定程度后，生物膜的里侧深部由于氧不能透入而缺氧，转变为厌氧状态；生物膜是高度亲水的物质，所以，在膜的外侧存在一层附着水层，因而生物膜就由外侧吸附水层，中间好氧层，里侧厌氧层组成。生物膜对水体的净化过程实质就是生物膜内外、生物膜与水层之间多种物质的传递过程。其过程是空气中氧溶解于流动水层，并通过吸附水层传递给生物膜，供膜上微生物呼吸作用；污水中的有机污染物则通过流动水层传递给吸附水层，然后进入生物膜，并通过细菌的代谢作用被降解；好氧层代谢产物 H_2O、CO_2 通过吸附层进入流动水层，或被空气排走；厌氧层代谢产物如 H_2S、NH_3、CH_4 等气体则透过好氧层、吸附层再到空气中。若厌氧层很厚，则其代谢产物必然增多，这些产物在透过好氧层向外逸出的过程中，破坏了好氧层的结构及生态系统的稳定性而使其老化，老化的生物膜在流动水层剪力作用下脱落，从而使生物膜得到更新。

三、实验装置和设备

1．塔式生物滤池模型 1 套，如图 3-9-1 所示。

2．测定用的相关仪器。

塔式生物滤池的构筑物呈塔式，塔内分层布设轻质滤料（填料），污（废）水由上往下喷淋过程中，与滤料上生物膜及自下向上流动的空气充分接触，使污（废）水获得净化的一种生物滤池。

塔式生物滤池的构造主要由塔身、滤料、布水装置和池底的通风和集水设备等部分组成（图 3-9-1），其构造具有以下特征：

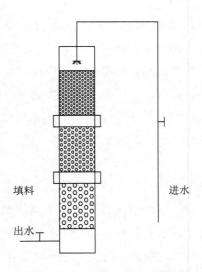

填料　　　　　　进水

出水

图 3-9-1　塔式生物滤池构造

（1）塔身

塔身起围栏滤料的作用，一般为砖结构、钢筋混凝土结构、钢结构或钢框架和塑料板面的混合结构，平面形式多呈圆形或方形。整个塔体上沿高度方向用格栅分成数层，以支撑滤料和生物膜的重量。塔身上开有观察窗，供观察、采样和更换滤料用。

（2）滤料

滤料的种类、强度、耐腐蚀等要求与普通生物滤池相同。但是塔式滤池由于塔身高，滤料如果重，塔体必须加固承重结构，不但增加造价，而且施工安装比较复杂，因此还要求滤料的容重要小。以往多采用炉渣、煤渣和高炉渣为滤料，粒径为 40～100 mm，目前一般采用轻质填料，如大孔径塑料填料、玻璃钢填料。塔内滤料分层装填，每层填料均由钢制格栅支承，层与层之间留有一定间隙，有利于布水均匀。

（3）布水装置

塔式生物滤池的布水装置一般有旋转布水器、多孔管和喷嘴等。

（4）池底的通风与集水设备

滤池底部设有集水池，以收集处理后污水，并由管道连续排入二次沉淀池或气浮池进行泥水分离。

集水池水面以上开有许多通风窗口。为保证空气流畅，集水池最高水位与最下层滤料层底面之间的空间高度，一般应不小于 0.5 m。当污水中含易挥发的有毒物质时，为防止污染空气，一般应采用机械通风。

在其工艺方面具有以下特征：

（1）高负荷率

塔式生物滤池的水力负荷可达 80～200 m³/（m²·d），为一般高负荷生物滤池的 2～10 倍，BOD 容积负荷率达 1 000～3 000 g/（m³·d），较高负荷生物滤池高 2～3 倍。高额的有机物负荷率使生物膜生长迅速，高额的水力负荷率又使生物膜受到强烈的水力冲刷，从而使生物膜不断脱落、更新。这样，塔式生物滤池内的生物膜能够经常保持较好的活性。但是，生物膜生长过快，易于产生填料的堵塞现象。因此，进水 BOD_5 值宜控制在 500 mg/L 以下，否则应采取处理水回流稀释的措施。

（2）滤层内部的分层

滤层内部存在着明显的分层现象，在各层生长繁育着的微生物种属各异，但适应流至该层污水特征的微生物群集，这种情况有助于微生物的增殖、代谢等生理活动，更有助于有机污染物的降解、去除。由于具有这种分层的现象的特征，塔式生物滤池能够承受较高的有机污染物的冲击负荷，对此，塔式生物滤池常用于作为高浓度工业废水二级生物处理的第一级工艺，较大幅度地去除有机污染物，以保证第二级处理技术保持良好的净化效果。

塔式生物滤池适用于生活污水和城市污水处理，也适用于处理各种有机工业废水，但处理规模不宜超过 10 000 m³/d，并且根据污（废）水的水质条件，滤池前宜设沉砂池、初次沉淀池或混凝沉淀池、除油池、厌氧水解池等预处理或前处理设施。

四、结果与讨论

1. 用城市生活污水通入塔式生物滤池中，通过反应器得到出水，对反应器的运行参数如 DO、pH 进行监测，并且对进水和出水的 COD、NH_3-N、SS 进行分析，记录在表 3-9-1 中。

表 3-9-1 塔式生物滤池监测数据记录表

COD/（mg/L）		NH$_3$-N/（mg/L）		SS/（mg/L）		工艺参数					
进水	出水	进水	出水	进水	出水	DO/（mg/L）	pH	Q/（m^3/d）	HRT	q /[m^3/（m^2·d）]	
微生物镜检											

2．测定滤池有效容积 V_a（m^3）、过滤面积 F（m^2）及进水流量 Q（m^3/d），根据式（3-9-1）及式（3-9-2）计算水力停留时间 HRT 和水力负荷 q，结果记入表 3-9-1。

$$HRT = \frac{V_a}{Q} \tag{3-9-1}$$

$$q = \frac{Q}{F} \tag{3-9-2}$$

式中：HRT——水力停留时间，h；

V_a——滤池有效容积，m^3；

Q——进水流量，m^3/d；

q——滤池的水力负荷，m^3/（m^2·d），宜为 80～200 m^3/（m^2·d）。如不满足，需采用处理水回流稀释；

F——滤池有效面积，m^2。

五、适用范围和处理效果

塔式生物滤池具有负荷高、占地小、不需专设供氧设备等优点。近年来，由于塑料工业的发展，广泛使用轻质塑料，进一步促进了生物滤池的应用。

塔式生物滤池既适于处理生活污水和城市污水，也适于处理各种工业生产废水。由于塔式生物滤池对冲击负荷有较强的适应能力，故常用于高浓度工业废水（如制革生产废水），经常能够取得高度稳定的效果。

六、影响因素

1. 生物膜的生长

厚度薄的生物膜耗氧速率高，活性强，生长过厚的膜，大部分处于厌氧环境下，有机物分解速率慢，分解代谢产物为有机酸、醇等低分子有机物，同时还有臭气，脱落后有可能造成局部堵塞，影响通气及处理效果。

2. 废水的性质

塔式生物滤池一般适宜处理分子量小的或者较易生物降解的有机废水，对于难降解的有机废水，可以增加滤池级数，或在工艺中采取出水回流等措施。

3. 溶解氧

生物膜的溶解氧从滤料间隙之间的空气中获得。为了提高反应效果，须注意改进滤料形状，使之既具有一定的强度，又具有尽可能大的孔隙率，必要时采用强制通风。

4. 温度

塔式生物滤池采用自然通风充氧，受气温影响较大，温度系数 θ 为 1.02～1.14，冬季处理效果极差。

5. pH 和毒物

塔式生物滤池抗冲击负荷和缓冲能力比较强，同时生物膜具有一定的厚度及生物成层分布，在受冲击后恢复较快，但有一定的限度。废水 pH 合适范围为 5.5～9.0，以 6.5～8.5 较佳。

七、运行管理

1. 布水系统

布水系统的喷嘴须定期检查，清除喷口的污物，防止堵塞。冬天如需停水，防止存积在布水管道的水冻裂管道。

2. 滤料

防止滤料堵塞，同时及时清理滤池表面杂物，以免堵塞和影响通风。

3. 排水系统

排水系统定期检查，以确保不被过量生物物质所堵塞。

4. 滤池蝇

对于滤池蝇可以采取以下措施防治：①使滤池连续进水，不可间断；②除去过剩的生物膜；③保持池壁潮湿，滤池蝇不能生存；④隔 1～2 周淹没滤池 24 h；⑤在厂区内铲除滤池蝇的避难场所；⑥在进水中加氯，避免滤池蝇完成生命周期；⑦在滤池壁表面施用杀虫剂。

5. 气味

防治办法：①整个系统维持好氧条件；②减少污泥和生物膜的累积；③在进水中短期加氯；④出水回流；⑤整个厂进行很好地保养；⑥疏通出水渠道中所有死角；⑦清洗所有通气口；⑧在排水系统中鼓风，以增加流通性。

6. 滤池泥穴

在滤池表面形成一个个由污泥堆积形成的凹坑，成为滤池泥穴，会影响布水的均匀程度，并因此影响处理效果。

防治办法：①在进水中短期加氯；②使滤池停止运行 1 至数天，使膜干；③使滤池至少淹没 24 h；④当上述方法失效时只能重新铺滤料，用新的滤料往往比用旧的冲干净后铺更经济。

7. 滤料表面结冻

防治办法：①减少出水回流倍数，有时可以完全不回流，直到气候变暖；②当采用两级滤池时，可使它并联运行，回流小或无，直到气温转暖；③调节喷嘴，使之能均匀布水；④滤池风头设挡风装置；⑤经常破冰，并将冰去除。

八、思考题

1. 通过运行参数和重要指标的分析，对塔式生物滤池的运行状况进行评价。
2. 通过查阅资料，简单介绍生物滤池填料的种类，各类填料的适用范围。
3. 简单介绍塔式生物滤池的运行管理中的注意事项。
4. 通过塔式生物滤池实验，简单介绍塔式生物滤池的优缺点和适用范围。
5. 对 SBR 和塔式生物滤池的原理、特点、适用范围和处理效果等进行对比。

实验十　生物接触氧化工艺

生物接触氧化法是介于活性污泥与生物滤池之间的一种好氧生物膜污水处理方法。该系统由浸没于污水中的填料、填料表面的生物膜、曝气系统和池体构成。在有氧条件下，污水与固着在填料表面的生物膜充分接触，通过生物降解作用去除污水中的有机物、营养盐等，使污水得到净化。

生物接触氧化的早期形式为淹没式好氧滤池，后来随着各种新型的塑料填料的制成和使用，目前发展成为接触氧化池。生物接触氧化池的形式很多，从水流状态可分为分流式和直流式。从供氧方式分为鼓风式、机械曝气式、洒水式和射流曝气式几种。分流式普遍用于国外，目前国内大多采用直流式，并以鼓风式和射流式为主。

一、实验目的

1. 通过生物接触氧化实验，了解和掌握生物接触氧化的构造与原理。
2. 通过演示实验，初步理解和掌握生物接触氧化处理系统的特征。
3. 通过生物接触氧化实验，初步掌握生物接触氧化的运行管理和异常对策。

二、实验原理

生物接触氧化法的基本工艺流程由接触氧化池和沉淀池两部分组成，可根据进水水质和处理效果选用一级接触氧化池（图 3-10-1）或多级接触氧化池。

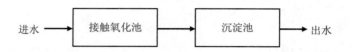

图 3-10-1　一级接触氧化工艺流程

生物接触氧化工艺可单独应用，也可与其他污水处理工艺组合应用。单独使用时可用作碳氧化和硝化，脱氮时应在接触氧化池前设置缺氧池，除磷时应组合化学除磷工艺。如适宜普通生活污水的除碳和脱氮处理的组合工艺"缺氧接触氧化+好氧接触氧化"工艺；适宜处理难降解有机废水处理的"水解酸化+接触氧化"工艺；适宜处理高浓度有机废水处理的"厌氧+接触氧化"工艺都是常用的组合工艺。

三、实验装置和设备

1. 生物接触氧化模型 1 套（有机玻璃或硬塑料制品）。
2. 空压机。
3. 测定用的相关仪器。

接触氧化池的构造主要由以下 4 部分组成，如图 3-10-2 所示。

1. 池体

池体是接触氧化的主要组成部分之一，除了进行净化污水外，还要考虑填料、布水、布气等设施的安装。池体的平面尺寸以满足布水、布气均匀，填料安装、维护方便为准。池体的底壁须有支撑填料的格栅和进水进气的支座。池体厚度根据池的结构强度要求来计算。高度由填料、布水布气层、稳定水层以及超高的高度来计算。

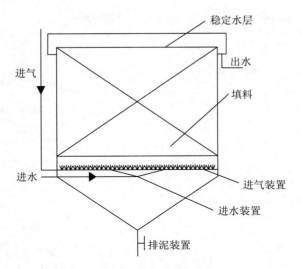

图 3-10-2　接触氧化池构造

2．填料

载体填料是接触氧化池的关键，直接影响生物接触氧化法的效能。填料的要求：易于生物膜的生长繁殖、比表面积大，孔隙率大，水流阻力小，强度大，化学和生物稳定性好，截留悬浮物能力强，不溶出有害物质，不引起二次污染，与水的比重相差不大，避免池体负荷过重，能使填料间形成均一的流速，价廉易得，运输和施工方便。

目前采用的滤料主要有：合成树脂类填料，如硬聚氯乙烯塑料、聚丙烯塑料、环氧玻璃钢等硬性填料；还有软性填料、半软性填料、弹性生物环填料以及漂浮填料等多种形式的填料。

3．布气设备

在运行中要求均匀布气，故一般采用多孔管布气。布气管可设置在滤床下部或滤床的一侧，并将孔眼作均匀分布。生物接触氧化池的溶解氧一般控制在 4～5 mg/L。

4．布水设备

要求废水均匀布入滤床，使废水、空气、生物膜三者之间均匀接触，提高滤床的工作效率。布水管一般大多采用多孔管，其上均布孔眼，布水管可直接设在滤床的上部或下部。

四、结果与讨论

1．用城市生活废水通入生物接触氧化池中，通过反应器得到出水，对反应器的运行参数如 DO、pH 进行监测，并且对进水和出水的 COD、NH_3-N、SS 进行分析，记录在表 3-10-1 中。

表 3-10-1　生物接触氧化工艺监测数据记录表

COD/（mg/L）		NH$_3$-N/（mg/L）		SS/（mg/L）		工艺参数				
进水	出水	进水	出水	进水	出水	DO/（mg/L）	pH	Q /（m³/d）	HRT	q /[m³/（m²·d）]
微生物镜检										

2．测定滤池有效容积 V_a（m³）、过滤面积 F（m²）及进水流量 Q（m³/d），计算水力停留时间 HRT 和水力负荷 q，结果记入表 3-10-1。

3．利用显微镜观察微生物相。

五、运行管理

1．防止生物膜过厚、结球

定期将填料提出水面观察其生物膜厚度，在发现生物膜不断增厚、呈黑色并发出臭味、处理效果下降时，应采取措施"脱膜"。可通过瞬时的大流量、大气量的冲刷使过厚的生物膜从填料上脱落；此外还可以停止曝气一段时间，使内层厌氧生物膜与填料间黏性降低，再以大气量冲刷脱膜，效果较好。

某些工业废水中含有黏性污染物导致填料严重结球，处理效率大大降低，因此在设计时应选择空隙较大的漂浮填料或弹性立体填料等，对已经结球的填料应瞬时使用气或水进行高强度冲洗，必要时应立即更换填料。

2．及时排除过多的积泥

排泥时可以采用一面曝气一面排泥的方式，通过曝气使池底积泥松动后再排，必要时还可以向池子的四角及易积泥的底部充气，使积泥重新漂浮后随出水排出或从排泥口排走。

六、工艺特点

1．在充分发挥生物膜法优点的基础上，兼具活性污泥法的净化特征。

2．BOD 负荷高，污泥生物量大，相对而言处理效率较高，而且对进水冲击负荷（水力冲击负荷及有机浓度冲击负荷）的适应力强。

3．处理时间短，动力消耗低。由于在接触氧化池内有填料存在，增加了氧的传递效率，省去了污泥回流。采用生物接触氧化法处理污水，一般能节省 30% 的动力。

4．在处理水量相同的条件下，所需装置的设备较小，因而占地面积小。

5．出水水质好而稳定，污泥产量低。

接触氧化和接触沉淀工艺有较好的出水水质。在城市污水处理中，出水 BOD 可达 5～12 mg/L，悬浮物在 20 mg/L 左右，出水外观清澈透明，如再加砂滤处理，出水可回用于工业。

接触氧化法出水水质稳定的另一表现是，在进水浓度短期突变时，出水水质受影响很小；在毒物和 pH 的冲击下，生物膜受影响小。

6．能够克服污泥膨胀问题。

7．可以间歇运转。当停电或发生其他突然事故后，生物膜对间歇运转有较强的适应力。长时间的停车，细菌为适应环境的不利条件，它和原生动物都可进入休眠状态，一旦环境条件好转，微生物又重新开始生长、代谢。

七、影响因素

1．水温

水温是影响微生物生长和代谢的主要因素，水温越低，活性越小。受温度影响较大的是有机物的去除效果。由于自养硝化菌适合在 2～40℃ 范围内生长，所以温度对 NH_3-N 的去除效果影响程度不大。

2．pH

生物硝化过程消耗碱度，因此原水经生物处理后，pH 都有不同程度的下降，运行中应控制 pH 在 6.5～8.5 之间。

3．溶解氧

运行中污水的溶解氧含量一般维持在 4～5 mg/L 之间。

4．水力停留时间

污水在池内的有效接触时间不得少于 2 h。

八、思考题

1．对比生物接触氧化与活性污泥法，分析两种方法的优缺点。

2．通过监测的各项指标，综合评价生物接触氧化的运行状况。

3．生物接触氧化的填料常用的有哪几类，需满足什么要求，为什么？

4．生物接触氧化主要由哪几部分构成？并介绍各部分的特点。

实验十一　生物转盘工艺

生物转盘又称转盘式生物滤池，是在生物滤池的基础上发展起来的，其性能、效率与生物滤池相似，但其基本特性很特殊，主要区别是它以一系列转动的盘片代替固定的滤料。生物转盘的有机物降解机理依据生物膜，由许多平行的圆盘垂直固定在一个通过圆盘的中心水平旋转轴上而形成的，整个组件置于池内，水平轴略高于液面，即圆盘一半淹没在水中。旋转轴将全部微生物与液体接触，微生物去除液体中的有机物，并在圆盘表面生长。圆盘在液体中转动，产生了恒定的剪切力，使生物膜不断脱落，因而生物厚度大体不变，圆盘的转动也搅动液体，使脱落的生物膜处于悬浮状态，然后从反应槽的出水中带出。

生物转盘也是利用生物膜净化污水的一种新型的处理设备，目前在国内外已被用于处理生活污水和多种工业废水，并取得了较好的效果。生物转盘技术已被公认为是一种净化效果好、能源消耗低的生物处理技术。生物转盘处理系统中，除核心设备生物转盘外，还包括初次沉淀池和二次沉淀池。二次沉淀池的作用是去除经生物转盘处理后的污水所携带的脱落生物膜。

一、实验目的

1. 通过生物转盘模型实验，了解和掌握生物转盘的构造与原理。
2. 通过模型演示实验，初步理解和掌握生物转盘处理系统的特征。
3. 通过生物转盘模型实验，了解和掌握生物转盘的影响因素和运行管理措施。

二、实验原理

当生物转盘开始运转时，应先培养生物膜。一般采用微生物接种方法，利用粪便污水中原有的微生物来培养，由于培养液中含有足够的营养成分和微生物，在适合的条件下，微生物便大量生长繁殖。当运转 1 周左右，便会在整个盘面上形成一层生物膜（厚度为 1～4 mm）。在生物膜的外面有一薄薄的水层，叫附着水层。

由于转盘的旋转，盘面时而在水中，时而暴露在空气中。当盘面浸没在污水中时，污水中有机物被生物膜吸附；当转盘夹带着污水薄膜离开液面后，接触空气中的氧气，便从空气中溶解了氧，氧从污水膜表层通过混合、渗透和扩散等作用输入到液膜内部，附着水层中的溶解氧和有机物质进入到生物膜中。

生物膜中的微生物，可分解由水层送来的有机物，生物氧化的代谢产物同时排出。

由于转盘在污水中不断旋转，盘面上各部分的生物膜便不断交换着与水、空气接触，使吸附有机物—吸附溶解氧—分解氧化有机物的过程不断循环进行。由于上述过程的反复进行，使氧化槽里的污水有机物浓度逐渐降低，净化了污水。

三、实验装置和设备

1．生物转盘模型 1 套（有机玻璃或硬塑料制品）。

2．空压机。

3．测定用的相关仪器。

生物转盘主要由盘体、氧化槽、转动轴和驱动装置等部分组成，如图 3-11-1 所示。

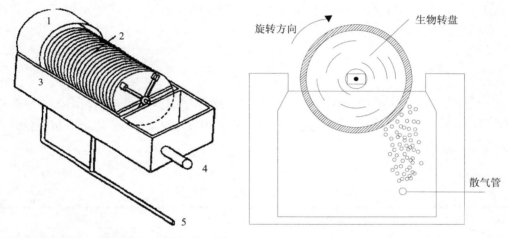

1—罩子；2—转盘；3—氧化槽；4—进水；5—进气

图 3-11-1　气动生物转盘　　　　　　图 3-11-2　生物转盘剖面图

1．盘体

盘体由装在水平轴上的一系列间距很近的圆盘所组成。其中一部分浸没在氧化槽的污水里，另一部分暴露在空气中，在电动机驱动下，经减速传动装置带动进行缓慢地旋转，随着在盘片上的生物膜交替地与污水和空气接触、对污水中的有机物进行吸附和氧化，使污水得以净化。盘片一般由塑料板、玻璃钢板或金属板材制成。

2．氧化槽

氧化槽一般做成与盘体外形基本吻合的半圆形，槽底设有排泥和放空闸门，槽的两侧面设有进出水设备，常用进出水设备为锯齿形溢流堰。对于多级转盘，氧化槽分为若干格，格与格之间有导流槽。大型氧化槽一般用钢筋混凝土制成，中小型氧化槽一般用钢板焊制。

3．转动轴

转动轴是支撑盘体并带动其旋转的重要部件。转动轴两端安装于固定氧化槽两端的支座上，其长度控制在 0.5～0.7 m 之间。转动轴不能太长，否则往往由于同心度加工不良，导致容易挠曲变形，发生磨断或扭断。

4．驱动装置

生物转盘的驱动装置包括动力设备和减速装置两部分。动力设备分电力机械传动、空气传动及水力传动 3 部分。国内一般采用电力机械传动或空气传动。电力机械传动即用电动机为动力，用链条传动或直接传动。对于中小型转盘，可由一套驱动装置带动一组（一般为 3～4 级）转盘工作。空气传动兼有充氧作用，动力消耗较省。生物转盘的布置形式一般分为单轴单级、单轴多级和多轴多级 3 种形式。其中单轴单级转盘的处理效果较差，多轴多级转盘需要增加电动机个数或增加传动装置。对于中小规模的处理厂宜采用单轴多级生物转盘。

四、结果与讨论

用城市生活污水通入生物转盘中，通过反应器得到出水，对反应器的运行参数如 HRT、DO、pH 进行监测，并且对进水和出水的 COD、NH_3-N、SS 进行分析，记录在数据表 3-11-1 中。

表 3-11-1　生物转盘监测数据记录表

COD/（mg/L）		NH_3-N/（mg/L）		SS/（mg/L）		运行参数		
进水	出水	进水	出水	进水	出水	HRT	DO/（mg/L）	pH
微生物镜检								

五、工艺特点

1．适用范围广，可用于生活污水和多种工业废水的处理，可作为污水的二级处理或脱氮的处理设备。

2．处理程度较高，出水清澈。

3. 维护管理简单，动力消耗低，卫生条件较好，无盘堵塞、无苍蝇、无恶臭和低噪声。

4. 通过调节转盘的转速可以控制污水与生物膜的接触时间和曝气强度，运转比较灵活。

5. 承受冲击负荷的性能较强，工作较稳定。

6. 生物膜培养快，成熟时间短，通常在 10 d 内就可以完成。

7. 产泥量较少，污泥的沉淀性能较好，易于分离脱水。沉淀速度为 0.8～1.20 mm/s，污泥含水率为 95%～96%。

8. 容易受低温的影响，对于北方寒冷地区，生物转盘必须加罩或建在室内，增加基建投资。

9. 对于含有易挥发性有毒物质的工业废水，因为挥发出有毒气体，不宜采用生物转盘。

六、影响因素

1. 流量和负荷的波动

短时期的流量和负荷的波动对处理效果影响不大，但长时间的超负荷运行可使多级转盘系统中的第一级超负荷，造成生物膜过厚，厌氧发黑，BOD 去除率下降，且脱落的生物膜沉降性能差，给后面处理带来困难。

2. 覆盖物

由于转盘受气温影响大，并且为防止藻类生长、雨淋等需要予以覆盖，保证生物膜的正常生长。

3. 二沉池

从盘片上脱落的生物膜呈大块絮状，容易随出水带出，由于不设回流，应定期排除二沉池的污泥，通常每 4 小时排一次，使之不发生腐化。排泥频率过高，泥太稀，会加重后面处置工艺的压力。

4. 溶解氧

用于去除 BOD 的转盘，第一级 DO 为 0.5～1.0 mg/L，后几级可增高至 1.0～3.0 mg/L，常为 2.0～3.0 mg/L，最后几级达 4.0～8.0 mg/L。

5. 出水悬浮物

生物转盘中出水悬浮物主要是脱落的生物膜，对仅去除 BOD 的转盘，出水悬浮物浓度为进水 BOD 的一半左右；对于硝化转盘，出水悬浮物浓度为进水 BOD 的 1/3 左右。

七、异常问题及解决对策

1．生物膜严重脱落

在生物转盘启动后两周内，盘面上生物膜大量脱落是正常的，当转盘采用其他水质的活性污泥接种时，脱落现象更为严重。但在正常运行阶段，膜大量脱落可给运行带来困难。主要原因有以下两方面：

①进水含有过量毒物或抑制生物生长的物质，这时首先查明引起中毒的物质和浓度，立即将槽内的水排空，以其他废液稀释。

②pH突变。当进水pH在6.0~8.5时，运行正常，膜不会大量脱落，但若进水pH急剧变化，在pH＞10或pH＜5时，将引起生物量的减少，这时应投加化学药剂予以中和，使其保持在正常范围内。

2．产生白色生物膜

当进水已发生腐败或含有高浓度的含硫化合物，或负荷过高使得混合液缺氧时，生物膜中硫细菌会大量产生，并占优势生长。有时除上述条件外，进水偏酸性，使膜中丝状菌大量繁殖，盘面会呈现白色，处理效果大大下降。

解决方法：①对原水进行曝气；②投加氧化剂，以提高污水的氧化还原电位；③从污水中脱硫；④消除超负荷状况，增加第一级转盘面积，将一、二级串联运行改为并联运行以降低第一级转盘的负荷。

3．处理效率低

主要原因有：①废水温度下降，生物活性减弱，有机物去除率降低；②流量或有机负荷的突变；③pH超出合适的变化范围；④固体累积使得悬浮固体腐败，影响处理效果。

八、思考题

1．通过实验九、实验十、实验十一，对生物转盘、生物滤池、生物接触氧化三种生物膜工艺进行对比。

2．介绍生物转盘的工作原理和注意事项。

3．通过三种生物膜处理工艺的监测指标，对它们的处理效果进行分析和对比。

4．查阅相关资料，简述生物转盘在我国废水处理上的应用。

5．通过三种生物膜处理工艺以及SBR工艺的演示实验，对生物膜法与活性污泥法进行对比。

实验十二 UCT 生物脱氮除磷工艺

氮、磷是植物生长所必需的营养物质，但过量的氮、磷进入天然水体会导致：①水体富营养化；②影响水源水质，增加水处理的成本；③会对人和生物会产生毒性。因此城市污水在排入天然水体之前必须经过脱氮、除磷处理。常规的生物处理工艺主要功能是去除污水中的含碳有机物，某些工艺对氮有一定的去除率，但对磷的去除效果非常差。污水中的含磷化合物除少部分用于微生物自身生长繁殖的需要外，大部分难以去除而以磷酸盐的形式随二级处理出水排入受纳水体。

一、实验目的

1. 熟悉 UCT 系统的基本流程。
2. 加深对污水生物脱氮、除磷原理的理解。
3. 了解污水生物脱氮、除磷工艺的运行控制要点。
4. 掌握利用 UCT 系统处理生活污水的实验方法。

二、实验原理

1. 生物除磷

含磷污水主要来源于各种洗涤剂、工业原料、农业肥料的生产和人体排泄物。污水中的磷根据污水的类型而以不同的形态存在。最常见的有磷酸盐、聚磷酸盐和有机磷。生活污水中的含磷量一般为 3~4 mg/L，其中有 70% 是可溶性的。传统的二级处理出水中有 90% 左右的磷以磷酸盐形式存在。污水中磷的去除一般可以采取两种方式：化学沉淀法和生物法。化学沉淀法是通过投加氯化铁或硫酸铁，使污水中的磷以磷酸铁的形式沉淀从而达到除磷的目的。这种方法效果很好，但费用高，出水含高浓度的氯盐或硫酸盐且污泥产生量高。因此越来越多的国家选择生物法除磷。

生物除磷是利用一种特殊的微生物种群——聚磷菌来完成污水除磷的目的。通常在厌氧—好氧交替变化的活性污泥系统中，会产生这种聚磷菌。在厌氧/缺氧条件下聚磷菌的生长会受到抑制，为了生存它会释放出其细胞中的聚磷酸盐（以溶解性的磷酸盐形式释放到溶液中），并利用此过程中产生的能量（以 ATP 形式）摄取污水中的低分子量的脂肪酸（LMFA）以合成聚-β-羟基丁酸盐（PHB）颗粒贮存在其体内。此时表现为磷的释放。

当聚磷菌进入好氧环境后，它们的活力将得到充分的恢复。而此时水中有机物由于经过了厌氧环境下的降解其浓度已非常低，为了生存它们将 PHB 降解为 LMFA 和能量（以 ATP 形式）。它们从污水中大量摄取溶解态正磷酸盐用于合成 ATP，并在其细胞内以多聚磷酸盐的形式贮存能量。这种对磷的积累作用大大超过微生物正常生长所需的磷量。这一阶段表现为微生物对磷的吸收。

最后将富含磷的污泥以剩余污泥的方式排出处理系统以外，从而降低处理出水中磷的含量。

2. 生物脱氮

污水中的氮一般以有机氮、氨氮、亚硝酸盐氮和硝酸盐氮四种形态存在。生活污水中的氮的主要形态是有机氮和氨氮。其中有机氮占生活污水含氮量的 40%～60%，氨氮占 50%～60%，亚硝酸盐氮和硝酸盐氮仅占 0～5%。污水脱氮主要采用生物法。其基本机理是在传统二级生物处理中，在将有机氮转化为氨氮的基础上，通过硝化菌和反硝化菌的作用，将氨氮通过硝化转化为亚硝酸氮、硝酸氮，再通过反硝化作用将亚硝酸盐氮、硝酸盐氮转化为氮气，而达到从废水中脱氮的目的。通常生物脱氮包括氨氮硝化和亚硝酸盐氮及硝酸盐氮的反硝化两个阶段。只有当废水中的氮以亚硝酸盐氮和硝酸盐氮的形态存在时，仅需反硝化一个阶段。

3. UCT 工艺

UCT 工艺是在 A/A/O 工艺基础上对回流方式作了调整以后提出的工艺，它兼具脱氮、除磷的功能。

污水首先进入一个厌氧池。在这里兼性厌氧发酵菌将污水中的可生物降解的大分子有机物转化为 VFA 这类分子量较低的发酵中间产物。在厌氧区聚磷菌的生长受到抑制，为了生存，其将体内聚磷酸盐分解以溶解性磷酸盐形式释放入溶液中，同时释放出生存所需能量。并利用此阶段释放出的能量摄取水中的 VFA，合成 PHB 颗粒存在体内。接下来，污水进入第一个缺氧池，反硝化菌利用有机基质和从进水中进来的和从沉淀池回流来的硝酸盐进行反硝化。然后污水进入第二个缺氧池，反硝化细菌利用好氧区中回流液中的硝酸盐以及污水中的有机基质进行反硝化，达到同时除磷脱氮的效果。最后，污水进入一个好氧池，在此，聚磷菌在利用污水中残留的有机基质的同时，主要通过分解其体内贮存的 PHB 所放出的能量维持其生长，同时过量摄取环境中的溶解态磷。硝化菌将污水中的氨氮转化成为硝酸盐。此时有机物经厌氧、缺氧段分别被聚磷菌和反硝化菌利用后，浓度已相当低。最后混合液进入二沉池，在二沉池中完成泥水分离。二沉池的污泥回流和好氧区的混合液回流到缺氧区，这样阻止了处理系统中硝酸盐进入到厌氧池而影响厌氧过程中磷的释放。为了补充厌氧区中的污泥流失，缺氧区混合液向厌氧区回流。在污水的 TKN/COD 适当的情况下，可实现完全的反硝化作用，使缺氧区出水中的硝酸盐浓度接近于零，从而使其向厌氧段的回流混合液中的硝酸盐浓度接近于零。这样使厌氧段保持严格的厌氧环境而保证良好的除磷效果。

三、实验装置

实验工艺流程如图 3-12-1 所示。

1．UCT 系统一套：由进水泵、污泥回流泵、混合液回流泵、厌氧反应器、缺氧反应器、好氧反应器、搅拌器、曝气盘、空气压缩机等组成。

2．必要的水质分析仪器和玻璃仪器。

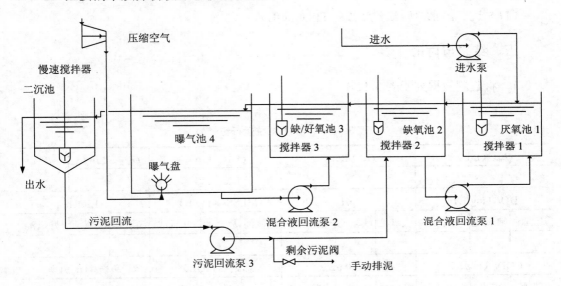

图 3-12-1　UCT 系统工艺流程图

四、实验步骤

1．启动和试运行

本系统是在传统活性污泥运行方式基础上改良而来，因此本系统在正式运行之前也要进行试运行以确定最佳的运行条件。在本系统运行中，作为变数考虑的因素同样是混合液污泥浓度（MLSS）、空气量、污水的注入方式等。

2．正式运行

试运行确定最佳条件后，即可转入正式运行。为了经常保持良好的处理效果，需要对处理情况定期进行检测。通常需测定以下参数：

（1）进水流量，Q_{inf}（L/h）。

（2）二沉池污泥回流流量，Q_r（L/h）。

（3）好氧池向缺氧池回流的混合液流量，Q_{m1}（L/h）。

（4）缺氧池向厌氧池回流的混合液流量，Q_{m2}（L/h）。

（5）好氧池内溶解氧浓度，DO（mg/L）。

（6）厌氧池、缺氧池、好氧池内 pH。

（7）进、出水 BOD_5 质量浓度，BOD_5（mg/L）。

（8）进、出水 COD 质量浓度，COD（mg/L）。

（9）进、出水总氮质量浓度，TN（mg/L）。

（10）厌氧池、缺氧池、好氧池中混合液悬浮固体质量浓度，MLSS（mg/L）。

（11）进、出水总磷质量浓度，TP（mg/L）。

五、结果与讨论

1. 将监测数据列于表 3-12-1。

表 3-12-1　UCT 系统运行记录表

Q_{inf}/（L/h）			Q_r/（L/h）			Q_{m1}/（L/h）			Q_{m2}/（L/h）		R/%
DO/（mg/L）			pH			MLSS/（mg/L）			HRT/h		
厌氧池	缺氧池	好氧池	厌氧池	缺氧池	好氧池	厌氧池	缺氧池	好氧池	厌氧池	缺氧池	好氧池
COD/（mg/L）			BOD_5/（mg/L）			总氮/（mg/L）			总磷/（mg/L）		
进水	出水	去除率/%	进水	出水	去除率/%	进水	出水	去除率%	进水	出水	去除率/%
微生物镜检											
备注											

2. 计算以下参数：

（1）污水在各池中的水力停留时间，HRT（h）。

（2）二沉池的污泥回流比，R。

六、思考题

1. 试分析水力停留时间对总氮、总磷去除效率的影响。

2. 根据你的操作经验，简单介绍一下 UCT 系统运行的控制要点。

实验十三　反硝化加碳源实验

一、实验目的

1．了解 SBR 活性污泥法处理生活污水原理及工艺过程。

2．了解加碳源的方法及碳源种类。

3．掌握硝酸盐氮、亚硝酸盐氮测定、BOD 测定（快速法）、氧化还原电位、溶解氧的快速测定方法。

4．掌握污水中氮的硝化原理和反硝化原理。

5．会计算碳源加入量。

二、实验原理

（一）生物脱氮的基本原理

1．氨化反应

未经处理的城市生活污水中氮存在的主要形式是有机氮化合物（主要是蛋白质、多肽、尿素和氨基酸）和氨氮等。在氨化细菌的作用下，有机氮被分解转化为氨态氮，这一过程称为氨化过程，氨化过程较易进行，无论在好氧还是厌氧条件下，都能进行，只是作用的微生物种类不同、作用的强弱不一。如式（3-13-1）氨基酸的氨化反应。

$$RCHNH_2COOH + O_2 \xrightarrow{\text{氨化细菌}} RCOOH + CO_2 + NH_3 \qquad (3\text{-}13\text{-}1)$$

2．硝化反应

硝化反应由好氧自氧型微生物（亚硝化菌、硝化菌）完成；即在好氧状态下，利用无机碳为碳源将氨态氮（NH_4^+-N）氧化成亚硝酸盐（NO_2^-），然后再氧化成硝酸盐（NO_3^-）的过程。

由此可见，硝化反应过程可以分为两个阶段，第一阶段是由亚硝化菌将氨态氮（NH_4^+）转化为亚硝酸盐（NO_2^-），见反应式（3-13-2），第二阶段由硝化菌将亚硝酸盐（NO_2^-）转化为硝酸盐（NO_3^-），见反应式（3-13-3）。

$$NH_4^+ + O_2 + HCO_3^- \xrightarrow{\text{亚硝化菌}} NO_2^- + H_2O + H_2CO_3 + C_5H_7O_2N \qquad (3\text{-}13\text{-}2)$$

$$NO_2^- + O_2 + H_2CO_3 + NH_4^+ \xrightarrow{\text{硝化菌}} NO_3^- + H_2O + C_5H_7O_2N \qquad (3\text{-}13\text{-}3)$$

一般 1 g 氨态氮（NH_4^+-N）完全硝化，需要消耗碱度 7.14 g（以 $CaCO_3$ 计）

3. 反硝化反应

反硝化反应是在缺氧状态下，反硝化菌将亚硝酸盐氮、硝酸盐氮还原成气态氮（N_2）的过程。

反硝化菌是异养型微生物，多属于兼性细菌。在缺氧环境下，反硝化菌利用硝酸盐中的氧作为电子受体，以有机物（污水中的 BOD 成分）作为电子供体，提供能量并被氧化稳定。反应过程可用式（3-13-4）和式（3-13-5）表示。

$$NO_2^- + [H](电子供体) \xrightarrow{\text{反硝化菌}} N_2 \uparrow + H_2O + OH^- \qquad (3\text{-}13\text{-}4)$$

$$NO_3^- + [H](电子供体) \xrightarrow{\text{反硝化菌}} N_2 \uparrow + H_2O + OH^- \qquad (3\text{-}13\text{-}5)$$

根据式（3-13-4）和式（3-13-5）可计算，转化 1 g 亚硝酸盐氮为氮气时，需要消耗有机物（BOD_5）1.71 g；转化 1 g 硝酸盐氮为氮气时，需要有机物（BOD_5）2.86 g。因此常可用式（3-13-6）计算反硝化需要有机物量。

$$C = 1.71[NO_2^- - N] + 2.86[NO_3^- - N] \qquad (3\text{-}13\text{-}6)$$

式中：C——反硝化过程需要有机物量，mg（BOD_5）/L；

$\quad$ [NO_2^--N]——亚硝酸盐氮的浓度，mg/L；

$\quad$ [NO_3^--N]——硝酸盐氮的浓度，mg/L；

反硝化过程产生的碱度为 3.47 g（以 $CaCO_3$ 计）。

（二）反硝化加碳源

在反硝化过程中，硝酸盐氮通过反硝化菌的代谢活动有同化反硝化和异化反硝化两种转化途径，其最终产物分别是有机氮化合物和气态氮，前者是微生物合成自身组成部分，后者排入大气，完成污水中氮污染物的根本去除。如图 3-13-1 所示。

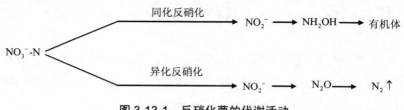

图 3-13-1 反硝化菌的代谢活动

反硝化菌的代谢活动中消耗的能量主要来自于污水中的有机物（碳源），碳源的数量直接影响反硝化的效果，脱氮时，污水中的 BOD_5 与总凯氏氮之比即碳氮比宜大于 4，否则反硝化效率将降低，反硝化过程进行不完全。当然碳源的质量也很重要，反硝化过程需要易于降解的有机物。

当污水中有充足的碳源时，碳源作为反硝化反应的电子供体，如式（3-13-7）；当污水中缺乏有机物时，则无机物如氢、Na_2S 等也可作为反硝化反应的电子供体，而微生物则可通过消耗自身的原生质进行内源反硝化，提供电子和能量，如式（3-13-8）。

$$C_{18}H_{19}O_3N(有机污染物) + NO_3^- \xrightarrow{\text{反硝化菌}} CO_2 + NH_3 + N_2 \uparrow + H_2O + OH^- \quad (3\text{-}13\text{-}7)$$

$$C_5H_7NO_2(微生物) + NO_3^- \xrightarrow{\text{反硝化菌}} CO_2 + NH_3 + N_2 \uparrow + OH^- \quad (3\text{-}13\text{-}8)$$

内源反硝化将导致细胞物质的减少，导致微生物活性降低。为了不让内源反硝化占主导地位，常需要外加有机碳源，国外使用的最普遍的碳源为甲醇，其分解产物为二氧化碳和水，没有难分解的中间产物，易于后续脱碳去除，甲醇参与的反硝化反应如式（3-13-9）。

$$CH_3OH + NO_3^- \xrightarrow{\text{反硝化菌}} CO_2 + H_2O + N_2 \uparrow + OH^- \quad (3\text{-}13\text{-}9)$$

作为反硝化反应的补充碳源，除了甲醇以外，还可以投加蔗糖、葡萄糖、乙醇、乙酸等易降解含碳化合物。甲醇等这些补充碳源，费用偏高，污水处理厂实际运行中难以承受。因此，可采用高浓度有机废水或废物，如食品工业废水等作为补充碳源，能达到一举两得的作用。

三、知识点、技能点

1．SBR 工作原理。
2．碳源的作用。
3．碳源的选择及加入量。
4．硝化和反硝化的原理。
5．反应期的时间和搅拌强度。

四、装置仪器

1．SBR 实验装置，见实验八中图 3-8-2。
2．分析测试仪器：BOD 快速测定仪、溶解氧仪、紫外分光光度计、可见光分光光度计等。
3．分析测定常规玻璃器皿。

五、实验试剂与方法

磷酸二氢钠、磷酸二氢钾、谷氨酸、葡萄糖、亚硝酸钠、磷酸、对氨基苯磺酰胺、

N-（1-萘基)-乙二胺盐酸盐、草酸钠、高锰酸钾、硝酸钾。

实验水样：校园生活污水。

水质指标及分析方法，如表 3-13-1 所示。

表 3-13-1　主要水质指标分析方法

水质指标	分析方法
BOD_5	稀释法（第四部分：实验十八)
NO_3^--N	酚二磺酸光度法（第四部分：实验十一)
NO_2^--N	N-（1-萘基)-乙二胺光度法（第四部分：实验十)
DO	电极法（第四部分：实验七)
凯氏氮（TKN)	纳氏试剂光度法（第四部分：实验八、实验九)

六、实验步骤

1．启动实验装置，装置污泥培养成功后，根据表 3-13-2 设置 SBR 工艺运行方式。

表 3-13-2　SBR 工艺运行方式

工序	反应过程	反应时间/h
曝气（好氧)	硝化过程	4
搅拌（缺氧)	反硝化过程	1.5
沉淀	污泥沉降	1.0
排水、排泥	排水排泥过程	0.5
闲置	污泥内源代谢	5.0

2．待装置运行稳定后，测定反硝化阶段装置内 BOD、NO_2^--N、NO_3^--N 的浓度，根据式（3-13-6）计算投加碳源的量，以甲醇为碳源，按计算投加碳源量投加，采用单因素实验法（第一部分，第二节)，完成曝气（硝化过程）时间、搅拌（反硝化过程）时间的优化。

3．采用上述优化数据，改变甲醇投加量，比较不同碳氮比对反硝化处理效果的影响，并记录数据于表 3-13-3。

4．采用步骤 2 优化数据，固定碳氮比，分别比较不同碳源（甲醇、蔗糖、葡萄糖）对脱氮的影响。

七、结果与讨论

1．数据记录：装置运行过程中进出水水质；反硝化阶段装置内 BOD、NO_2^--N、NO_3^--N 的浓度；需要投加碳源量；SBR 装置最佳运行方式（曝气时间、反硝化时间）。

2．反硝化期间，以甲醇作碳源，不同碳氮比对反硝化处理效果的影响，记录见表 3-13-3。

表 3-13-3　不同碳氮比对反硝化处理效果影响

指标 ＼ 水样	1	2	3	4	5
BOD_5					
NO_2^--N					
NO_3^--N					
碳氮比					
出水 TKN					

3．甲醇、蔗糖、葡萄糖不同碳源，反硝化效果，数据记录于表 3-13-4。

表 3-13-4　不同碳源对反硝化处理效果的影响

投加碳源	甲醇		蔗糖		葡萄糖	
BOD_5						
NO_2^--N						
NO_3^--N						
碳氮比						
出水 TKN						

4．根据上述实验数据综合分析碳源对反硝化处理效果的影响。

八、注意事项

1．反硝化期间的溶解氧的控制。

2．排泥量的控制。

3．实验过程中注意控制反应系统的碱度，保持碱度在合理范围内。

4．不同碳源实验过程，计算投加碳源量精确，尽量使三种不同碳源投加后，碳氮比相等。

九、思考题

1．影响 SBR 装置反硝化脱氮的主要影响因素有哪些？

2．通过实验数据，分析投加碳源数量和质量对反硝化处理的影响。

3．污水处理中，投加碳源对最终出水 COD 有什么影响？该如何控制保证出水水质达到排放要求？

实验十四　浸入式 MBR 系统工艺

膜生物反应器（Membrane Bio-Reactor，MBR）是一种由活性污泥法与膜分离技术相结合的新型水处理技术。膜的种类繁多，按分离机理进行分类，有反应膜、离子交换膜、渗透膜等；按膜的性质分类，有天然膜（生物膜）和合成膜（有机膜和无机膜）；按膜的结构型式分类，有平板型、管型、螺旋型及中空纤维型等；按膜安装的位置有侧置式模和浸入式膜。

一、实验目的

1．熟悉浸入式 MBR 系统的工艺流程。

2．掌握运用浸入式 MBR 系统处理各类污水的实验方法。

3．加深对浸入式 MBR 工作原理的理解。

二、实验原理

将膜组件浸没于生物反应器中即构成浸入式 MBR。如图 3-14-1 所示，浸入式 MBR 根据生物处理的工艺要求，可分为两种组成形式：第一种组合有两个生物反应器，其中一个为硝化池，另一个为反硝化池。膜组件浸没于硝化反应器中，两池之间通过泵来更新要过滤的混合液。该组合方式基于以下原因：①可以提供配套（整装）的膜和设备，便于旧系统的更新改造；②将膜浸入池作为好氧区，而生物反应池作为缺氧区以实现硝化—反硝化目的；③便于将膜隔离进行清洗。第二种组合最简单，直接将膜组件置于生物反应器内，通过真空泵或其他类型的泵抽吸，得到过滤液。为减少膜面污染，延长运行周期，一般泵的抽吸是间断运行的。

浸入式 MBR 利用曝气时气液向上的剪切力来实现膜面的错流效果，也有采用在浸入式膜组件附近进行叶轮搅拌和膜组件自身的旋转（如转盘式膜组件）来实现膜面错流效应。与侧置式相比，浸入式的最大特点是运行能耗低。一些学者认为，浸入式在运行稳定性、操作管理方面和清洗更换上不及侧置式。

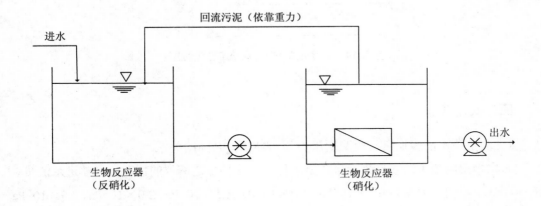

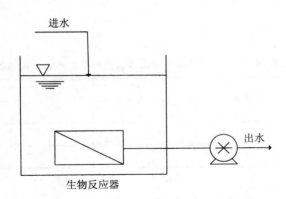

图 3-14-1　浸入式膜生物反应器示意图

三、实验装置

实验装置流程图如图 3-14-2 所示。

1. 浸入式 **MBR** 反应器系统一套：由生物反应器、中空纤维膜组件、曝气穿孔管、原水泵、出水泵、空气压缩机、压差计和压力传感器等组成。

2. 必要的水质分析仪器和玻璃仪器。

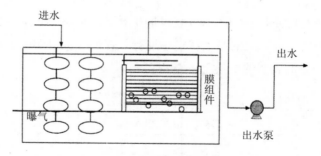

图 3-14-2　浸入式 MBR 系统工艺流程图

四、实验步骤

1．测定清水的膜通量与膜两侧压力差（TMP）之间的关系

向生物反应器中注入自来水至一定水位。在保持一定液位的情况下调整进水流量。依次调整膜两侧压力差为 0.5×10^5 Pa、1.0×10^5 Pa、1.5×10^5 Pa、2.0×10^5 Pa、2.5×10^5 Pa 和 3.0×10^5 Pa。测定相应的浓缩液和渗滤液的流量，记入表 3-14-1。根据渗滤液的流量计算清水的膜通量。

表 3-14-1　浸入式 MBR 浓缩液流量与渗滤液流量记录表

TMP/10^5Pa	0.5	1.0	1.5	2.0	2.5	3.0
进水流量/（L/h）						
浓缩液流量/（L/h）						
渗滤液流量/（L/h）						

2．启动生物反应器

将培养好的活性污泥注入生物反应器，开启进水泵、曝气系统及搅拌器，生物反应器即开始运行。启动膜组件，开始实验。

3．膜生物反应器试运行

进水经 0.9 mm 的不锈钢筛网过滤后进入生物反应器，其中的污染物经活性污泥中微生物分解，混合液在出水泵的抽吸作用下经膜过滤后得到处理出水。出水泵采用间歇抽吸运行，抽吸频率为 15 min 开，2 min 关。压差计和压力传感器用于测定抽吸泵在工作过程中施加在中空纤维膜上的过滤压力，PLC 用于控制生物反应器液面恒定并监控和自动记录膜组件过滤压力。

4．测定原水的膜通量与 TMP 的关系，并且测定进水、浓缩液和渗滤液的水质

调整膜组件进水流量。设定以下几个参数：过滤时间、反冲洗时间、通入空气时间、浸泡时间、空气通入次数、冲洗次数（时间和次数的设定取决于原水的水质）。系统设置为自动运转状态。依次调整 TMP 为 0.5×10^5 Pa、1.0×10^5 Pa、1.5×10^5 Pa、2.0×10^5 Pa、2.5×10^5 Pa 和 3.0×10^5 Pa。调整好 TMP 后，让系统运行 45 min，每 15 min 测定一次渗滤液和浓缩液流量。15 min 后取样测定原水和渗滤液的水质，记入表 3-14-2。

表 3-14-2　浸入式 MBR 运行参数表

日期	参数									
	进水流量/ (L/h)	水温/ ℃	pH	HRT/ h	MLSS/ (mg/L)	溶解氧/ (mg/L)	COD/（mg/L）			膜通量/ [L/(m²·h)]
							进水	出水	去除率/%	

5．测定清水通量作为膜污染程度的指标

向生物反应器中注入清水至一定水位，在保持一定液位的情况下调整进水流量，依次调整 TMP 为 0.5×10^5 Pa、1.0×10^5 Pa、1.5×10^5 Pa、2.0×10^5 Pa、2.5×10^5 Pa 和 3.0×10^5 Pa。测定相应的浓缩液和渗滤液的流量，记入表 3-14-1。将此通量与引入污水之前的清水通量进行比较，判断膜污染的程度。

五、结果与讨论

根据运行过程中膜通量的变化确定系统最佳的运行周期和操作压力，控制膜污染。

六、思考题

1．浸入式 MBR 反应器和侧置式 MBR 反应器各有什么特点？
2．影响浸入式 MBR 系统处理效果的因素有哪些？

实验十五　UASB 高效厌氧生物处理工艺

上流式厌氧生物反应器（UASB）是荷兰瓦赫宁根大学 Lettinga 教授等在 20 世纪 70 年代初开发的。其基本原理是：反应器主体分为上下两个区域，即反应区和气、液、固三相分离区，在下部的反应区内是沉淀性能良好的厌氧污泥床；高浓度有机废水通过布水系统进入反应器底部，向上流过厌氧污泥床，与厌氧污泥充分接触反应，有机物被转化为甲烷和二氧化碳，气、液、固由顶部三相分离器分离。厌氧生物处理是利用厌氧性微生物的代谢特性，在不需提供外源能量的条件下，以被还原有机物作为受氢体，同时产生有能源价值的甲烷气体。

一、实验目的

1．熟悉 UASB 反应器的构造。
2．加深对污水厌氧生物处理原理的理解。
3．掌握利用 UASB 反应器处理各类高浓度有机污水的实验方法。

二、实验原理

1．污水厌氧生物处理

污水厌氧生物处理是指在无氧的条件下，利用专性厌氧菌作用进行污水处理的过程。有机物的厌氧分解过程可以分为以下 4 个阶段：

（1）水解或液化阶段

复杂的、不溶的大分子有机物不能透过细胞膜，因此不能为细菌直接利用。在这一阶段它们被水解成小分子有机物（糖、氨基酸、脂肪酸），这些小分子的水解产物能够溶解于水并透过细胞膜为细菌所利用。

（2）发酵或酸化阶段

在这一阶段，上述小分子的化合物在发酵细菌（即酸化菌）的细胞内转化为更简单的化合物并分泌到细胞外。这一阶段的主要产物有挥发性脂肪酸（VFA）、醇类、乳酸、二氧化碳、氢气、氨、硫化氢等。与此同时酸化菌也利用部分物质合成新的细胞物质。

（3）产乙酸阶段

在此阶段，上一阶段的产物被进一步转化为乙酸、氢气、碳酸以及新的细胞物质。

（4）产甲烷阶段

这一阶段里，乙酸、氢气、碳酸、甲酸和甲醇等被转化为甲烷、二氧化碳和新的细胞物质。

2．UASB 反应器

UASB 反应器通常有两种构造型式：一种是周边出水，顶部出沼气的构造型式（本系统）；另一种是周边出沼气，顶部出水的构造型式。无论何种构造型式，其基本构造都包括以下 4 个部分：

（1）污泥床

污泥床位于整个 UASB 反应器的底部。污泥床内具有很高浓度的生物量，其污泥浓度（MLSS）一般为 40 000～80 000 mg/L。污泥床中的污泥由活性生物量（或细菌）占 70%～80%以上的高度发展的颗粒污泥组成，正常运行的 UASB 中的颗粒污泥的粒径一般在 0.5～5 mm，具有优良的沉降性能，其沉降速度一般在 1.2～1.4 cm/s，其典型的污泥体积指数（SVI）为 10～20 mL/g。污泥床的容积一般占整个 UASB 反应器容积的 30%左右，但它对 UASB 反应器的整体处理效果起着极为重要的作用。它对反应器中有机物的降解量一般可占到整个反应器全部降解量的 70%～90%。污泥床对有机物如此有效的降解作用使得在污泥床内产生大量的沼气，微小的沼气气泡经过不断地积累、合并而逐渐形成较大的气泡，并通过其上升的作用而使整个污泥床层得到良好的混合。

（2）污泥悬浮层

污泥悬浮层位于污泥床的上部。它占据整个 UASB 反应器容积的 70%左右，其中的污泥浓度要低于污泥床，通常为 15 000～30 000 mg/L，由高度絮凝的污泥组成，一般为非颗粒状污泥，其沉速要明显小于颗粒污泥的沉速，污泥体积指数一般为 30～40 mL/g，靠来自污泥床中上升的气泡使此层污泥得到良好的混合。污泥悬浮层中絮凝污泥的浓度呈自下而上逐渐减小的分布状态。这一层污泥担负着整个 UASB 反应器有机物降解量的10%～30%。

（3）沉淀区

沉淀区位于 UASB 反应器的顶部，其作用是使得由于水流夹带作用而随上升水流进入出水区的固体颗粒（主要是污泥悬浮层中的絮凝性污泥）在沉淀区沉淀下来，并沿沉淀区底部的斜壁滑下而重新回到反应区内（包括污泥床和污泥悬浮层），以保证反应器中污泥不致流失而同时保证污泥床中污泥的浓度。沉淀区的另一个作用是，可以通过合理调整沉淀区的水位高度来保证整个反应器的有效空间高度而防止集气空间的破坏。

（4）三相分离器

三相分离器一般设在沉淀区的下部，但有时也可将其设在反应器的顶部，具体视所用的反应器的形式而定。三相分离器的主要作用是将气体（反应过程中产生的沼气）、固体（反应器中的污泥）和液体（被处理的废水）等三相加以分离，将沼气引入集气室，将处理出水引入出水区，将固体颗粒导入反应区。它由集气室和折流挡板组成。有时也可将沉淀装置看作三相分离器的一个组成。具有三相分离器是 UASB 反应器的主要特点之一。三相分离器的合理设计是保证其正常运行的一个重要内容。

运行过程中，废水以一定的流速自反应器的底部进入反应器，水流在反应器中的上升流速一般在 0.5～1.5 m/h，最佳上升流速在 0.6～0.9 m/h 之间。水流依次流经污泥床、污泥悬浮层至三相分离器及沉淀区。UASB 反应器中的水流呈推流形式，进水与污泥床及污泥悬浮层中的微生物充分混合接触并进行厌氧分解。厌氧分解过程中产生的沼气在上升过程中将污泥颗粒托起，由于大量气泡的产生，即使在较低的有机和水力负荷条件下，也能看到污泥床明显膨胀。随着反应器中产气量的不断增加，由气泡上升所产生的搅拌作用（微小的沼气气泡在上升过程中相互结合而逐渐形成较大的气泡，将污泥颗粒向反应器的上部携带。最后由于气泡的破裂，绝大部分污泥颗粒又返回到污泥区）变得日趋剧烈，从而降低了污泥中夹带气泡的阻力，气体便从污泥床内突发性地逸出，引起污泥床表面呈沸腾和流化状态。反应器中沉淀性能较差的絮状污泥则在气体的搅拌下，在反应器上部形成污泥悬浮层。沉淀良好的颗粒污泥则在反应器的下部形成高浓度的污泥床。随着水流的流动，气、水、泥三相混合液上升至三相分离器中，气体遇到反射板或挡板后折向集气室而被有效地分离排出；污泥和水进入上部的静止沉淀区，在重力作用下泥水发生分离。

三、实验装置

实验所用装置如图 3-15-1 所示。

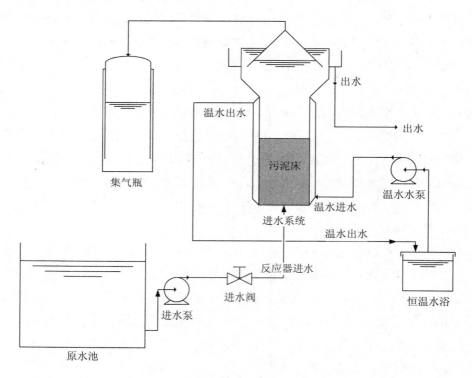

图 3-15-1　厌氧 UASB 反应器工艺流程图

1. 升流式厌氧污泥床（UASB）反应器一套，由 UASB 反应器、集气瓶、沼气计量系统、进水泵、温水水泵、恒温水浴、原水池等组成部分。
2. 必要的水质分析仪器和玻璃仪器。

四、实验步骤

1. 启动

当接种好颗粒污泥，连接好三相分离器、生物气测量装置和恒温水浴装置后，实验即可开始。厌氧生物处理对环境条件的变化非常敏感，因此在采用本系统处理污水之前，需充分了解污水的物理、化学性质。对于成分较复杂的污水，需经过污水厌氧可生物降解性测试来确定其是否适宜采用厌氧处理方法。

2. 污泥活化

厌氧装置启动以后，首先用易于生物降解的合成水样来活化污泥。合成水样的配制有很多种方法。表 3-15-1 介绍一种常用方法。

除此之外，还需投加微量和痕量营养元素。方法是从花园中取 100 g 泥土，加 1 L 自来水混合，摇匀，用滤纸过滤，即得痕量营养元素贮备液。1 L 合成水样中加 5 mL 上述滤液。

表 3-15-1　合成水样配制

化合物名称	浓度/（g/L）
乙酸	0.25
丙酸	0.25
丁酸	0.25
葡萄糖	0.25
尿素（N 源）	0.5
Na_2HPO_4 或 NaH_2PO_4（P 源）	0.1

为防止产酸过程酸过度积累，引起系统 pH 下降，合成水样中还需加入一定量的缓冲物质。可以在 1 L 合成水样中加入 1 g $NaHCO_3$。

水样 pH 用 1 mol/L $NaHCO_3$ 或 1 mol/L HCl 调整到 6.5～7.5 之间。

3. 试运行

污泥活化后，可逐步引入预处理的废水，使污泥逐渐适应废水理化性质。本实验采用中温（37℃）消化，加热方式为水浴加热法。生物气的计量采用排水法，即在集气瓶中装入 NaOH 溶液，通过用量筒测定每日所排出的 NaOH 溶液体积来计量每日产气量。

4. 正式运行

当系统稳定后，即可正式运行。系统正式运行后，需经常测定以下参数，以监控系统运行。

（1）反应器内污泥床层高度，H（m）。

（2）进水流量，Q_{inf}（L/h）。

（3）总产气量，Q_{gas}（L/d）。

（4）甲烷总产量，Q_{CH_4}（L/d）。

（5）进、出水 pH。

（6）反应器内温度，T（℃）。

（7）进、出水 COD 浓度，COD_{tot}（mg/L）。

（8）纸滤后进、出水 COD 浓度，COD_{pf}（mg/L）。

（9）膜滤后进、出水 COD 浓度，COD_{mf}（mg/L）。

（10）进、出水总氮浓度，TN（mg/L）。

五、结果与讨论

1．将监测数据列于表 3-15-2。

表 3-15-2　UASB 系统运行记录表

时间：

进水流量 Q_{inf}/（L/h）			总产气量 Q_{gas}/（L/d）			甲烷总产量 Q_{CH_4}/（L/d）			污泥床层高度 H/m			反应器内温度 T/℃	
COD_{tot}/（mg/L）			COD_{pf}/（mg/L）			COD_{mf}/（mg/L）			TN/（mg/L）			pH	
进水	出水	去除率/%	进水	出水	去除率/%	进水	出水	去除率/%	进水	出水	去除率/%	进水	出水

2．计算以下参数：

（1）容积负荷率 [$kgBOD_{inf}$/（L·d）]。

（2）COD 去除率，%。

（3）水力停留时间，HRT（h）。

3．试根据式（3-15-1）～式（3-15-4）对 COD 进行物料衡算：

（1）COD 随污泥洗出量

$$COD_{washout}=COD_{eff(tot)}-COD_{eff(pf)} \tag{3-15-1}$$

（2）COD 去除量

$$COD_{removal}=COD_{inf(tot)}-COD_{eff(tot)} \tag{3-15-2}$$

（3）以污泥形式积累在反应器内的 COD 量

$$COD_{sludgeacc.}=COD_{inf(tot)}-COD_{eff(tot)} \tag{3-15-3}$$

（4）反应器中污泥增长量

$$Y_{acc} = \frac{COD_{sludgeacc}}{COD_{removal}} \times \frac{1}{1.41} \qquad (3\text{-}15\text{-}4)$$

1 kg 污泥（以 MLVSS 计）=1.41 kgCOD

1 gCOD ≈ 400 mL CH$_4$（37℃）

六、思考题

1．试说明三相分离器的作用。

2．颗粒污泥与絮状污泥相比有何优点。

3．试说明好氧处理法与厌氧处理法各有什么特点。

实验十六　厌氧污泥的产甲烷活性测定

随着上流式厌氧颗粒污泥处理技术的发展和普及，从高浓度有机废水中提取可再生的、绿色环保的生物质能源越来越受到人们的关注。而其关键的可行性研究就是厌氧活性污泥产甲烷活性实验。通过这个实验可以确定：①此种废水是否适合 UASB 工艺处理；②这种废水产甲烷的活性好不好；③COD 的去除效率高不高，最后决定是否采用 UASB 技术，同时确定其关键的设计参数。

一、实验目的

1．了解厌氧污泥（以 VSS 计）的产甲烷活性的定义和意义。

2．掌握厌氧污泥产甲烷活性的测定方法。

二、实验原理

厌氧污泥（以 VSS 计）的产甲烷活性是指单位重量以 VSS 计的厌氧污泥在单位时间所能产生的甲烷的量。

利用厌氧污泥处理污水时，被去除的 COD 主要转化为甲烷，因此污泥产甲烷活性可以反映出污泥所具有的去除 COD 及产生甲烷的潜力，它是污泥品质的重要参数。污泥的产甲烷活性与许多因素有关，为了解这个活性的大小，实验必须在理想条件下进行。

三、知识点、技能点

1．测试厌氧污泥针对某种废水的产甲烷活性，确定这种废水是否适合 UASB 工艺处理。

　　2．掌握测定甲烷体积的方法。

四、装置仪器

实验装置如图 3-16-1 所示。

液体置换系统，由污泥反应器、生物气取样管、集气瓶、量筒、温水水泵、恒温水浴、搅拌器、气体计量系统等组成。

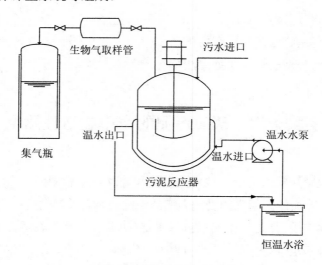

图 3-16-1　厌氧污泥活性测试系统

五、实验试剂

　　在进行厌氧测试时，实验药品的配制有很多方法。可参考实验十四中污泥活化所用的方案，也可采用以下这种方案。

　　1．VFA 储备液：COD=20 g/L，其中乙酸、丙酸、丁酸浓度比为 73∶23∶4，根据表 3-16-1 所列数据配制挥发性脂肪酸溶液，用 1 mol/L NaHCO₃ 调至 6.5～7.5，定容至 1 L。

表 3-16-1　VFA 储备液配比

挥发性脂肪酸（VFA）	COD/VFA	密度/（g/cm³）	体积/mL
乙酸	1.067	1.05	13.04
丙酸	1.514	0.993	3.06
丁酸	1.818	0.957	0.46

2．微量元素及营养液的配制见表 3-16-2。

表 3-16-2　微量元素储备液及营养液储备液的配制

化合物名称	浓度/（mg/L）	化合物名称	浓度/（mg/L）
FeCl$_3$·4H$_2$O	2 000	(NH$_4$)$_6$Mo$_7$O$_2$·4H$_2$O	90
CoCl$_2$·6H$_2$O	2 000	Na$_2$SeO$_3$·4H$_2$O	100
MnCl$_2$·6H$_2$O	500	NiCl$_2$·4H$_2$O	50
CuCl$_2$·6H$_2$O	30	EDTA	1 000
ZnCl$_2$	50	HCl 36%	1
营养储备液			
NH$_4$Cl	170 g/L	CaCl$_2$·6H$_2$O	8 g/L
KH$_2$PO$_4$	37 g/L	MgSO$_4$·6H$_2$O	9 g/L

3．吸收液：0.5%NaOH。

六、实验步骤

1．向反应器中加去离子水至有效体积的 50%左右。

2．投加一定量的含挥发性脂肪酸（VFA）和营养物的合成水样（保持 COD/VSS=0.7～1.6）。

3．向瓶中加入厌氧污泥，使最终浓度约为 3.0 gVSS/L。

4．再加去离子水至整个有效体积。

5．用 CO$_2$ 和 N$_2$ 的混合气体通入反应器底部 2～3 min，以吹脱瓶中剩余空间的空气。

6．立即将反应器密封，连接好液体置换系统，将系统置于恒温水浴中进行培养。

7．当恒温系统温度升至 37.5℃时，测定即正式开始。

8．将每日产气量记录于表 3-16-3 中（以量筒中的碱液体积代表产甲烷体积），直到底物的 VFA 的 80%已被利用。

9．开始第二次投加水样。第二次投加水样即向原混合液中加入与第一次水样成分、数量均相同的 VFA 和营养物。然后将每日产气量记录于表 3-16-3 中，直到底物的 VFA 的 80%已被利用。

10．为了消除污泥自身消化产生甲烷气体的影响，需作空白实验，空白实验是以去离子水代替合成水样，其他操作与活性测定实验相同。

表 3-16-3　产气量记录表

时间/h	每小时产气量/mL	累积产气量/mL
1		
2		
3		
4		
5		
6		
7		
8		
9		
10		

七、结果与讨论

1. 根据测定的记录绘制出累积产甲烷量—发酵时间曲线。

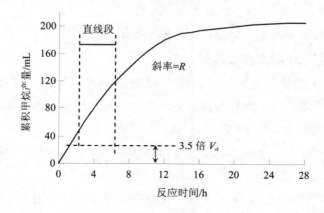

图 3-16-2　厌氧污泥活性测试试验中累积产甲烷量随时间的变化曲线

2. 依据此曲线计算污泥的产甲烷活性。

污泥的产甲烷活性计算应以第二次投加底物的曲线计算。在曲线中有一最大活性区间，污泥的产甲烷活性即应以此区间的产甲烷速率 R 来计算，产甲烷速率 R 是这一区间的平均斜率。最大活性区间应当覆盖已利用的底物的50%。根据最大活性区间的平均斜率 R 即可计算出污泥的产甲烷活性。计算如下：

$$\text{ACT} = \frac{24R}{\text{CF} \times V \times \text{VSS}}$$ （3-16-1）

式中：R——产甲烷速率，mL/h；

　　　CF——含饱和水蒸气的甲烷毫升数转换为以克为单位的 COD 的转换系数（见表 3-16-4）；

　　　V——反应器中液体的体积，L；

　　　VSS——反应器中污泥的浓度，gVSS/L。

表 3-16-4　相当于 1 g COD 的甲烷体积的毫升数（1.013×10^5Pa）

温度/℃	干燥甲烷/mL	含饱和水蒸气的甲烷/mL
10	363	367
15	369	376
20	376	385
25	382	394
30	388	405
35	395	418
40	401	433
45	408	450
50	414	471

3．据计算结果判断污泥品质。

八、注意事项

1．检查系统的密封性，不要漏气。

2．系统在运行过程中不要触动排碱液的胶管，容易造成碱液倒吸入污泥反应器。

九、思考题

此实验中所采用的实验装置还可用于测定废水厌氧可生物降解、厌氧毒性，试设计以上两个实验的实验步骤。

实验十七　污泥比阻的测定

一、实验目的

1．通过实验进一步理解污泥比阻的概念。

2．掌握污泥比阻的测定方法。

3．选择污泥脱水的药剂种类、浓度、投加量。

4．通过比阻测定评价污泥脱水性能。

二、实验原理

污泥来源可分为初沉污泥、剩余污泥、消化污泥和化学污泥。按性质又可分为有机物污泥和无机污泥两大类。每种污泥的组成和性质不同，使污泥脱水性能也各不相同。为了评价和比较各种污泥脱水性能的优劣，也为了确定污泥机械脱水前加药调理的投药量，通常需要通过实验来测定污泥脱水性能的指标——比阻（或称比阻抗）。

污泥比阻作为污泥脱水性能的综合性指标。污泥比阻越大，脱水性能越差，反之脱水性能越好。污泥比阻是单位过滤面积上单位干重滤饼所具有的阻力，在数值上等于黏滞度为 1 时，滤液通过单位的泥饼产生单位滤液流率所需要的压差。在污泥中加入混凝剂、助滤剂等化学药剂，可使比阻降低，改善脱水性能。污泥经过重力浓缩或者消化后，含水率约为 97%，体积大不便于运输。因此一般采用机械脱水以减小污泥体积。常用的脱水方法有真空过滤、压滤、离心等方法。

污泥机械脱水是以过滤介质两面的压力差作为动力，达到泥水分离、污泥浓缩的目的。根据压力来源不同，分为真空过滤法（抽真空造成介质两面压力差）、压缩法（介质一面对污泥造成压力行程两面压力差）。

影响污泥脱水的因素较多，主要有：

①污泥浓度，取决于污泥性质及过滤前浓缩程度；

②污泥性质、含水率；

③污泥预处理方法；

④压力差大小；

⑤过滤介质种类。

经过实验推导出过滤基本方程式为：

$$\frac{t}{V} = \frac{\mu r \omega}{2pA^2}V + \frac{\mu R_f}{PA} \qquad (3\text{-}17\text{-}1)$$

式中：t——过滤时间，s；

$\quad\quad V$——滤液体积，m³；

$\quad\quad P$——真空度，Pa；

$\quad\quad A$——过滤面积，m²；

$\quad\quad \mu$——滤液的动力黏滞系数，mPa·s；

$\quad\quad \omega$——过滤单位体积的滤液在过滤介质上截留的固体质量，kg/m³；

$\quad\quad r$——比阻，s²/g 或 m/kg；

$\quad\quad R_f$——过滤介质阻抗，1/m。

过滤基本方程式给出了在压力一定的条件下，滤液的体积 V 与时间 t 的函数关系，指出了过滤面积 A、压力 P、污泥性能 ω、r 值对过滤的影响。

将过滤方程改写为：

$$r = \frac{2pA^2}{\mu} \cdot \frac{b}{\omega} \qquad (3\text{-}17\text{-}2)$$

由式（3-17-2）可知，比阻是反映污泥脱水性能的重要指标。但是由于式（3-17-2）是实验推导而来，参数 b、ω 均需要通过实验测定，不能用公式直接计算。以抽滤实验为基础，测定一系列的 t—V 数据，即测定不同过滤时间 t 时滤液量 V，并以滤液量 V 为横坐标，以 t/V 为纵坐标，所得直线斜率为 b。

根据所设定义，ω 的求法：

$$\omega = \frac{(Q_0 - Q_y)C_g}{Q_y} \quad (\text{g 滤饼干重/mL 滤液}) \qquad (3\text{-}17\text{-}3)$$

式中：Q_0——过滤污泥量，mL；

$\quad\quad Q_y$——滤液量，mL；

$\quad\quad C_g$——滤饼固体浓度，g/mL。

一般认为比阻为 $10^9 \sim 10^{10}$ s²/g 的污泥为难过滤的，在 $(0.5 \sim 0.9) \times 10^9$ s²/g 的污泥为中等，比阻小于 0.4×10^9 s²/g 的污泥易于过滤。

在污泥脱水中，往往要进行化学调理，即采用向污泥中投加混凝剂的方法降低污泥的比阻 r 值，改善污泥脱水性能。所以，污泥的性质、混凝剂的种类、浓度、投加量以及反应时间等均影响化学调理的效果。在相同实验条件下，选择不同的药剂、投加量和反应时间，通过污泥比阻实验确定最佳的脱水条件。

三、实验知识点、技能点

1．知识点

（1）污泥脱水概念、种类、影响因素。

（2）污泥比阻概念、计算及评价方法。

（3）过滤基本方程式的运用。

2．技能点

（1）掌握使用移液管的操作方法。

（2）掌握布氏漏斗真空过滤的操作方法。

（3）掌握作图法分析数据，计算相应污泥比阻值。

四、装置仪器

1．实验装置一套。

2．秒表一个。

3．定量滤纸一盒。

4．称量瓶 10 个。

5．烘箱一台。

6．电子天平一台。

7．150 mL 烧杯 10 个、50 mL 烧杯 2 个。

8．100 mL 量筒 2 个。

9．玻璃棒若干。

实验装置如图 3-17-1 所示。

整体外形尺寸：1 000 mm×400 mm×1 300 mm；每次测定污泥用量 50～100 mL；真空压力 35.5～70.9 kPa；测定时间 5～30 min；吸滤筒尺寸：直径×高度=ϕ150 mm×250 mm。

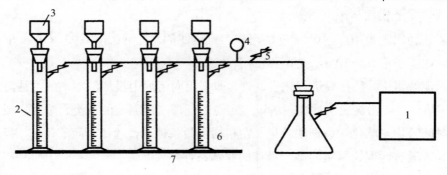

1—真空泵；2—计量筒；3—布氏漏斗；4—真空表；5—抽气接管；6—吸滤筒；7—实验台架；8—连接管

图 3-17-1 污泥比阻测定装置示意图

五、实验试剂

1. 混凝剂：10%$FeCl_3$、10%$Al_2(SO_4)_3$、0.3%PAM（也可选用其他混凝剂）。
2. 待测污泥 1 500 mL。

六、实验步骤

1. 测定每个称量瓶+滤纸质量 m_1。
2. 测定污泥的含水率，求出其固体浓度 c_0。
3. 配制 $FeCl_3$（10 g/L）混凝剂或聚丙烯酰胺（0.3%）絮凝剂（选择两种混凝剂对比）。
4. 调节污泥（每组加一种混凝剂），采用 $FeCl_3$ 混凝剂时加量分别为干污泥质量的 0（不加混凝剂）、2%、4%、6%、8%、10%；采用聚丙烯酰胺时，投加量分别为干污泥质量的 0、0.1%、0.2%、0.5%。
5. 在布氏漏斗上（直径 65～80 mm）放置滤纸，用水润湿，贴紧周边。
6. 加入 100 mL 需实验的污泥于布氏漏斗中，开动真空泵，调节真空压力至实验压力[实验时真空压力采用 266 mmHg（35.46 kPa）或 532 mmHg（70.93 kPa）]；开始启动秒表，并记下开动时计量管内的滤液 V_0。
7. 每隔一段时间（开始过滤时可每隔 5 s 或 10 s，滤速减慢后可每隔 30 s 或 60 s）记下计量管内相应的滤液量，记录在表 3-17-1 中。

表 3-17-1　污泥比阻实验记录

参数	序号				
	1	2	3	4	5
混凝剂					
投加量/mL					
时间 t /s					
计量管内滤液 V_1 /mL					
实验开始时滤液量 V_0 /mL					
滤液量 $V=V_1-V_0$ /mL					
t/V，s/mL					
b 值					

8. 记录当泥面出现皲裂，或者滤液达到 85 mL 时。关闭阀门，取下滤饼放入称量瓶内称量。

9．称量后的滤饼于105℃的烘箱内烘干2 h后放置室温称量。

10．计算出滤饼的含水率，求出单位体积滤液截留的固体量ω，比阻r，记录在表2-17-2中。

表 3-17-2　污泥比阻值计算表

参数	序号									
	1	2	3	4	5	6	7	8	9	10
混凝剂名称										
混凝剂投加量/mL										
b 值										
布氏漏斗直径 d/m										
面积平方 A^2/m^2										
滤液的动力黏滞系数 μ/（mPa·s）										
真空压力 P/Pa										
称量瓶+滤纸量 m_1/g										
称量瓶+滤纸滤饼湿重 m_2/g										
称量瓶+滤纸滤饼干重 m_3/g										
滤饼含水比/%										
干污泥重/g										
ω /（kg/m^3）										
比阻/（s^2/g 或 m/kg）										

11．记录实验数据：

实验日期＿＿＿＿年＿＿＿月＿＿＿＿日；实验温度（℃）＿＿＿＿＿

原污泥的含水率（%）＿＿＿＿＿＿；原污泥的固体浓度c_0（mg/L）＿＿＿＿＿

七、实验结果

1．计算不投加混凝剂污泥比阻值。

2．计算同一种混凝剂，不同投加量下污泥比阻值，以污泥比阻为纵坐标，混凝剂投加量为横坐标，绘图求解使得污泥脱水性能最好的混凝剂投加量。

3．对比两种混凝剂最佳投加量下污泥比阻值，分析生污泥和消化污泥脱水性质的好坏，分析原因。

八、注意事项

1．检查计量管与布氏漏斗之间是否漏气。

2．滤纸称量烘干，放到布氏漏斗内，要先用蒸馏水湿润，而且用真空泵抽吸一下。滤纸要贴紧不能漏气。

3．污泥倒入布氏漏斗内时，有部分滤液流入计量筒，所以正常开始实验时，记录量筒内滤液体积 V_0。

4．污泥中加混凝剂后应充分混合。

5．在整个过滤过程中，真空度确定前后始终保持一致。

九、思考题

1．测定污泥比阻在工程上有何实际意义？

2．活性污泥在真空过滤时，能否说真空越大，滤饼的固体浓度就越大？为什么？

3．对实验中发现的问题加以讨论。

实验十八　超滤工艺

超滤是一种加压膜分离技术，即在一定的压力下，使小分子溶质和溶剂穿过一定孔径的特制薄膜，而使大分子溶质不能透过，留在膜的一边，从而使大分子物质得到了部分截留。超滤原理也是一种膜分离过程原理，超滤利用一种压力过滤膜，在外界推动力（压力）作用下截留水中胶体、颗粒和分子量相对较高的物质，而水和小的溶质透过膜的分离过程。

一、实验目的

1．熟悉超滤系统的工艺流程。

2．加深对侧置式 MBR 工作原理的理解。

3．了解膜污染的原因及延长膜使用寿命的方法。

4．了解 PLC 控制器的使用方法。

5．掌握中空纤维超滤膜通量测量的标准方法。

6．根据 Darcy 定律计算中空纤维膜阻力。

二、实验原理

1. 膜的相关知识

膜是具有选择性分离功能的材料。利用膜的选择性分离实现料液的不同组分的分离、纯化、浓缩的过程称作膜分离。它与传统过滤的不同在于，膜可以在分子范围内进行分离，并且这个过程是一种物理过程，不需发生相的变化和加入添加剂。

膜的孔径一般为微米级。依据其孔径的不同（或称为截留分子量），可将膜分为微滤膜、超滤膜、纳滤膜和反渗透膜；根据材料的不同，可分为无机膜和有机膜，无机膜主要还只有微滤级别的膜，主要是陶瓷膜和金属膜。有机膜是由高分子材料做成的，如醋酸纤维素、芳香族聚酰胺、聚醚砜、聚氟聚合物等；根据膜的形状可以分为平板膜和管状膜。

根据分离精度和驱动力的不同，分离膜的种类见表 3-18-1。

表 3-18-1　膜的种类

膜种类	过滤精度/μm	截留分子质量/u	功能	主要用途
微滤（MF）	0.1～10	>100 000	去除悬浮颗粒、细菌、部分病毒及大尺度胶体	饮用水去浊，中水回用，纳滤或反渗透系统预处理
超滤（UF）	0.002～0.1	10 000～100 000	去除胶体、蛋白质、微生物和大分子有机物	饮用水净化，中水回用，纳滤或反渗透系统预处理
纳滤（NF）	0.001～0.003	200～1 000	去除多价离子、部分一价离子和分子量 200～1 000 Da 的有机物	脱除井水的硬度、色度及放射性镭，部分去除溶解性盐，工艺物料浓缩等
反渗透（RO）	0.000 4～0.000 6	>100	去除溶解性盐及分子量大于 100 Da 的有机物	海水及苦咸水淡化，锅炉给水、工业纯水制备，废水处理及特种分离等

2. 膜通量

膜通量是指在一定流速、温度、压力下，单位时间、单位膜面积的液体（或气体）透过量，是衡量膜组件性能及运行状况的重要参数。可由式（3-18-1）计算：

$$J = \frac{Q}{At} \tag{3-18-1}$$

式中：J——通量，$m^3/(m^2 \cdot h)$；

Q——液体（或气体）透过量，m^3；

A——膜面积，m^2；

t——收集透过液体（或气体）的时间，h。

对于液体，透过量通常通过直接测量一段时间内通过膜的液体体积或质量的方法获得。

3．膜污染

在超滤进行的过程中，由于膜孔对水溶液中溶质或悬浮物的截留和吸附作用，以及溶质的浓差极化作用或凝胶层的形成，均可导致超滤过滤性能的下降，即在恒压操作下表现为膜通量的下降而在恒流操作下表现为跨膜压差的升高，这就是所谓的膜污染现象，是膜过滤过程中不可避免的现象。膜污染是膜技术应用中所面临的一个重要问题之一，对于膜生物反应器．要使其获得长期稳定的运行效果，必须研究其膜污染机理及其防治办法。膜污染的"防"表现在三方面，即增加膜本身的抗污染能力，改变污泥混合液的特征以及优化膜过滤的水力条件；膜污染的"治"则体现为对膜的水力清洗和化学清洗。

4．膜阻力

在膜分离过程中溶剂或溶质透过速率的降低是由于膜的存在而引起的，则称为膜阻力。同时膜污染是膜过滤过程中不可避免的现象。膜过滤阻力可表示为：

$$R_t = R_m + R_p + R_f \tag{3-18-2}$$

式中：R_t——膜过滤过程的总阻力；

R_m——清洁膜自身的固有阻力；

R_p——浓差极化阻力；

R_f——膜污染产生的总阻力。

根据达西定律过滤模型，膜通量可用式（3-18-3）表示：

$$J = \frac{\Delta P}{\mu(R_m + R_p + R_f)} \tag{3-18-3}$$

式中：J——膜通量，$m^3/m^2 \cdot h$；

ΔP——膜两侧的压力差，Pa；

μ——溶液的黏度，$Pa \cdot s$，20℃时自来水的黏度$\mu_w=1.008\ 7 \times 10\ 10^{-3} Pa \cdot s$；

R_m——清洁膜自身的固有阻力，与膜孔径大小、孔密度、孔深度等因素有关，m^{-1}；

R_p——浓差极化阻力，m^{-1}；

R_f——膜污染产生的总阻力，m^{-1}。

式（3-18-3）表明，膜通量与膜两侧的压力成正比，与总阻力成反比。膜的总阻力由清洁膜自身的固有阻力、浓差极化阻力、膜污染产生的总阻力三部分构成。

5. 超滤的原理

超滤是利用一种压力活性膜，在外界推动力（压力）作用下截留水中胶体、颗粒和分子量相对较高的物质，而水和小的溶质颗粒透过膜的分离过程。当被处理水借助于外界压力的作用以一定的流速通过膜表面时，水分子和分子量较小的溶质透过膜，而大于膜孔的微粒、大分子等由于筛分作用被截留，从而使水得到净化。也就是说，当水通过超滤膜后，可将水中含有的大部分胶体除去，同时可去除大量的有机物等。在超滤过程中，水溶液在压力推动下，流经膜表面，小于膜孔的溶剂（水）及小分子溶质透水膜，成为净化液（滤清液），比膜孔大的溶质及溶质集团被截留，随水流排出，成为浓缩液。超滤过程为动态过滤，分离是在流动状态下完成的。溶质仅在膜表面有限沉积，超滤速率衰减到一定程度而趋于平衡，且通过清洗可以恢复。超滤是以压力为推动力的膜分离技术之一。以大分子与小分子分离为目的，膜孔径在 0.002～0.1 μm 之间。

6. 超滤的特点

（1）超滤与传统的预处理工艺相比，系统简单、操作方便、占地小、投资省且水质极优，可满足各类反渗透装置的进水要求。

（2）合理地选择运行条件和清洗工艺，可完全控制超滤的浓差极化问题，使此预处理方法更可靠。

（3）超滤对水中的各类胶体均具有良好的去除特性，因而可以考虑扩大到凝结水精处理及离子交换除盐系统的预处理中。

三、实验装置

超滤工艺流程图见图 3-18-1。

1. 超滤系统一套。

由超滤管式膜组件、原水池、搅拌装置、渗滤液收集池、进水泵、反冲洗水泵、空气压缩机、PLC 控制器、压差计和压力传感器等组成。

实验超滤膜参数（括号内为备用超滤膜参数）：

材料：中空纤维超滤膜，具有单位容积内充填密度高、占地面积小等优点。中空纤维膜厚度：150 μm；孔径：1～100 nm；驱动力：压力（1～3 bar）；长度：90 cm（100 cm）；管直径：5.2 mm（1.5 mm）；膜有效表面积：1.6 m^2（2.1 m^2）；1 bar=0.1 MPa=0.987 atm；1 bar=10^5 Pa。

2. 必要的水质分析仪器和玻璃仪器。

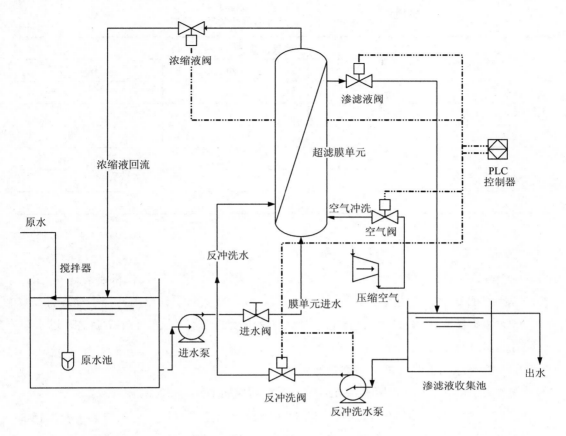

图 3-18-1 超滤系统工艺流程图

四、实验步骤

1. 膜自身阻力测定

（1）认真检查系统各部件是否完好，选用清洁膜组件，检查系统管路连接是否正确、严密，阀门应处于正确位置，回流压力控制阀全开。按实验设计要求选择手动运行。

（2）检查实验用水液（洁净自来水）位处于正常状态，进水泵启动补水口注满洁净自来水并封闭。

（3）打开系统控制开关，启动超滤系统。

（4）设置参数：$B01=60$ min（$B01$ 运行时间）。

（5）调整膜两侧压力差依次为 0.5 bar、1.0 bar、1.5 bar、2.0 bar、2.5 bar、3.0 bar，每个压力下稳定 5 min 测定相应的渗滤液流量，重复 3 次并记录结果于表 3-18-2，其间的相对标准偏差＜5%。

表 3-18-2 膜压力与清水通量的关系记录表

压力/bar	渗滤液流量 Q/（mL/min）		
	1 组	2 组	3 组
0.5			
1.0			
1.5			
2.0			
2.5			
3.0			

2．膜污染产生的总阻力和浓差极化阻力测定

（1）认真检查系统各部件是否完好，选用污水膜组件，检查系统管路连接是否正确、严密，阀门应处于正确位置，回流压力控制阀全开。按实验设计要求选择手动运行。

（2）检查实验用水液（具有一定悬浮颗粒物浓度的废水）位处于正常状态，进水泵启动补水口注满洁净自来水并封闭。

（3）打开系统控制开关，启动超滤系统。

（4）设置参数：运行时间为 $B01=50$ min，反冲洗时间：$B02=30$ s。

（5）调节膜压力恒定为 $P=1$ bar，每隔 10 min 测定渗滤液流量并记录结果于表 3-18-3（1 段），结束后清水冲洗时间 30 s；每隔 10 min 测定渗滤液流量并记录结果于表 3-18-3（2 段）。

表 3-18-3 膜通量与时间的关系记录表

时间		0 min	10 min	20 min	30 min	40 min	50 min
1 段	Q/（mL/min）						
	J/[mL/（min·m^2）]						
2 段	Q/（mL/min）						
	J/[mL/（min·m^2）]						

五、结果讨论

1．清洁膜自身的阻力测定。

根据表 3-18-2 计算不同压力条件下清水的膜通量 J。

表 3-18-4 不同压力条件下清水的膜通量 J

压力/	膜通量 J/[mL/ (min·m^2)]				
bar	1 组	2 组	3 组	平均流量	相对标准偏差/%
0.5					
1.0					
1.5					
2.0					
2.5					
3.0					

2．绘制膜压力与膜通量的关系图 *J-P* 曲线，跨膜压力为横坐标，通量为纵坐标，分析压力与膜通量的关系。

3．计算中空纤维膜的自身阻力。

$$J_0 = \frac{\Delta P}{\mu R_m} \tag{3-18-4}$$

式中：J_0——膜通量，L/ (m^2·h)。

4．根据表 3-18-3 绘制运行时间与膜通量的关系图，分析各段曲线有什么变化。

5．膜污染产生的总阻力测定。

在一定压力下，膜在运行了一段时间后（50 min），用清水清洗一下，再在 *P*=1bar 操作压力下测定其膜通量（即 2 段 0 min 数据），此时膜的浓差极化阻力认为等于零，因此得式（3-18-5）：

$$J = \frac{\Delta P}{\mu(R_m + R_f)} \tag{3-18-5}$$

整理得：

$$R_f = \frac{\Delta P}{\mu \times J} - R_m \tag{3-18-6}$$

6．膜污染产生的浓差极化阻力测定。

在一定压力下，膜在运行一段时间后，直接测量其膜通量（即 1 段 50 min 数据），根据式（3-18-3）整理得：

$$R_p = \frac{\Delta P}{\mu \times J} - (R_m + R_f) \tag{3-18-7}$$

通过以上计算，可以得出膜各部分的阻力，见表 3-18-5。

表 3-18-5　膜各部分的阻力

膜各部分的阻力	阻力值/m^{-1}	占总阻力比例/%
膜自身阻力 R_m		
膜污染阻力 R_f		
浓差极化边界层阻力 R_p		
总阻力 R		

六、注意事项

1．每次试验结束后，要对膜进行反冲洗，多次实验后进行气水反冲洗。

2．为了能够在实验过程（较短时间）观察到膜通量的变化，实验用水宜配制具有一定悬浮颗粒物浓度的废水。

3．超滤膜系统操作压力不宜超过 3 bar。

七、思考题

1．分析中空纤维膜清水通量与污水过滤通量间的差异及产生原因。

2．超滤膜在运行过程中如何减缓膜污染的发生？

3．分析污水过滤过程中通量及过滤阻力随压力的变化。

4．如何选择超滤膜运行时间和反冲洗时间？

5．超滤组件长时间不用，为何要加保护液？

实验十九　连续流活性炭吸附工艺

活性炭吸附法是给（污）水深度处理和水循环利用常用技术。吸附是一种物质附着在另一种物质表面上的缓慢作用过程。吸附是一种界面现象，其与表面张力和表面能的变化有关。引起吸附的推动能力有两种，一种是溶剂水对疏水物质的排斥力，另一种是固体对溶质的亲和吸引力。废水处理中的吸附，多数是这两种力综合作用的结果。活性炭的比表面积和孔隙结构直接影响其吸附能力，在选择活性炭时，应根据废水的水质通过试验确定。

一、实验目的

1．了解活性炭吸附的特点。

2．观察活性炭对印染废水的色度的去除过程。

二、实验原理

吸附是发生在固－液（气）两相界面上的一种复杂的表面现象，它是一种非均相过程。大多数的吸附过程是可逆的，液相或气相内的分子或原子转移到固相表面，使固相表面的物质浓度增高，这种现象就称为吸附；已被吸附的分子或原子离开固相表面，返回到液相或气相中去，这种现象称为解吸或脱附。在吸附过程中，被吸附到固体表面上的物质称为吸附质，吸附吸附质的固体物质称吸附剂。

活性炭吸附就是利用活性炭的固体表面对水中一种或多种物质的吸附作用，以达到净化水质的目的。

活性炭吸附的作用产生于两个方面：一方面是由于活性炭内部分子在各个方面都受着同等大小力而在表面的分子则受到不平衡的力，这就使其他分子吸附于其表面上，此过程为物理吸附；另一方面是由于活性炭与被吸附物质之间的化学作用，此过程为化学吸附。活性炭的吸附是上述两种吸附综合作用的结果。当活性炭在溶液中吸附速度和解吸速度相等时，即单位时间内活性炭吸附的数量等于解吸的数量时，被吸附物质在溶液中的浓度和在活性炭表面的浓度均不再变化，而达到了平衡，此时的动态平衡称为活性炭吸附平衡。活性炭的吸附能力以吸附量 q 表示。

$$q = \frac{V(\rho_0 - \rho)}{M} = \frac{X}{M} \qquad (3\text{-}19\text{-}1)$$

式中：q ——活性炭吸附量，即单体重量的吸附剂所吸附的物质量，g/g；

　　　V——污水体积，L；

　　　ρ_0、ρ ——分别为吸附前原水及吸附平衡时污水中的物质质量浓度，g/L；

　　　X——被吸附物质量，g；

　　　M——活性炭投加量，g。

在温度一定的条件下，活性炭吸附量随被吸附物质平衡质量浓度的提高而提高，两者之间的变化曲线称为吸附等温线，通常用费兰德利希经验式加以表达：

$$q = K \cdot \rho^{1/n} \qquad (3\text{-}19\text{-}2)$$

式中：q ——活性炭吸附量，g/g；

　　　ρ ——被吸附物质平衡质量浓度，g/L

　　　K、n ——与活性炭种类、温度、被吸附物质性质有关的常数。

三、实验仪器和试剂

1. 连续流活性炭吸附实验装置：包含 3 个活性炭柱、一台进水泵。如图 3-19-1 所示。

2．50 mL 比色管 10 个。

3．可见分光光度计，10 mm 比色皿。

4．烧杯、量筒若干。

5．茜素红。

四、实验步骤

1．配制染色废水：配制茜素红溶液质量浓度约为 8 mg/L，吸光度不大于 0.15。

2．设备运行：

（1）在 3 个活性炭柱中加入颗粒状活性炭（$\phi = 4$ mm）。

（2）连接好活性炭吸附实验装置：进水管和第一根活性炭吸附柱下端相连，该炭柱出水称为一级出水，一级出水管和第二根活性炭吸附柱下端串联，出水为二级出水，二级出水和第三根活性炭吸附柱下端相连，出水为三级出水。装置连接如图 3-19-1 所示。

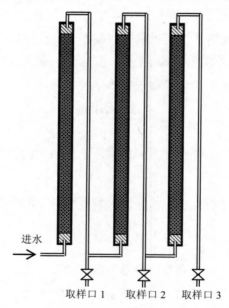

图 3-19-1　连续流活性炭吸附实验装置

（3）测量活性炭柱的内径 D 和有效高度 L，计算出活性炭柱的有效容积，计算如下：

$$V_a = 3 \times \pi \left(\frac{D}{2} \right)^2 \times L \times \varphi \qquad (3\text{-}19\text{-}3)$$

式中：V_a——活性炭柱的有效容积，mL；

　　　　D——活性炭柱的内径，cm；

　　　　3——活性炭柱串联的个数；

L——每根活性炭柱的有效高度，cm；

φ——活性炭柱内所有孔隙所占的体积系数，取 0.5。

（4）打开进水泵，调整泵的转速分别为 20 r/min。出水稳定后，测定出水流量 Q_1。

（5）计算该转速下的水力停留时间。

$$HRT = \frac{V_a}{Q_i} \tag{3-19-4}$$

式中：HRT——进水在活性炭柱内停留的时间，min；

Q_i——出流量，mL/min。

（6）经历计算的水力停留时间后，由取样口取处理后的一级出水、二级出水和三级出水水样，并测定吸光度。

（7）分别调整转速为 40 r/min、60 r/min，重复（4）、（5）、（6）步骤。

（8）将测定数据记入表 3-19-2。

3．水样的测定

（1）绘制标准曲线

分别取进水 5 mL、10 mL、20 mL、25 mL、35 mL、50 mL 放入 50 mL 的比色管中，加水到 50 mL。设进水浓度为 100%，则比色管中浓度依次为 10%、20%、40%、50%、70%、100%。以蒸馏水为参比测定吸光度，数据记入表 3-19-1。

表 3-19-1 活性炭吸附实验记录表

标准系列	1	2	3	4	5	6
进水取样体积/mL	5	10	20	25	35	50
体积分数/%	10	20	40	50	70	100
吸光度 A						

（2）水样的测定

转速为 20 r/min 时，测定一级出水、二级出水、三级出水的吸光度；转速为 40 r/min 时，测定一级出水、二级出水、三级出水的吸光度；转速为 60 r/min 时，测定一级出水、二级出水、三级出水的吸光度。

五、结果与讨论

1．根据表 3-19-1，以吸光度为纵坐标，体积分数为横坐标，绘制吸光度-体积分数曲线。

2．按表 3-19-2 整理实验数据。

表 3-19-2 活性炭吸附实验记录表

转速/(r/min)	进水流量/(mL/min)	一级出水		二级出水		三级出水	
		吸光度	浓度/%	吸光度	浓度/%	吸光度	浓度/%
20							
40							
60							

3．根据绘制的标准曲线查出在不同的流量下各级出水的体积分数。

4．分析不同进水流量对处理效果的影响。

5．分析活性炭用量对吸附脱色的影响。

六、注意事项

1．调整进水泵转速时动作要慢。

2．取各级出水水样时不要喷洒在身上。

3．取水样时应将取样管中的水放出少量，减少对实验的影响。

4．调整进水泵转速后，系统运行时间不能小于该转速下的水力停留时间，以防影响实验结果。

5．实验结束后，用清水冲洗活性炭柱。

七、思考题

1．活性炭吸附达到饱和后能否再次利用？

2．活性炭吸附脱色都有哪些影响因素？

实验二十　离子交换工艺

离子交换法（Ion Exchange Process）是一种借助于离子交换剂上的离子和废水中的离子进行交换反应而去除废水中有害离子的方法。离子交换是一种特殊的吸附过程，通常是液相中的离子和固相中离子间所进行的一种可逆性化学吸附，其共同特点是吸附水中离子化物质，并进行等电荷的离子交换。

离子交换剂分无机的离子交换剂如天然沸石、人工合成沸石，有机的离子交换剂如磺化煤和各种离子交换树脂。

在应用离子交换法进行水处理时，需根据离子交换树脂的性能设计离子交换设备，决定交换设备的运行周期和再生处理。

一、实验目的

1．通过实验来加深理解离子交换法的基本理论。

2．学会离子交换树脂的鉴别。

3．掌握离子交换法的基本操作技术，了解离子交换树脂交换处理设备的工艺流程。

4．学会使用手持式盐度计、电导率仪，掌握 pH 计的校正及测量方法。

二、实验原理

离子交换是在离子交换树脂上进行的。离子交换树脂由交换剂母体和交换基团两部分组成。交换剂母体有树脂、纤维素、葡聚糖、琼脂糖或无机聚合物等，引入的活性交换基团有阳离子交换基团，如强酸型的磺酸基（$-SO_3H$）、中强酸型的磷酸基（$-PO_3H_2$）、亚磷酸基（$-PO_2H$）和弱酸型的羧基（$-COOH$）或酚羟基（$-OH$）等。还有阴离子交换基团，如强碱型的季铵[$-N^+(CH_3)_3$]基、弱碱型的叔胺[$-N(CH_3)_2$]基、仲胺（$-NHCH_3$）基、伯胺（$-NH_2$）基等。

离子交换树脂根据交换基团性质的不同，可分为阳离子交换树脂和阴离子交换树脂两大类。

阳离子交换树脂，一般是以钠离子（Na^+型）或氢离子（H^+型）置换溶液中的阳离子从而将其去除。置换反应为：

Na^+型：

$$2R-Na + M^{2+} \longleftrightarrow R_2M + 2Na^+ \qquad (3\text{-}20\text{-}1)$$

H^+型：

$$2R-H + M^{2+} \longleftrightarrow R_2M + 2H^+ \qquad (3\text{-}20\text{-}2)$$

式中：R——离子交换树脂；

$\quad M^{2+}$——阳离子。

阴离子交换树脂，一般是以羟基（OH^-）离子置换溶液中的阴离子从而将其去除。置换反应为：

$$2R-OH + A^{2-} \longleftrightarrow R_2A + 2OH^- \qquad (3\text{-}20\text{-}3)$$

式中：R——离子交换树脂；

$\quad A^{2-}$——阴离子。

离子的交换能力，当其他条件相同时，高价离子通常被优先吸附，而低价离子的吸附较弱。在同价的同类离子中，直径较大的离子被吸附较强。一些阳离子被吸附的顺序如下（强酸型树脂）：

$$Fe^{3+} > Al^{3+} > Pb^{2+} > Ca^{2+} > Mg^{2+} > K^+ > Na^+ > NH_4^+ > H^+$$

对阴离子的吸附的一般顺序为（强碱型树脂）：

$$SO_4^{2-} > NO_3^- > Cl^- > HCO_3^- > OH^-$$

离子交换能力的大小通常用交换容量表示，它可分为全交换容量（指交换树脂中所有活性基团全部再生成可交换的离子总量）和工作交换容量（指交换过程中实际起到交换作用的可交换离子的总量）。它和实际运行条件有密切关系，如原水水质、pH、温度、流速等。

离子交换工艺过程包括清洗、离子交换、反洗、再生和正洗 5 个阶段，树脂的再生是利用离子交换反应的可逆性进行的，阳离子交换树脂失效后可采用酸液再生；阴离子交换树脂失效后可采用碱液再生。

三、实验仪器与试剂

1. 离子交换实验装置。

2. 手握式电导率仪 1 支。

3. 酸度计 1 台。

4. 手握式盐度计 1 支

5. 阴、阳离子交换树脂。

6. 1 mol/L 盐酸溶液。

7. 1 mol/L 氢氧化钠溶液。

8. 5 mol/L 氨水溶液。

9. 10%$CuSO_4$ 溶液。

10. 酚酞指示剂。

11. 甲基红指示剂。

12. 30 mL 试管数支、吸管 1 支、5 mL 移液管数支、废液缸 1 个、烧杯数支。

四、实验步骤

1. 交换树脂的预处理

实验前要对新购置的离子交换树脂进行预处理，预处理后的树脂，装入离子交换装置中。

（1）阴离子交换树脂的预处理

将强碱型阴离子交换树脂用纯净水浸泡 2 h，倾去水；加入 1 mol/L 的 NaOH 溶液，浸泡 12 h，除去树脂中能够被碱溶解的杂质，倾去碱液，用纯净水洗至接近中性；然后，加 1 mol/L HCl 溶液，浸泡 12 h，除去树脂中能够被酸溶解的杂质，倾去酸液，用纯净水洗至接近中性；再加入 1 mol/L NaOH 溶液，浸泡 12 h，使树脂全部转化成 OH^- 型，倾去碱液，用纯净水洗至接近中性，并用纯净水浸泡备用。

（2）阳离子交换树脂的预处理

将强酸型阳离子交换树脂用纯净水浸泡 2 h，倾去水；加入 1 mol/L HCl 溶液，浸泡 12 h，除去树脂中能够被酸溶解的杂质，倾去酸液，用纯净水洗至接近中性；然后，加入 1 mol/L NaOH 溶液，浸泡 12 h，除去树脂中能够被碱溶解的杂质，倾去碱液，用纯净水洗至接近中性；再加入 1 mol/L HCl 溶液，浸泡 12 h，使树脂全部转化成 H^+ 型（需要 Na^+ 型时采用 5%～10% NaCl 再生溶液），倾去酸液，用纯净水洗至接近中性；并用纯净水浸泡备用。

2．离子交换树脂的鉴别

第一步：

①取式样树脂 2 g，置于 30 mL 试管中，用吸管吸取树脂的附着水；

②加入 1 mol/L HCl 5 mL，摇动 1～2 min，吸去上清液，重复操作 2～3 次；

③加入纯水，摇动后将上部清液吸去，重复操作 2～3 次；

④加入 10% $CuSO_4$ 5 mL，摇动 1 min，按③充分用纯水清洗。

第二步：经第一步处理，如树脂变为浅绿色，加入 5 mol/L NH_4OH 溶液 2 mL，摇动 1 min，用纯水充分清洗。如树脂经处理后，颜色加深（深蓝）则为强酸性阳离子交换树脂。如树脂浅绿色不变，则为弱碱性阴离子交换树脂。

第三步：经第一步处理后，如果树脂不变色，则：

①加入 1 mol/L NaOH 5 mL，摇动 1 min，用纯水充分清洗；

②加入酚酞 5 滴，摇动 1 min，用纯水充分清洗；

③经此处理后，树脂呈红色，则为强碱性阴离子树脂。

第四步：经第三步处理后，如果树脂不变色，则：

①加入 1 mol/L HCl 5 mL，摇动 1 min，用纯水清洗 2～3 次；

②加入 5 滴甲基红，摇动 1 min，用纯水充分清洗；

③经此处理后，树脂呈桃红色，则为弱碱性阴离子树脂，如树脂不变色，则该树脂无离子交换能力。

3．离子交换除盐实验

（1）测定原水（自来水）水质（盐度、pH、电导率），记录在表 3-20-1 中。

（2）打开进水阀，调节转速为 10 r/min，进水依次通过阳离子交换柱、阴离子交换柱和阴阳离子混合树脂交换柱，30 min 后分别测定阳离子交换柱、阴离子交换柱和混合树脂交换柱出水的水质（盐度、pH、电导率），记录在表 3-20-1 中。

（3）调节转速为 20 r/min，20 min 后分别测定阳离子交换柱、阴离子交换柱和混合树脂交换柱出水的水质（盐度、pH、电导率），记录在表 3-20-1 中。

（4）调节转速为 30 r/min，10 min 后分别测定阳离子交换柱、阴离子交换柱和混合树脂交换柱出水的水质（盐度、pH、电导率），记录在表 3-20-1 中。

（5）实验结束后对阳离子交换柱、阴离子交换柱进行清洗，树脂失效后，进行再生。

五、结果与讨论

根据表 3-20-1 说明离子交换树脂除盐的情况，以及流量的影响。

表 3-20-1　离子交换除盐实验数据

原水盐度_____　原水电导率_____　原水 pH

名称	阳离子交换柱			阴离子交换柱			混合树脂交换柱		
流量/（L/h）	盐度/10^{-6}	电导率/（μS/cm）	pH	盐度/10^{-6}	电导率/（μS/cm）	pH	盐度/10^{-6}	电导率/（μS/cm）	pH

六、注意事项

1．阴离子交换柱一般不能下部进水上部出水。

2．离子交换配制的废水浓度不宜过高，否则交换柱失效，影响实验。

3．离子交换树脂的预处理时间较长，宜提前准备。

4．硬度的测定中条件为 pH=10，因此采用 NH_3-NH_4Cl 作为缓冲溶液提供反应条件，其中加入镁溶液，以便用铬黑 T 作为指示剂。

七、思考题

1．离子交换树脂除盐时电导率、pH、硬度都有什么变化，为什么？

2．离子交换树脂怎么进行再生？

3．离子交换树脂分为哪几类？

4．该实验还有哪些不足，如何改进？

实验二十一　芬顿（Fenton）试剂氧化降解高分子
有机化合物实验

高级氧化技术（Advanced Oxidation Technologies，AOT）又称深度氧化技术，是一种处理高浓度有机废水的化学方法。AOT 是利用具有强氧化能力的活性自由基［一般为羟基自由基（•OH）］氧化分解水中有机污染物的新型氧化处理技术，该技术主要有：芬顿（Fenton）氧化法、臭氧类氧化法、湿式氧化法、光化学氧化法、电化学氧化法及声化学氧化法等。

芬顿氧化法是较常用的高级氧化技术之一，是利用芬顿试剂生成羟基自由基，在水溶液中与难降解有机物发生氧化反应使之结构破坏，最终氧化分解的技术方法，该方法可有效地处理印染废水、含油废水、含酚废水、焦化废水、含硝基苯废水、二苯胺废水等难处理的有机废水。

一、实验目的

1．了解高级氧化技术及其在废水处理中的应用。
2．掌握芬顿试剂降解有机污染物的机理。
3．掌握芬顿试剂降解有机污染物的影响因素。
4．掌握实验设计方法，能够根据实际要求，设计实验，优化工艺参数。

二、实验原理

芬顿试剂是由亚铁离子（Fe^{2+}）与过氧化氢（H_2O_2）组成的氧化体系，具有极强的氧化能力。其氧化机理：在酸性条件下，在亚铁离子的催化作用下，过氧化氢分解能够产生活性极高的羟基自由基，其氧化电势高达 2.8 V，氧化能力仅次于氟。羟基自由基在水溶液中可进一步引发自由基链反应，使有机物和一些还原性物质更快的被氧化降解。

常规芬顿氧化法自由基产生的过程如下：

$$Fe^{2+} + H_2O_2 \longrightarrow Fe^{3+} + OH^- + \cdot OH \tag{3-21-1}$$

$$Fe^{2+} + \cdot OH \longrightarrow Fe^{3+} + OH^- \tag{3-21-2}$$

$$H_2O_2 + \cdot OH \longrightarrow H_2O + \cdot HO_2 \tag{3-21-3}$$

$$Fe^{2+} + \cdot HO_2 \longrightarrow Fe^{3+} + HO_2^- \tag{3-21-4}$$

$$Fe^{3+} + \cdot HO_2 \longrightarrow Fe^{2+} + H^+ + O_2 \tag{3-21-5}$$

$$\cdot HO_2 \longleftrightarrow H^+ + \cdot O_2^- \tag{3-21-6}$$

$$Fe^{3+} + \cdot O_2^- \longrightarrow Fe^{2+} + O_2 \tag{3-21-7}$$

$$\cdot HO_2 + \cdot HO_2 \longrightarrow H_2O_2 + O_2 \tag{3-21-8}$$

$$\cdot OH + \cdot HO_2 \longrightarrow H_2O_2 + O_2 \tag{3-21-9}$$

$$\cdot OH + \cdot O_2^- \longrightarrow OH^- + O_2 \tag{3-21-10}$$

$$\cdot OH + \cdot OH \longrightarrow H_2O_2 \tag{3-21-11}$$

有机污染物种类较多，氧化降解反应较为复杂，有氢原子反应、加成反应以及电子转移等，这里以氢原子反应为例，简单描述有机物氧化降解过程（RH 为有机物）：

$$RH + \cdot OH \longrightarrow R \cdot + H_2O \tag{3-21-12}$$

$$R \cdot + Fe^{3+} \longrightarrow R^+ + Fe^{2+} \tag{3-21-13}$$

$$R^+ + O_2 \longrightarrow ROO^+ \longrightarrow \cdots\cdots \longrightarrow CO_2 + H_2O \tag{3-21-14}$$

根据上述 Fenton 试剂反应的机理可知，$\cdot OH$ 是氧化有机物的有效因子，而 Fe^{2+}、H_2O_2、OH^- 的浓度决定了 $\cdot OH$ 的产量，因而决定了与有机物反应的程度，通常情况下 pH 在 2～4 范围内产生羟基自由基较多，氧化降解能力较好。综上所述，影响芬顿氧化降解废水的因素包括溶液 pH、反应温度、反应时间、H_2O_2 投加量及投加方式、催化剂种类、催化剂与 H_2O_2 投加量之比以及有机物的种类等。

实际生产应用中，通常要根据实际废水情况，通过设计小实验，进行参数优化，分析获得废水处理工程的最佳工艺条件和运行参数。

三、知识点、技能点

知识点：高级氧化、芬顿氧化法、芬顿试剂、羟基自由基、氧化降解。
技能点：实验设计、影响因素、参数优化。

四、装置仪器

1. 磁力搅拌器 6 台（或六联磁力搅拌器 1 台）。
2. 可见分光光度计 1 台；COD 快速测定仪 1 台。
3. pH 计 1 台。
4. 烧杯、吸量管、量筒等玻璃仪器若干。

五、实验试剂

1. 过氧化氢：市售双氧水（30%，$\rho = 1.11 \text{ g/cm}^3$）；硫酸亚铁、浓硫酸、氢氧化钠、甲基橙等药剂均为分析纯。

2．双氧水溶液（0.1 mmol/mL）：移取 1.02 mL 30%双氧水到 100 mL 的容量瓶中，蒸馏水定容，双氧水浓度约为 0.1 mmol/mL，现用现配。

3．硫酸亚铁溶液（1 mmol/mL）：称取 27.8 g 七水硫酸亚铁溶解于少量水中，边搅拌边加入 2 mL 的硫酸，混匀。冷却后移入 100 mL 的容量瓶中加水稀释至标线，摇匀，备用。实验时，稀释为 0.1 mmol/mL 溶液使用。

4．模拟有机废水：100 mg/L 甲基橙溶液，以去离子水配制（也可选用茜素红溶液、PVA、洗涤剂、苯酚类、亚甲基蓝）。

5．（1+5）H_2SO_4溶液：1 体积的浓硫酸缓慢溶入 5 体积的蒸馏水。

6．1%氢氧化钠溶液：称量 1 g 氢氧化钠，溶于 100 mL 蒸馏水中。

7．甲基橙浓度的简单表征见本实验"八"，COD 的测定见第四部分监测分析实验。

六、实验步骤

1．H_2O_2 投加量对有机废水甲基橙（或 COD）的去除率的影响

① 分别量取模拟有机废水水样 100 mL，放置于 6 个 250 mL 烧杯中；

② 向 6 个烧杯中加入一定量的硫酸亚铁，使溶液中 Fe^{2+} 浓度为 1 mmol/L，充分混合后用适宜的硫酸或氢氧化钠溶液调节 pH 为 2.0～3.0；

③ 启动搅拌器，然后分别向 6 个烧杯中加入 H_2O_2（反应计时开始），投加量分别为 1.0 mmol/L、2.0 mmol/L、3.0 mmol/L、4.0 mmol/L、5.0 mmol/L、6.0 mmol/L；

④反应 20 min 后，取处理后的水样测定甲基橙的浓度（也可测定水样的 COD 浓度）。

2．Fe^{2+}浓度对有机废水甲基橙（或 COD）去除率的影响

① 分别取模拟有机废水水样 100 mL，放置于 6 个 250 mL 烧杯中；

② 向 6 个烧杯中分别加入一定量的硫酸亚铁，使 Fe^{2+}浓度分别为 0.2 mmol/L、0.4 mmol/L、0.6 mmol/L、0.8 mmol/L、1.2 mmol/L、1.6 mmol/L，充分溶解后用适宜的硫酸或氢氧化钠溶液调节 pH 为 2.0～3.0；

③启动搅拌器，然后加入一定量（根据步骤 1 中实验结果确定）的 H_2O_2（反应计时开始）；

④反应 20 min 后，取处理后的水样测定甲基橙浓度（或 COD）。

3．pH 对有机废水甲基橙（或 COD）去除率的影响

① 分别取模拟废水水样 100 mL，放置于 6 个 250 mL 烧杯中；

② 向 6 个烧杯中分别加入一定量的硫酸亚铁（根据步骤 2 中实验结果确定），充分溶解；

③ 采用硫酸或氢氧化钠溶液调节 6 个烧杯的 pH，使 pH 分别为 1、2、3、4、6、8 左右，并记录相应的 pH；

④ 启动搅拌器，然后加入一定量（根据步骤 1 中实验结果确定）的 H_2O_2（反应计时开始）；

⑤ 反应 20 min 后，取处理后的水样测定甲基橙浓度（或 COD）。

4. 反应时间对有机废水甲基橙（或 COD）去除率的影响

① 分别取模拟废水水样 100 mL，放置于 6 个 250 mL 烧杯中；

② 向 6 个烧杯中分别加入一定量的硫酸亚铁（根据步骤 2 中实验结果确定），充分溶解后用适宜的硫酸或氢氧化钠溶液调节 pH 为 2.0～3.0；

③ 启动搅拌器，然后加入一定量（根据步骤 1 中实验结果确定）的 H_2O_2（反应计时开始）；

④ 依次反应 5 min、10 min、15 min、20 min、25 min、30 min 后，取处理后的水样测定甲基橙浓度（或 COD）。

七、结果与讨论

1. H_2O_2 投加量对有机废水甲基橙（或 COD）去除率的影响

试验条件：Fe^{2+} 浓度为____，初始 pH 为____，t =____min，甲基橙浓度=____（或原水样 COD 浓度=____mg/L）。测定后实验结果填入表 3-21-1。

表 3-21-1　H_2O_2 投加量对有机废水甲基橙（或 COD）去除率的影响的试验记录

H_2O_2 的投加量/（mmol/L）	1	2	3	4	5	6
反应后溶液吸光度						
反应后甲基橙浓度（或 COD）/（mg/L）						
甲基橙（或 COD）去除率/%						

2. Fe^{2+} 浓度对有机废水甲基橙（或 COD）去除率的影响

试验条件：H_2O_2 投加量为____，初始 pH 为____，t = ___min，甲基橙浓度=____（或原水样 COD 浓度=____mg/L）。测定后实验结果填入表 3-21-2。

表 3-21-2　Fe^{2+} 浓度对有机废水甲基橙（或 COD）去除率的影响的试验记录

Fe^{2+} 浓度/（mmol/L）	0.2	0.4	0.6	0.8	1.0	1.2
反应后溶液吸光度						
反应后甲基橙浓度（或 COD）/（mg/L）						
甲基橙（或 COD）去除率/%						

3．pH 对有机废水甲基橙（或 COD）去除率的影响

试验条件：H_2O_2 投加量为_____，Fe^{2+} 浓度为_____，$t =$_____min，甲基橙浓度=_____（或原水样 COD 浓度=_____mg/L）。测定后实验结果填入表 3-21-3。

表 3-21-3　pH 对有机废水甲基橙（或 COD）去除率的影响的试验记录

pH						
反应后溶液吸光度						
反应后甲基橙浓度（或 COD）/（mg/L）						
甲基橙（或 COD）去除率/%						

4．反应时间对有机废水甲基橙（或 COD）去除率的影响

试验条件：H_2O_2 投加量为_____，Fe^{2+} 浓度为_____，pH =_____，甲基橙浓度=_____（或原水样 COD 浓度=_____mg/L）。测定后实验结果填入表 3-21-4。

表 3-21-4　反应时间对有机废水甲基橙（或 COD）去除率的影响的试验记录

反应时间/min	5	10	15	20	25	30
反应后溶液吸光度						
反应后甲基橙浓度（或 COD）/（mg/L）						
甲基橙（或 COD）去除率/%						

5．分别绘制 H_2O_2 投加量、Fe^{2+} 浓度、pH 以及反应时间和去除效率曲线，分析确定高级氧化处理甲基橙废水的工艺参数。

八、甲基橙浓度的简单表征

为了较快地表征实验效果，更好适用课程课时，实验结果可采用以下简单表征甲基橙浓度的方法测定甲基橙。

1．标准溶液的配制

称取甲基橙基准物 0.1 g，加蒸馏水溶解，在 1 000 mL 容量瓶中用用蒸馏水定容。混合均匀，配制成 100 mg/L 的溶液。

2．标准曲线绘制

标准系列：分别移取 100 mg/L 的标准溶液 0.00 mL、1.00 mL、2.00 mL、3.00 mL、4.00 mL、5.00 mL 到 50 mL 的比色管中，加蒸馏水至 25 mL，滴加（1+5）H_2SO_4 溶液 3 滴，加蒸馏水定容到 50 mL 标线，摇匀，在波长为 507.5 nm 处，以蒸馏水为参比，测

定吸光度。

表 3-21-5　甲基橙浓度测定标准系列数据

标准系列	1	2	3	4	5	6
标准溶液移取体积/mL	0.00	1.00	2.00	3.00	4.00	5.00
甲基橙含量/μg	0	100	200	300	400	500
吸光度 A						

根据表 3-21-5，以吸光度为横坐标，甲基橙含量为纵坐标，绘制甲基橙测定的标准曲线。

注：可根据水样甲基橙的实际浓度，选取标准溶液移取体积，作标准曲线，以获得更好的测定结果。考虑工艺试验的时效性，也可以直接利用（$m=360.46A-3.1663$，m 为甲基橙的含量）。

3．水样的测定

移取水样 5.00 mL 于 50 mL 的比色管中，加蒸馏水至 25 mL，滴加入（1+5）H_2SO_4 溶液 3 滴，加蒸馏水定容到 50 mL 标线，摇匀，在波长为 507.5 nm 处，以蒸馏水为参比，测定吸光度，并记录数据，计算水样甲基橙浓度。

注：可根据水样颜色，增减取水样体积，测定时比色管中的 pH 要小于 3。

九、注意事项

1．实验过程中要注意 H_2O_2 投加量和 Fe^{2+} 的投加量跟溶液的体积有关，实验前需认真核对投加量。

2．在整个实验过程中，搅拌速度尽量保持相同。

3．本实验为工艺实验，重点考察工艺参数优化，为了减少实验时间，更好地体现实验效果，选用甲基橙水样，测定甲基橙浓度，如果时间允许应尽量采用测定水样 COD 或特征污染物来反映高级氧化对有机物的降解效果。

4．若测定水样 COD，应考虑残余 H_2O_2 对 COD 的测定有影响，可采用测定残留 H_2O_2 的方法减少残留 H_2O_2 对 COD 的贡献影响。

十、思考题

1．有机废水的浓度对芬顿氧化处理中甲基橙（COD）去除率是否有影响？如何设计实验考察有机废水的浓度对甲基橙（COD）去除率的影响？

2．根据所学知识，试分析在芬顿氧化处理废水过程中，亚铁离子除了具有催化剂作用，还具有什么作用？

3．随着 H_2O_2 投加量的不断增加，COD 的去除率逐渐提高，当 H_2O_2 投加量达到一定量后，再增加 H_2O_2 的投加量，发现 COD 的去除率开始缓慢下降，这是为什么？

4．如何降低双氧水对 COD 测定的影响？

5．根据本实验的结果，查阅文献，了解正交试验方法，试设计采用正交试验完成高级氧化处理甲基橙水样的工艺参数优化。

实验二十二　加氯消毒工艺

消毒对于饮用水是必不可少的处理工艺。经过混凝、沉淀或澄清、过滤等水质净化后，水中大部分悬浮物质已被去除，但是还有一定数量的微生物，包括对人体有害的病原菌仍在水中，常采用消毒方法来去除。

对某些废水的完全排放或回用，消毒同样是必须考虑的工艺步骤之一，具有重要作用。如生活污水、医院污水、禽畜养殖、生物制品和食品、制药等部门排出的废水通常含有大量的细菌，其中一些可能属于病原菌。未经消毒而任意排放这类废水，将引起严重的卫生问题。

一、实验目的

1．了解氯消毒的基本原理。

2．掌握加氯量、需氯量的计算方法。

3．掌握氯氨消毒的基本原理。

二、实验原理

所谓消毒是指通过消毒剂或其他消毒手段，杀灭水中的致病微生物的处理过程。消毒与灭菌是两种不同的处理工艺，在消毒过程中并不是所有的微生物均被破坏，它仅要求杀灭致病微生物，而灭菌则要求杀灭全部微生物。

水的消毒方法有很多，目前采用较多的是氯消毒法。本实验针对水中有细菌、氨氮存在的水源，采用氯化消毒的方法。

氯化消毒由于成本低、消毒效果好和使用方便等原因，多年来一直是国内外大多数水厂的主要消毒方式。氯化消毒主要采用液氯、漂白粉、次氯酸钠、氯片等消毒剂。这类消毒剂的杀菌机理基本相同。以液氯为例，当其溶解于水中时，会发生下列两个反应：

$$Cl_2 + H_2O \longleftrightarrow HOCl + HCl \qquad (3\text{-}22\text{-}1)$$

$$HOCl \longleftrightarrow H^+ + OCl^- \qquad (3\text{-}22\text{-}2)$$

水中 HOCl 和 OCl⁻的相对比例取决于温度和 pH。pH 低时 HOCl 较高，当 pH 低于 6 时，HOCl 相对浓度接近 100%。当 pH=7.54 时，HOCl 和 OCl⁻大致相当。

氯化消毒主要靠次氯酸起作用。据试验测定，HOCl 的杀菌能力比 OCl⁻要强 50～100 倍，其原因可能是 HOCl 呈电中性，易于接近带负电荷的菌体，并可穿过细胞膜进入菌体内部。由于氯离子的氧化作用破坏了细菌的某种酶的系统，从而导致细菌的死亡。而 OCl⁻带负电荷，不易和带负电荷的菌体接近，故很难起到消毒作用。

当水中含有一定量的氨氮时，次氯酸会与其反应生成氯胺化合物：一氯胺、二氯胺和三氯胺。

$$NH_3 + HOCl \longleftrightarrow NH_2Cl + H_2O \tag{3-22-3}$$

$$NH_3 + 2HOCl \longleftrightarrow NHCl_2 + 2H_2O \tag{3-22-4}$$

$$NH_3 + 3HOCl \longleftrightarrow NCl_3 + 3H_2O \tag{3-22-5}$$

此时，水中 HOCl、NH₂Cl、NHCl₂、NCl₃都存在，它们在平衡状态下的含量比例决定于氨、氯的相对浓度、pH 和温度。氯胺在水中能部分水解形成次氯酸，因此氯胺也有消毒作用。但是消毒作用比较缓慢，需要较长的作用时间。由以上反应式可见，因为只有当水中的 HOCl 因消毒而消耗后，反应才会向右进行，才能产生消毒所需的 HOCl。

水中以 HOCl 和 OCl⁻形式存在的氯称自由性氯；以氯胺形式存在的氯称化合性氯或结合氯。自由性氯的消毒效果比化合性氯要高得多。因此可将氯消毒分为两大类：自由性氯消毒和化合性氯消毒。

消毒时的水中加氯量，可以分为两部分，即需氯量和余氯量。需氯量指用于杀死细菌氧化有机物和还原性物质等所消耗的部分。另外，为了抑制水中残存细菌再度繁殖，管网中尚需维持少量剩余氯，这部分余氯量对于再次污染的消毒并不足够，但可以作为预示再次受到污染的信号。

当向水中投加氯后，水中余氯量的变化可用图 3-22-1 表示。

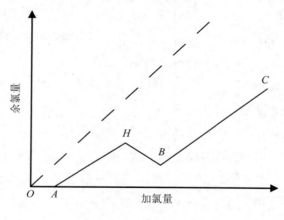

图 3-22-1　折点加氯曲线

曲线 OA 段表示水中的杂质把氯消耗掉了，余氯量为零。此时虽然也能杀死一些细菌但消毒效果不可靠。曲线 AH 段表示在加氯后，氯与水中的氨反应，有余氯存在，所以有一定的消毒效果，但余氯为化合性氯，其主要成分为一氯胺。曲线 HB 段产生的仍然是化合性余氯，但随着加氯量的增加，开始出现下列化学反应（折点反应）：

$$2NH_2Cl + HOCl \longleftrightarrow N_2 \uparrow + 3HCl + H_2O \tag{3-22-6}$$

反应的结果使氯胺被氧化成为一些不起消毒作用的化合物，余氯量反而逐渐减少，最后到达最低的折点 B。超过折点 B 后，余氯增加，此时余氯为自由性余氯且消毒效果最好。加氯量超过折点时称为折点氯化。

然而，氯化消毒会产生大量的副产物，其中不少是"三致"物质，对人体会产生危害。氯化消毒副产物的去除难度较大且费用高，因此越来越多的国家改用其他的消毒方式来替代氯化消毒。

三、实验装置和试剂

1．10 个碘量瓶。

2．50 mL 碱式滴定管。

3．其他必要的玻璃仪器。

四、实验步骤

1．水样的配制：取 5.00 mL 铵贮备液（氨氮含量 1 g/L）用蒸馏水稀释至 1 000 mL，配制成待测水样。

2．分别取待测水样 100 mL 于 9 个碘量瓶中，依次加入稀释后的 84 消毒液 1.00 mL、3.00 mL、5.00 mL、7.00 mL、9.00 mL、11.00 mL、13.00 mL、15.00 mL、18.00 mL，搅拌混匀，静置反应 20 min。

3．测定每个碘量瓶中的余氯：

（1）在盛有 100 mL 水样的碘量瓶中加入 0.5 g 碘化钾和 5 mL 乙酸盐缓冲溶液，于暗处放置 15 min。

（2）用 0.01 mol/L 的硫代硫酸钠标准溶液滴定上述碘量瓶中的溶液至溶液变成淡黄色，加入 1 mL 淀粉溶液，继续滴定至蓝色消失，记录用量 V_1。

（3）计算

$$余氯（Cl_2，mg/L）= \frac{c \cdot V_1 \times 35.46 \times 1000}{V} \tag{3-22-7}$$

式中：c ——硫代硫酸钠标准滴定溶液的浓度，mol/L；

V_1——硫代硫酸钠标准滴定溶液的用量，mL；

V——水样的体积，mL。

（4）实验数据记录入表 3-22-1。

表 3-22-1　折点加氯实验数据表

水样编号	1	2	3	4	5	6	7	8	9
加消毒剂体积/mL	1.00	3.00	5.00	7.00	9.00	11.00	13.00	15.00	18.00
硫代硫酸钠体积 V_1/mL									
余氯量/（mg/L）									

4. 硫代硫酸钠溶液的标定：取 5.00 mL 重铬酸钾溶液于碘量瓶中，加入 50 mL 水和 1 g 碘化钾，再加入 5 mL（1+5）硫酸溶液混匀，放置暗处静置 5 min，用硫代硫酸钠溶液滴定至淡黄色时，加入 1%的淀粉溶液 1 mL，继续滴定至蓝色消失为止，记录用量。硫代硫酸钠浓度根据式（3-22-8）计算：

$$c(\mathrm{Na_2S_2O_3},\mathrm{mol/L}) = \frac{c_{\mathrm{Cr}} \times 5.00}{V} \tag{3-22-8}$$

式中：c_{Cr}——重铬酸钾标准溶液浓度，mol/L；

V——待标定硫代硫酸钠标准溶液用量，mL。

5. 绘制折点加氯曲线：以加氯量为横坐标，余氯量为纵坐标，绘制不同加氯量下余氯的变化曲线，并分析不同折点情况下发生的反应。

五、思考题

1. 水中含有氨氮时，投氯量－余氯量关系曲线为何出现折点？

2. 有哪些因素影响投氯量？

3. 针对二沉池出水进行消毒，如何获得合适的加氯量？

实验二十三　紫外消毒工艺

水的紫外线消毒，是通过紫外线对水的照射进行的，是一个光化学过程。光子只有通过系统中分子的定量转化而被吸收后，才能在原子和分子中产生光化学变化。换言之，若光没有被吸收则无效。

紫外线是一种波长范围为 136～390 nm 的不可见光，按波长范围分为 A、B、C 3

个波段和真空紫外线，A 波段为 320～340 nm，B 波段为 275～320 nm，C 波段为 200～275 nm，真空紫外线为 100～200 nm。水消毒所用的是 C 波段紫外线。

一、实验目的

1. 熟悉紫外线消毒的基本流程。
2. 加深对紫外消毒方法工作原理的理解。
3. 掌握利用紫外消毒方法对污水进行消毒的实验方法。

二、实验原理

紫外线的杀菌机理是一个较为复杂的过程，目前看法还不一致，较为普遍的看法是：微生物体受到紫外线照射，吸取了紫外线的能量，实质是核酸对紫外线能量的吸收。核酸是一切生命体的基本物质和生命基础，分为核糖核酸（RNA）和脱氧核糖核酸（DNA）两大类。DNA 和 RNA 的紫外线吸收光谱的范围在 240～280 nm，对波长为 260 nm 的紫外线具有最大吸收。一方面核酸吸收紫外线后发生突变，其复制、转录封锁受到阻碍，从而引起微生物体内蛋白质和酶的合成障碍；另一方面产生自由基可引起光电离，从而导致细胞死亡。

水消毒用的紫外线灯一般为低压汞灯，其中心辐射波长是 253.7 nm。紫外线消毒器的消毒能力是指在额定进水量的情况下对水中微生物的杀灭功能。其物理表达式表示在该状态下的辐照剂量：

$$W = \frac{I \times V}{Q} \times 3.6 \qquad (3\text{-}23\text{-}1)$$

式中：W——辐照剂量，$\mu W/(cm^2 \cdot s)$；

  I——辐照强度，$\mu W/cm^2$；

  V——消毒器的有效水容积，L；

  Q——消毒器的额定进水量，m^3/h。

杀灭不同的微生物需要不同的辐照剂量，确定决定合适的辐照剂量是确定消毒器能力的核心问题。一般来说，水消毒应该侧重于杀灭通过水传染疾病的肠道细菌，所以紫外线消毒器所能提供的辐照剂量最低应不小于 9 000 $\mu W/(cm^2 \cdot s)$。

紫外线灯管在使用一段时间后，其辐照强度会降低。当其低于 25 000 $\mu W/cm^2$ 时，应更换灯管。国外紫外线灯管的有效使用时间一般在 7 500 h 以上。由于测定紫外线辐照强度比较困难，实际上均以使用时间来更换灯管。计数时除连续使用时间累计外，每开关一次灯管使用时间按 3 h 消耗计算。

三、实验装置

紫外线消毒流程如图 3-23-1 所示。

1．紫外线消毒器 1 套，紫外线消毒器由外筒、紫外线灯管、石英套管及电气设施等部分组成。

2．进水泵 1 台。

3．流量计 1 个。

4．烧杯、滴管若干。

5．光学显微镜 1 台。

6．盖玻片、载玻片若干。

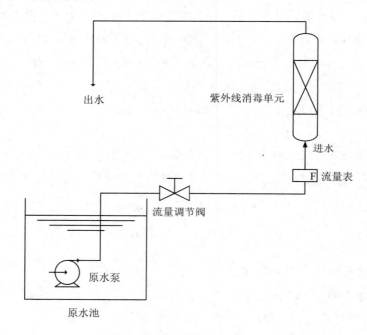

图 3-23-1　紫外线消毒系统

四、实验步骤

1．收集生化处理系统出水作为紫外消毒系统原水，测定原水中原生动物数目。

2．启动进水泵，将原水泵入紫外消毒系统，消毒开始。

3．调整流量计，使进水流量为 15 L/h，出水稳定后，取 100 mL 水样于烧杯中。

4．将混合后的出水样制成标本，用光学显微镜初步观察，计算存活的原生动物数。

5．调整流量计，使进水流量分别为 100 L/h、200 L/h，重复步骤 3 和步骤 4。

6．将所有实验结果记入表 3-23-1 中。

7．消毒实验结果以粪大肠菌群数量是否达标为准。

五、结果与讨论

1．按表 3-23-1 整理数据。

表 3-23-1 紫外消毒实验记录表

水样编号	1	2	3	4	5	6
进水流量/（L/h）						
存活的原后生动物数						

2．根据实验结果确定达到预期结果水的最佳流速。

六、思考题

1．根据我国饮用水标准，本实验装置出水是否达到饮用水标准？

2．紫外消毒有何利弊？

实验二十四　水污染源自动在线监测维护与比对实验

为了帮助环保部门建立大范围的监测网络收集监测数据，以确定目标区域的污染状况和发展趋势，预防和控制环境污染，水污染控制法规定重点排污单位应当安装水污染物排放自动监测设备，与环境保护主管部门的监控设备联网，并保证监测设备正常运行，排放工业废水的企业，应当对其所排放的工业废水进行监测，并保存原始监测记录。

水污染源自动监测设备指在污染源现场安装的用于监控、监测污染物排放的化学需氧量（COD_{Cr}）水质在线自动监测仪、总有机碳（TOC）水质自动分析仪、氨氮水质自动分析仪、总磷水质自动分析仪、紫外（UV）吸收水质自动在线监测仪、pH 水质自动分析仪、温度计、流量计等仪器设备。

水质在线比对监测指采用参比（标准）方法，与水污染源自动监测法在企业正常生产下实施同步采样分析，验证水污染源自动监测设备监测结果准确性的监测行为。

比对监测条件：自动监测设备已按规范安装调试，并经地市级以上环保主管部门验收合格方可开展比对监测，比对监测时要求排污企业出具自动监测设备的调试检测报告和验收合格报告。比对监测期间，生产设备应正常稳定运行。

本书以化学需氧量（COD_{Cr}）测定和氨氮（$NH_3\text{-}N$）测定为例。

一、实验目的

1. 了解化学需氧量、氨氮等常用在线监测仪器的安装、调试、验收的技术规范。
2. 认识化学需氧量、氨氮等常用在线监测仪器的原理、构造和使用方法。
3. 熟悉化学需氧量、氨氮等常用在线监测仪器的运行与日常维护。
4. 掌握化学需氧量、氨氮在线监测的比对实验方法与运行考核内容。

二、实验原理

1. 在酸性条件下，水样中有机物和无机还原性物质采用重铬酸钾氧化的方法，检测方法有光度法、化学滴定法、库仑滴定法等。

本实验中的化学需氧量（COD_{Cr}）水质在线自动监测仪采用的是分光光度法，其基本原理为：将水样、重铬酸钾消解溶液、硫酸银溶液（硫酸银作为催化剂加入可以更有效地氧化直链脂肪化合物），以及浓硫酸的混合液加热到 165℃，重铬酸离子氧化溶液中的有机物颜色会发生变化，分析仪检测此颜色的变化，并把这种变化换算成 COD_{Cr} 值输出，消耗的重铬酸离子量相当于可氧化的有机物量。

水样中氯离子的干扰可以通过加入硫酸汞消除，因氯离子能与汞离子形成非常稳定的氯化汞。对于排放高氯废水（氯离子质量浓度大于 1 000 mg/L）的水污染源，不宜使用化学需氧量（COD_{Cr}）水质在线自动监测仪。

2. 本实验中的氨氮（$NH_3\text{-}N$）水质在线自动监测仪采用光度法，基本原理为：在硝普钠（亚硝基铁氰化钠）存在的条件下，铵与水杨酸盐和次氯酸离子反应生成蓝色化合物，然后通过光电比色法，测出水样中氨氮的含量，测量值通过显示屏显示。

三、知识点、技能点

知识点：COD_{Cr}、$NH_3\text{-}N$ 测定原理；质量保证与质量控制；比对方法；仪器操作规程。
技能点：在线监测；手动监测；标液配制与标定；仪器操作与维护。

四、装置仪器

化学需氧量、氨氮在线自动监测仪（KT-08 型）。

五、实验试剂

1. 化学需氧量测定试剂

试剂 1（硫酸汞溶液）：往 1 L 的烧杯中加入 300 mL 蒸馏水，使用磁力搅拌器进行搅拌，搅拌期间小心地加入 100 mL 的浓硫酸（95%～98%分析纯），待溶液冷却后加入 16 g 硫酸汞，待试剂溶解后移入细口玻璃瓶中备用。

试剂 2（重铬酸钾溶液）：往 1 L 的烧杯中加入 500 mL 的蒸馏水，用磁力搅拌器进行搅拌，期间小心缓慢地加入 140 mL 的硫酸（95%～98%分析纯），一直搅拌直至溶液冷却到环境温度，继续搅拌，同时往溶液中投入 38.96 g 的重铬酸钾（分析纯），待重铬酸钾完全溶解后，移入 1 000 mL 容量瓶中，定容至容量瓶刻度后摇匀，储存于细口玻璃瓶中备用。

试剂 3（硫酸银溶液）：称取 5 g 硫酸银加入 500 mL 浓硫酸（95%～98%分析纯）中，放置两天后可使用，放置期间摇晃几次，促进硫酸银溶解，使瓶内试剂浓度均匀。

标样储备液（2 000 mg/L）：此溶液的 COD 值应该为 2 000 mg/L，使用邻苯二钾酸氢钾前，请将其置于烘箱中于 105℃烘干 2 h。往 1 000 mL 的烧杯中加入 500 mL 的蒸馏水，搅拌期间，小心的分别加入 0.5 mL 硫酸（95%～98%分析纯）和 1.700 g 邻苯二钾酸氢钾（分析纯），待完全溶解后，将溶液全部转移至 1 000 mL 的容量瓶并定容，混匀后装瓶待用。

标准溶液（100 mg/L）：用移液管移取 5 mL COD 标样储备液（2 000 mg/L）于 100 mL 容量瓶中，用蒸馏水稀释至容量瓶标线，使之成为 100 mg/L 的标样溶液，建议仪器标定时现配制。

标样（40 mg/L）：用移液管移取 2 mL COD 标样储备液（2 000 mg/L）于 100 mL 容量瓶中，用蒸馏水稀释至容量瓶标线，使之成为 40 mg/L 的标样溶液，建议仪器标定时现配制。

2. 氨氮测定试剂

标准储备液：称取 3.819 g 经 180℃烘干 2 h 的氯化铵于 500 mL 烧杯中，加入 300 mL 无氨水，用玻璃棒搅拌至试剂完全溶解后，移入 1 000 mL 容量瓶中，用无氨水稀释至刻度定容，摇匀后保存于细口玻璃瓶中备用（该溶液氨氮值为 1 000 mg/L）。

标准使用溶液：

标样 1（1 mg/L）（对应量程为 0～2 mg/L）：用 1 mL 移液管移取 1 mL 浓度为 1 000 mg/L 的氨氮标准溶液于 1 000 mL 的容量瓶中，用无氨水稀释至容量瓶刻度定容，摇匀后于玻璃瓶中保存备用。

标样 2（5 mg/L）（对应量程为 2～15 mg/L）：用 5 mL 移液管移取 5 mL 浓度为 1 000 mg/L 的氨氮标准溶液于 1 000 mL 的容量瓶中，用无氨水稀释至容量瓶刻度定容，摇匀后于玻璃瓶中保存备用。

标样 3（25 mg/L）（对应量程为 15～80 mg/L，）：用 2.5 mL 移液管移取 2.5 mL 浓度为 1 000 mg/L 的氨氮标准溶液于 100 mL 的容量瓶中，用无氨水稀释至容量瓶刻度定容，摇匀后于玻璃瓶中保存备用。

标样 4（150 mg/L）（对应量程为 80～300 mg/L，无需测量高浓度氨氮值可不用配置）：用 15 mL 移液管移取 15 mL 上述浓度为 1 000 mg/L 的氨氮标准溶液于 100 mL 的容量瓶中，用无氨水稀释至容量瓶刻度定容，摇匀后于玻璃瓶中保存备用。

试剂 1：将粉末 A 倒入 1 000 mL 烧杯中，以少量无氨水冲洗塑料袋内壁 3 次，洗液一同并入烧杯中，以 500 mL 左右的无氨水将粉末溶解，待粉末完全溶解后将溶液移入 1 000 mL 容量瓶中，以少量无氨水冲洗烧杯内壁 3 次，洗液一同并入容量瓶中，用无氨水稀释至刻度摇匀，于细口棕色玻璃瓶中保存备用。

试剂 2：将粉末 B1 倒入 1 000 mL 烧杯中，以少量无氨水冲洗塑料袋内壁 3 次，洗液一同并入烧杯中，以 500 mL 左右的无氨水将粉末溶解，待 B1 粉末完全溶解后加入粉末 B2，以少量无氨水冲洗塑料袋内壁 3 次，洗液一同并入烧杯中，搅拌至试剂完全溶解后将溶液移入 1 000 mL 容量瓶中，以少量无氨水冲洗烧杯内壁 3 次，洗液一同并入容量瓶中，用无氨水稀释至刻度摇匀，于细口棕色玻璃瓶中保存备用［所用试剂（除标样外）均由厂家提供］。

六、实验步骤

1. 与标准方法比对

运行维护人员每月应对自动监测仪至少进行 1 次自动监测方法与实验室标准方法的比对试验，试验结果应满足相应要求。

（1）实际水样比对试验

采集实际废水样品，以水质在线自动监测方法与实验室标准方法进行现场实际水样比对试验，比对过程中应尽可能保证比对样品均匀一致。比对试验总数应不少于 3 对，其中 2 对实际水样比对试验相对误差（A）应满足表 3-24-1 规定的要求。

表 3-24-1　水质在线自动监测仪实际水样比对试验要求

仪器名称	实际水样比对试验相对误差	
化学需氧量（COD_{Cr}）水质在线自动监测仪	±10%（COD_{Cr}＜30 mg/L）以接近于实际水样的低浓度质控样替代实际水样进行试验	
	±30%（30 mg/L≤COD_{Cr}＜60 mg/L）	
	±20%（60 mg/L≤COD_{Cr}＜100 mg/L）	
	±15%（COD_{Cr}≥100 mg/L）	
氨氮水质自动分析仪	电极法	±15%
	光度法	±15%

比对试验实验室监测分析方法详见表 3-24-2。

表 3-24-2　比对试验实验室监测分析方法

序号	项目	监测分析方法	方法标准编号
1	COD$_{Cr}$	化学需氧量的测定　重铬酸盐法	HJ 828—2017
2		高氯废水　化学需氧量的测定　氯气校正法（氯离子浓度在 1 000～20 000 mg/L）	HJ/T 70—2001
3	NH$_3$-N	水质　氨氮的测定　纳氏试剂分光光度法	HJ 535—2009
4		水质　氨氮的测定　水杨酸分光光度法	HJ 536—2009

（2）质控样比对考核

质控样测定的相对误差不大于标准值的±10%。采用国家认可的两种浓度的质控样进行试验，一种为接近实际废水浓度的质控样品，另一种为超过相应排放标准浓度的质控样品，每种样品至少测定 2 次。

2．仪器操作步骤

（1）检查

仪器启动时，确保所有试剂均已正确对应放置到位，同时检查各试剂瓶中溶液是否充足，若不足，补充试剂后点击"初始装液"。

（2）仪器初始化

在仪器初始运行、试剂更换后试剂浓度波动较大或是仪器异常、检修后，任意一路进样管管内没有试剂时，一般要执行此操作；在仪器停运时间多于 3 d 时，建议把所有试剂的进样管插入蒸馏水中，启动此操作对仪器进行冲洗。

仪器处于待机状态时，进入设置界面后，启动"初始装液"按钮，即刻完成。

（3）仪器校准

在仪器初始运行并执行完仪器初始化操作后，或是在设定的校准时刻，仪器执行校准程序。

仪器在使用前需要对工作曲线进行校准，在使用中也需要定期校准。根据水样的浑浊度适当调整标定的时间间隔，每周至少一次，可设置自动标定或手动标定。仪器标定所需标准溶液的浓度可参考实际水样的浓度。如水样浓度在 60 mg/L 左右时，可配制标液为 100 mg/L，尽量使标液浓度与实际浓度靠近，减少线性误差。

（4）清洗

为了防止试剂结晶或附着太多，影响测量或堵塞软管，需要定期进行手动或自动清洗。使用蒸馏水清洗水样的整个接触区域直到水样试管的末端。若蒸馏水难以清洗干净，用热酸液清洗。可设置"清洗时间""清洗周期"启动自动清洗程序，或启动"即刻清洗"进入清洗流程。

（5）设定参数

设置采样测量时的加热时间、温度、量程选择等参数，具体操作方法参照仪器使用说明书。

（6）水样测量

在仪器进行测量运行前，请确保仪器已经执行完初始化和校准操作。

将水样管插入仪器后部连接水管软管中，重新抽取管道中水样至低位，然后将计量架中的水样排至废液桶（排除水样管中的残留液和空气）中，切换至测量状态，返回至主页面，对仪器进行"即刻测量"操作，或"时间间隔"或"整点时间"自动测量。测量过程中，注意查看任务监控界面。

3．重复性试验

把水样管从仪器后部连接软管中拔出，插入相应浓度的标样中，重新抽取水样至低位，将计量架中的标样排至废液桶。切换至测量状态，返回至主页面，对仪器进行"即刻测量"操作，重复 6 次。6 次测量结果相对标准偏差控制在±10%，则仪器比对结果合格，符合国家标准。

七、结果与讨论

实际水样比对试验相对误差（A）公式如下：

$$A = \frac{X_n - B_n}{B_n} \times 100\% \qquad (3\text{-}24\text{-}1)$$

式中：A——实际水样比对试验相对误差；

X_n——第 n 次测量值；

B_n——实验室标准方法的测定值；

n——比对次数。

八、注意事项

1．试验前检查各仪器标准溶液和试剂是否在有效使用期内，按相关要求定期更换标准溶液和分析试剂。

2．操作人员在对系统进行日常维护时，应做好巡检记录，巡检记录应包含该系统运行状况、系统辅助设备运行状况、系统校准工作等必检项目和记录，以及仪器使用说明书中规定的其他检查项目和校验、维护记录、维修记录。

3．每季进行重复性、零点漂移和量程漂移试验，试验方法见 HJ/T 356—2007 第 5 章。

4．及时处理排除废液瓶内废液，切勿造成废液溢流。

5．定期检查计量管洁净程度，当计量高位或低位信号任意一路信号低于 600 时，应立即进行清洗。

6．按照说明书要求配置试剂以免加热器内产生黑色不溶结晶，造成设备管路堵塞。

九、思考题

1．COD 和 NH₃-N 在线自动监测的原理与国家标准方法测定有哪些区别和联系？

2．COD 和 NH₃-N 在线自动监测的数据能否作为污水排放水质的依据？

3．如何判断在线自动监测数据的有效性？

实验二十五　旋风除尘器性能测定

旋风除尘器是一种机械除尘器，适用于捕集粒径 5 μm 以上的尘粒。其按气流进入方式，可分为切向进入式和轴向进入式两类；按组合、安装情况可分为内旋风除尘器、外旋风除尘器、立式与卧式以及单筒与多管旋风除尘器。

旋风除尘器主要由进气管、排气管、圆筒体、圆锥体和灰斗组成，如图 3-25-1 所示，其结构简单，易于制造、安装和维护管理，设备投资和操作费用都较低，已广泛用于从气流中分离固体和液体粒子，或从液体中分离固体粒子。旋风除尘器属于中效除尘器，在普通操作条件下，作用于粒子上的离心力是重力的 5～2 500 倍，除尘效率显著高于重力沉降室，是机械式除尘器中效率最高的一种。它适用于非黏性及非纤维性粉尘的去除，且可用于高温烟气的净化，是应用较广泛的一种除尘器，多应用于锅炉烟气除尘、多级除尘及预除尘。它的主要缺点是对细小尘粒（＜5 μm）的去除效率较低。

影响旋风除尘器效率的主要因素有进气口的面积、圆筒体直径和高度，以及排气管的直径和深度。进气口面积相对于筒体断面小时，进入除尘器的气流切线速度大，有利于粉尘的分离。圆筒体直径（在相同的切线速度下）越小，气流的旋转半径越小，粒子受到的离心力越大，尘粒越容易被捕集。筒体总高度是指除尘器圆筒体和锥筒体两部分高度之和。筒体总高度大可增加气流在除尘器内的旋转圈数，有利于粉尘分离，但筒体总高度增加，会使部分细小粉尘进入内旋流而排出，从而降低除尘效率，因此，筒体总高度一般以 4 倍的圆筒体直径为宜，一般圆筒体部分的高度为其直径的 1.5 倍，锥筒体高度为圆筒体直径的 2.5 倍时，可获得较为理想的除尘效率。排风管直径较小时，可减小内旋流的旋转范围，粉尘不易从排风管排出，有利于提高除尘效率，但同时出风口速度增加，阻力损失增大；排风管直径较大，由于排风管与圆筒体管壁较近，易形成内、外旋流"短路"现象，从而降低除尘效率。一般认为排风管直径为圆筒体直径的 0.5～0.6 倍为宜。排风管插入过浅，易造成进风口含尘气流直接进入排风管，影响除尘效率；排风管插入深，将增加气流与管壁的摩擦面，阻力损失增大，同时容易增加底部灰尘二次返混排出的机会，因此，排风管插入深度一般以略低于进风口底部的位置为宜。

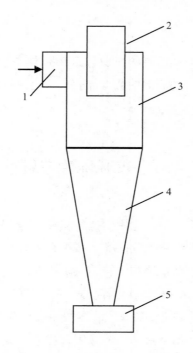

1—进气管；2—排气管；3—圆筒体；4—圆锥体；5—灰斗

图 3-25-1　旋风除尘器构造图

　　在旋风除尘器尺寸和结构定型的情况下，其除尘效率关键在于运行因素的影响。其运行参数主要包括：除尘器入口气流速度，处理气体的温度、尘粒粒径、浓度与密度以及设备的气密性等。

一、实验目的

1. 了解旋风除尘器的工作原理、应用。
2. 掌握旋风除尘器性能测定的主要内容与方法。
3. 了解含尘气流在旋风除尘器内的运动情况。
4. 掌握影响旋风除尘器的主要因素。

二、实验原理

1．旋风除尘器原理

当含尘气流由切线进气口 1（图 3-25-1）进入除尘器后，气流在除尘器内做旋转运动，形成一个绕圆筒体 3 中心向下做螺旋运动的外旋流，外旋流达到器底后又形成一个向上的内旋流，内、外旋流气体旋转方向相同，在此过程中，气流中的尘粒在外旋流的离心力作用下向圆筒外壁移动，到达壁面，在气流和重力作用下沿壁落入灰斗 5，净化后的气体通过内旋流由顶部排气口 2 排出，从而达到颗粒物分离的目的。

2．测试和计算

（1）气体状态参数的测定

旋风除尘器的性能通常是以标准状态（P=1.013×10⁵ Pa，T=273 K）来表示的。气体状态参数决定了气体所处的状态，因此可以通过测定烟气状态参数，将实际运行状态的气体换算成标准状态的气体，以便于互相比较。

烟气状态参数包括烟气的温度、密度、相对湿度和大气压力。

烟气的温度和相对湿度可用干湿球温度计直接测得；大气压力由大气压力计测得；干烟气密度由式（3-25-1）计算：

$$\rho_g = \frac{P}{R \cdot T} = \frac{P}{287 \cdot T} \qquad (3\text{-}25\text{-}1)$$

式中：ρ_g——烟气密度，kg/m³；

　　　P——大气压力，Pa；

　　　T——烟气温度，K。

实验过程中，要求烟气相对湿度不大于 75%。

（2）除尘器处理风量和进口流速的计算

测量烟气流量的仪器利用毕托管和倾斜压力计。

毕托管用于含尘浓度较大的烟道中。毕托管是由两根不锈钢管组成，测端为方向相反的两个相互平行的开口，如图 3-25-2 所示。测定时，一个开口面向气流，测得全压，另一个背向气流，测得静压；两者之间便是动压。

1—开口；2—接橡皮管

图 3-25-2　毕托管的构造示意图

由于背向气流的开口上吸力影响，所得静压与实际值有一定误差，因而事先要加以校正，方法是与标准风速管在气流速度为 2～60 m/s 的气流中进行比较，毕托管和标准风速管测得的速度值之比，称为毕托管的校正系数。当流速在 5～30 m/s 的范围内，其校正系数值约为 0.84。毕托管可在厚壁烟道中使用，且开口较大，不易被尘粒堵住。

当干烟气组分同空气近似，露点温度在 35～55℃ 之间，烟气绝对压力在 0.99×10^5～1.03×10^5Pa 时，可用式（3-25-2）～式（3-25-3）计算烟气入口流速：

$$v_1 = 2.77\,K_p\sqrt{T}\sqrt{P} \tag{3-25-2}$$

式中：K_p——毕托管的校正系数，K_p=0.84；

　　　　T——烟气底部温度，K；

　　　　$\sqrt{P}$——各动压方根平均值，Pa；

$$\sqrt{P} = \frac{\sqrt{P_1}+\sqrt{P_2}+\cdots+\sqrt{P_n}}{n} \tag{3-25-3}$$

　　　　P_n——任一点的动压值，Pa；

　　　　n——动压的测点数，本实验取 9。

测压时将毕托管与倾斜压力计用橡皮管连好，动压测值由水平放置的倾斜压力计读出。倾斜压力计测得动压值按下式计算：

$$P=L\cdot K\cdot \upsilon \tag{3-25-4}$$

式中：L——斜管压力计读数；

　　　　K——斜度修正系数，在斜管压力标出 0.2，0.3，0.4，0.6，0.8；

　　　　υ——酒精比重，υ=0.81。

除尘器处理风量：

$$Q = F_1 \cdot v_1 \tag{3-25-5}$$

式中：Q——处理风量，m³/s；

　　　　v_1——烟气进口流速，m/s；

　　　　F_1——烟气管道截面积，m²。

除尘器入口流速：

$$v_2 = Q/F_2 \tag{3-25-6}$$

式中：F_2——除尘器入口面积，m²。

（3）烟气含尘浓度的测定

对污染源排放的烟气颗粒浓度的测定，一般采用重量法，即从烟道中抽取一定量的含尘烟气，由滤筒收集烟气中颗粒后，根据收集尘粒的质量和抽取烟气的体积求出烟气中尘粒浓度。为取得有代表性的样品，必须进行等动力采样，即指尘粒进入采样嘴的速度等于该点的气流速度，因而要预测烟气流速再换算成实际控制的采样流量。图 3-25-3 为采样装置。

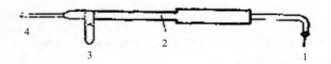

1—采样嘴；2—采样管（内装滤筒）；3—手柄；4—橡皮管；接烟尘综合采样器

图 3-25-3　烟尘采样装置

（4）除尘器阻力的测定和计算

由于实验装置中除尘器进出口管径相同，故除尘器阻力采用进出管道口静压差（扣除管道沿程阻力与局部阻力）求得：

$$\Delta P = \Delta H - \sum \Delta h = \Delta H - (R_L \cdot l + \Delta P_m) \qquad (3\text{-}25\text{-}7)$$

式中：ΔP——除尘器阻力，Pa；

　　　ΔH——前后测量断面上的静压差，Pa；

　　　$\sum \Delta h$——测点断面之间系统阻力，Pa；

　　　R_L——比摩阻，Pa/m；

　　　l——管道长度，m；

　　　ΔP_m——异形接头的局部阻力，Pa。

将 ΔP 换算成标准状态下的阻力 ΔP_N，即得：

$$\Delta P_N = \Delta P \cdot \frac{T}{T_N} \cdot \frac{P_N}{P} \qquad (3\text{-}25\text{-}8)$$

式中：T_N 和 T——标准和试验状态下的空气温度，K；

　　　P_N 和 P——标准和试验状态下的空气压力，Pa。

除尘器阻力系数按式（3-25-9）计算：

$$\xi = \frac{\Delta P_N}{P_{dl}} \qquad (3\text{-}25\text{-}9)$$

式中：ξ——除尘器阻力系数，量纲一；

　　　ΔP_N——除尘器阻力，Pa；

　　　P_{dl}——除尘器内入口截面处动压，Pa。

（5）除尘器进、出口浓度计算

$$\rho_{in} = \frac{G_{in}}{Q_{in} \cdot \tau} \tag{3-25-10}$$

$$\rho_{ef} = \frac{G_{in} - G_s}{Q_{ef} \cdot \tau} \tag{3-25-11}$$

式中：ρ_{in} 和 ρ_{ef} ——除尘器进口、出口的气体含尘质量浓度，g/m^3；

G_{in} 和 G_s ——发尘量与除尘量，g；

Q_{in} 和 Q_{ef} ——除尘器进口、出口烟气量，m^3/s；

τ ——发尘时间，s。

（6）除尘效率计算

除尘效率：

$$\eta = \frac{G_s}{Q_{in}} \times 100\% \tag{3-25-12}$$

式中：η ——除尘效率，%。

分级除尘效率：

$$\eta_i = \eta \frac{g_{si}}{g_{ini}} \times 100\% \tag{3-25-13}$$

式中：η_i ——粉尘某一粒径范围的分级效率，%；

g_{si} ——收尘中某一粒径范围的质量分数，%；

g_{ini} ——发尘中某一粒径范围的质量分数，%。

三、实验装置与仪器

1. 实验装置一套。

2. 倾斜微压计。

3. U 形压差计 $500 \sim 1\,000$ mm，2 个。

4. 烟尘综合采样器，2 套。

5. 空盒气压计 1 台。

6. 分析天平（分度值 $0.000\,1$ g），1 台。

7. 秒表，2 块。

8. 卷尺，2 个。

实验装置如图 3-25-4 所示。含尘气体通过旋风除尘器将粉尘从气体中分离，净化后的气体由风机经过排气管排入大气。所需含尘气体浓度由发尘装置配置。

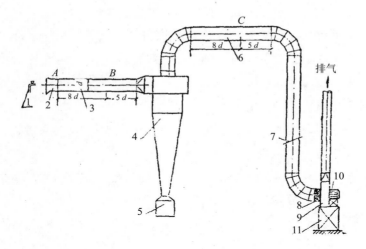

1—发尘装置；2—进气口；3—进气管；4—旋风除尘器；5—灰斗；6—排气管

图 3-25-4　旋风除尘器性能测定实验装置

四、实验步骤

1．除尘器处理风量的测定

（1）测定室内空气干、湿球温度和相对湿度及空气压力，按式（3-25-1）计算管内的气体密度。

（2）启动风机，在管道断面 A 处，利用毕托管和倾斜微压计测定该断面的静压，并从倾斜微压计中读出静压值（P_s），按式（3-25-5）计算管内的气体流量（即除尘器的处理风量），并计算断面的平均动压值（P_d）。

2．除尘器阻力的测定

（1）用 U 形压差计测量 B、C 断面间的静压差（ΔH）。

（2）量出 B、C 断面间的直管长度和异形接头的尺寸，求出 B、C 断面间的沿程阻力和局部阻力。

（3）按式（3-25-7）、式（3-25-8）计算除尘器的阻力。

3．除尘效率的测定

测试前先将滤筒编号，然后在 105℃烘箱中烘 2 h，取出后置于干燥器内冷却，分析天平测得初重 m_0 并记录。把预先干燥、恒重、编号的滤筒用镊子小心装在采样管的采样头内，再把选定好的采样嘴装到采样头上。

调节流量计使其流量为某采样点的控制流量，将采样管插入采样孔，找准采样点位置，使采样嘴背对气流预热 10 min 后转动 180°，即采样嘴正对气流方向，同时打开抽气泵的开关进行采样。按各点的流量和采样时间逐点采集尘样。

各点采样完毕后，关掉仪器开关，抽出采样管，待温度降下后，小心取出滤筒。将采集尘样的滤筒放在 105℃烘箱中烘 2 h，取出置于玻璃干燥器内冷却后，用分析天平称重。将结果记录在表 3-25-4 中。

（1）用托盘天平称出发尘量（G_{in}）。

（2）通过发尘装置均匀地加入发尘量（G_{in}），记下发尘时间（τ），按式（3-25-10）计算出除尘器入口气体的含尘浓度（ρ_{in}）。

（3）称出收尘量（G_s），按式（3-25-11）计算出除尘器出口气体的含尘浓度（ρ_{ef}）。

（4）按式（3-25-12）计算除尘器的全效率（η）。

4．改变调节阀开启程度、重复以上实验步骤，确定除尘器各种不同的工况下的性能。

五、结果与讨论

1．除尘器处理风量的测定

实验日期：___年___月___日

空气干球温度（t_d）_____℃；空气湿球温度（t_w）_____℃；空气相对湿度（中）_____%；

空气压力（P）_____Pa；　　空气密度（ρ_g）_____kg/m³。

表 3-25-1　除尘器处理风量测定结果记录表

测定次数	微压计读数			微压计倾斜角系数	静压	流量系数	管内流速	风管横截面积	风量	除尘器进口面积
	初读	终读	实际							
1										
2										
3										

2．除尘器阻力的测定

表 3-25-2　除尘器阻力测定结果记录表

	微压计读数			微压计	B、C 断面间静压差	比摩阻	直管长度	管内平均动压	管间总阻力系数	管间局部阻力	除尘器阻力	除尘器在标准状态下的阻力	除尘器进口界面处动压
	初读	终读	实际										
1													
2													
3													

3．除尘器效率的测定

表 3-25-3　除尘器效率测定结果记录表

测定次数	发尘量	发尘时间	进口气体含尘浓度	收尘量	出口气体含尘浓度	除尘器全效率
1						
2						
3						
4						

以除尘器进口气速为横坐标，除尘器全效率为纵坐标；以除尘器进口气速为横坐标，除尘器在标准状态下的阻力为纵坐标，将上述实验结果标绘成曲线。

六、思考题

1．采用静压法测定和计算旋风除尘器的压力损失有何优缺点，如何改进？

2．旋风除尘器的效率和阻力随处理气量变化规律是什么？它对旋风除尘器的选择和运行有何意义？

3．如何提高旋风除尘器的效率？

实验二十六　袋式除尘器性能测定

袋式除尘器是一种高效除尘器，是干式滤尘装置，其滤袋采用纺织的滤布或非纺织的毡制成，利用纤维织物的过滤作用对含尘气体进行过滤，达到净化气体的目的。

袋式除尘器主要由滤袋、壳体、灰斗和清灰机构等部分组成，适用于捕集细小、干燥、非纤维性粉尘。比电除尘器结构简单、投资省、运行稳定，同时可回收高比电阻粉尘；但不适用于净化含有油雾、水雾及黏性强的粉尘，也不适用于有爆炸危险或带有火花的含尘气体。

一、实验目的

1．进一步了解袋式除尘器的形式、特点、原理和应用。

2．掌握袋式除尘器主要性能的实验方法。

3．了解袋式除尘器除尘效率的影响因素。

二、实验原理

1. 除尘机理

布袋除尘器滤袋的筛滤、颗粒的碰撞、滞留、扩散以及静电等效应，在滤袋表面形成粉尘初层，依靠粉尘初层的过滤作用，达到净化气体粉尘的目的。

（1）筛滤作用

滤袋的过滤孔径一般为 5～50 μm，当粉尘粒径大于滤袋孔隙直径时，粉尘被阻留下来，形成更小的过滤孔隙，因此对于新的织物滤料，过滤初期筛滤作用很小，但当滤料表面截留、吸附、沉积大量粉尘形成粉尘初层后，筛滤作用显著增强。

（2）惯性碰撞作用

当含尘气流接近滤料的纤维时，气流将绕过纤维，其中较大的粉尘颗粒（大于 1μm）由于惯性作用，偏离气流流线，沿原来的运动方向前进，撞击到纤维上而被捕集。可见这种惯性碰撞作用，主要捕集粒径较大的粉尘，且随粉尘粒径及气流流速的增大而增强。因此，提高通过滤料的气流流速，可提高惯性碰撞作用。

（3）扩散作用

对于粒径较小的粉尘颗粒（小于 1 μm），特别是小于 0.2 μm 的亚微米粒子，在气体分子的撞击下脱离流线，做布朗运动，在扩散运动过程中和滤料接触而被吸附去除，这种作用即为扩散作用，一般随气流速度降低，颗粒粒径减小而增强。

（4）拦截作用

当气体穿过滤袋表面时，滤袋孔径和滤袋形成的颗粒初层的孔隙，会将粒径大于空隙孔径的粉尘颗粒截留。

（5）静电作用

气体中的粉尘由于摩擦或其他原因带有一定电荷，滤料也会因为气流的摩擦产生静电，在静电引力作用下粉尘被滤料吸附而捕集。

（6）重力沉降

依靠重力作用尘粒沉降到滤料表面。

上述几种捕集机理，对于沉粒来说并非同时有效，一般是一种或几种机理联合作用。主导作用要根据尘粒性质、滤料结构、运行条件等实际情况确定。

2. 测试与计算

袋式除尘器性能与其结构形式、滤料种类、清灰方式、粉尘特性及其运行参数等因素有关。本实验是在袋式除尘器结构形式、滤料种类、清灰方式和粉尘特性确定的情况下，测定袋式除尘器的主要性能指标，并通过改变处理风量，了解袋式除尘器的性能。

（1）处理风量的测定

采用皮托管和微压计测进出风管断面流速计算气体流量。

$$Q = 0.82Av \qquad\qquad (3\text{-}26\text{-}1)$$

式中：Q——袋式除尘器进出后气体流量，m^3/s；

$\quad A$——管道断面积，m^2；

$\quad v$——皮托管测定的管道流速，m/s；

$\quad 0.82$——管道流速修正系数，$0.82v$ 表示平均流速。

实验中袋式除尘器处理风量取进出口流量的平均值。

（2）除尘器压力损失的测定

袋式除尘器压力损失为除尘器进出口管中气流的平均全压差。当进出口管道断面面积相等时，可采用进出口管中气体的平均静压差计算。采用 U 形管测量进出口压力差即为袋式除尘器压力损失。

（3）除尘效率的测定

采用重量浓度法进行测定进出口管道气流的平均含尘浓度，计算除尘效率。

$$\eta = (1 - \frac{\rho_2 Q_2}{\rho_1 Q_1}) \times 100\% \qquad\qquad (3\text{-}26\text{-}2)$$

式中：ρ_1，ρ_2——袋式除尘器进出口管道中气流的含尘质量浓度，g/m^3；

$\quad Q_1$，Q_2——袋式除尘器进出口管道中气体流量，m^3/s。

三、实验设备

1. 袋式除尘器性能测试系统一套（图 3-26-1）。

2. 烟气综合采样器。

3. U 形测压计。

4. 分析天平。

5. 空盒压力表。

6. 温度计。

7. 钢卷尺。

8. 秒表。

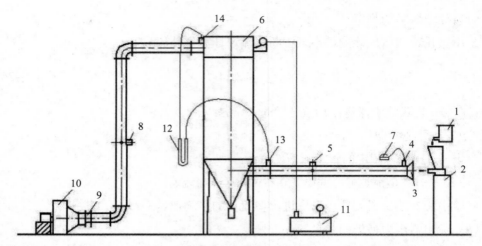

1—粉尘定量送料装置；2—粉尘分散装置；3—喇叭形均流管；4—静压测孔；5—除尘器进口测定断面；

6—袋式除尘器；7—倾斜式微压计；8—除尘器出口测定断面；9—阀门；10—通风机；11—空气压缩机；

12—U 形管压差计；13—除尘器进口静压测孔；14—除尘器出口静压测孔

图 3-26-1　袋式除尘器实验装置

四、实验步骤

1．钢卷尺测量除尘器进出口断面直径等尺寸，测量室内温度、湿度及大气压，并记录数据。

2．将除尘器进出口断面的采样点连接 U 形测压计。

3．打开电源，启动风机和发尘装置，调整好发尘浓度，使测试系统运行稳定。

4．确定运行工况后，开始测量进出口流速、不同断面的压力、U 形测压计的压差。

5．利用烟气综合采样器采集测定进出口粉尘质量浓度。

6．调节风机阀门，改变风量，稳定后重复以上过程，并记录数据。

7．关闭风机和发尘装置，清理实验系统。

五、结果与讨论

根据以上实验步骤，记录数据：

实验日期：_____年____月____日

实验室温度：_____℃；空气相对湿度（中）：_____%；空气压力（P）：_____Pa；

进口断面管径：_____m；出口断面管径：_____m。

表 3-26-1　袋式除尘器压力损失测定记录表

工况	进口断面动压/Pa			出口断面动压/Pa			U 形测压计压差/Pa		
	1	2	3	1	2	3	1	2	3
1									
2									
3									
4									
5									

表 3-26-2　袋式除尘器效率测定记录表

工况	除尘器进口				除尘器出口			
	气体流量/（m³/s）	清洁滤筒质量/g	含尘滤筒质量/g	采样体积	气体流量/（m³/s）	清洁滤筒质量/g	含尘滤筒质量/g	采样体积
1								
2								
3								
4								
5								

　　根据测定的数据，计算各工况下进出口断面流速、流量、含尘浓度、压力损失、除尘效率，完成表 3-26-3 并分析处理风量对压力损失和除尘效率。

表 3-26-3　袋式除尘器性能测定结果

工况	除尘器处理风量/（m³/s）	除尘器压力损失/Pa	除尘器除尘效率/%
1			
2			
3			
4			
5			

六、注意事项

1. 实验前仔细阅读仪器使用说明书，做好实验前的准备工作。

2. 装置使用前，应将装置中的粉尘清理干净，并检查滤袋，需要更换的滤袋及时更换。

3. 实验过程中注意实验室通风，做好防护工作。

4. 实验结束后，应及时清灰，保持装置干净、干燥。

七、思考题

1. 试根据实验数据和学习的理论知识计算袋式除尘器的漏风率。

2. 分析袋式除尘器压力损失、处理量和除尘效率的关系。

3. 袋式除尘器有哪些清灰方式，各有什么特点？

实验二十七　静电除尘器除尘实验

电除尘器是利用静电实现气体中的颗粒与气流分离的一种高效除尘装置，适用于除去烟气中 $0.01\sim50\ \mu m$ 的粉尘。电除尘器具有压力损失小（一般为 $200\sim500\ Pa$），处理量大（一般为 $10^5\sim10^6\ m^3/h$），能耗低（为 $0.2\sim0.4\ kW\cdot h/1\ 000\ m^3$），对细小粉尘捕集效率高（$>99\%$）等特点，广泛应用于冶金、化工、水泥、火电等行业。

电除尘器的除尘效果与烟气的温度、流速，粉尘特性以及除尘器的密封状态、收尘板间距等有关。其中粉尘的比电阻是评价导电性的指标，它对除尘效率有直接的影响。比电阻过低，尘粒难以保持在集尘电极上，致使其重返气流。比电阻过高，到达集尘电极的尘粒电荷不易放出，在尘层之间形成电压梯度会产生局部击穿和放电现象，造成除尘效率下降。

一、实验目的

1. 掌握静电除尘器的构造和工作原理。

2. 掌握静电除尘器效率测定方法。

3. 了解静电除尘器除尘效率的影响因素。

二、实验原理

静电除尘器主要由电晕电极、集尘电极、清灰装置、气体分布装置和灰斗组成。其工作原理包括：电晕放电、气体的电离、粉尘的荷电、荷电粉尘迁移、荷电粉尘的捕集。首先利用电除尘器高压电场使通过的烟气发生电离，气流中的粉尘吸附烟气中电离的气体离子而带有电荷，荷电极性不同的粉尘在电场作用下向不同电极移动，沉积在电极上，从而实现粉尘与气体分离，达到净化的目的。当电极上的粉尘达到一定厚度时，借助振打机构使粉尘落入灰斗。

总除尘效率：实验测定的除尘效率是以捕集的粉尘的质量占进入除尘器的粉尘质量的百分比为基准：

$$\eta = (1 - \frac{S_2}{S_1}) \times 100\% \qquad (3\text{-}27\text{-}1)$$

式中：η ——除尘器总除尘效率，%；

　　　S_1，S_2 ——除尘器进出口粉尘的质量，g/s。

分级除尘效率：一般来说，在粉尘密度一定的条件下，尘粒越大，除尘效率越高。因此，仅用总除尘效率来描述除尘器的捕集性能是不够的，应给出不同粒径粉尘的除尘效率才更为合理。后者称为分级除尘效率，以 i 表示。

若设除尘器进口、出口和捕集的粒径为 d_{pi} 颗粒的质量流量分别为 S_{1i}、S_{2i} 和 S_{3i}，则该除尘器对 d_{pi} 颗粒的分级效率为：

$$\eta_i = \frac{S_{3i}}{S_{1i}} \times 100\% = (1 - \frac{S_{2i}}{S_{1i}}) \times 100\% \qquad (3\text{-}27\text{-}2)$$

若分别测出除尘器进口、出口和捕集的粉尘粒径频率分布 g_{1i}、g_{2i} 和 g_{3i} 中任意两组数，则可给出分级效率与总效率之间的关系：

$$\eta_i = \frac{\eta}{\eta + Pg_{2i} / g_{3i}} \qquad (3\text{-}27\text{-}3)$$

式中：P ——总穿透率，%。

本实验中，按粉尘采样的要求，选择合适的测定位置，采用标准采样管，在电除尘器进、出口同步采样，然后通过称重可求出总除尘效率。将称重后的粉尘样进行粒径分布测定，可求出分级除尘效率。

三、实验装置与仪器

1. 静电除尘器装置：高压电源、控制器、电晕极、集尘极板、离心风机等（图 3-27-1）。
2. 烟尘综合采样器。
3. 空气盒大气压力表。
4. 温度计。
5. 烟气状态、流速、粉尘浓度测定仪器。
6. 粒度分析仪。

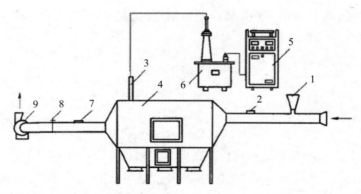

1—发尘装置；2—进口端采样口；3—高压进线箱；4—电除尘器本体；5—高压控制柜；

6—高压电源；7—出口端采样孔；8—流量调节阀；9—引风机

图 3-27-1　静电除尘器实验装置

四、实验步骤

1. 调整电除尘器的板间距和线间距，记录放电极和收尘极板间距、线间距。

2. 仔细检查高压电源和进线路等处接线的接地装置，确认无误后方能通电。

3. 打开高压电源控制柜上的电源开关，按下高压启动按钮，调节输出调整按钮，如控制柜发生跳闸报警，则关闭电源开关，检查电场内放电极是否短路，穿壁和拉线绝缘体部分是否有积灰或安装不合理处，排排除故障后，再试运行。如不能再次开机，则控制柜内部空气开关掉闸，合闸后即可开机。

4. 根据极板距在表 3-27-1 中选择合适的二次电压值，调整旋钮至所需的电压值。

5. 启动引风机，通过发尘装置向系统加入粉尘，注意应尽量保持发尘量一定。待发尘后几分钟，根据高压电源控制柜的显示值，记录二次电压和二次电流值。

表 3-27-1　二次电压值的选择表

极板间距/mm	300			350			400		
二次电压/kV	50	55	60	60	65	70	70	75	80

6. 测定烟气温度和压力。

7. 测定烟气流速，计算流量。

8. 按照等动力采样的要求在电除尘器进出口处的采样孔样，测定定烟气中含尘质量浓度。

9. 将步骤 8 中称重后的粉样，利用库尔特仪进行分散度测定。

10．利用步骤 8、9 中测得的数据计算电除尘器总效率及分级效率。

11．将高压电源控制柜上的输出调节旋钮调至表 3-27-1 中的另两种操作电压，重复步骤 8～10，测定不同操作条件下的总除尘效率和分级除尘效率。

12．通过流量调节阀将烟气流量增大和减少各一次，重复步骤 8～10，测定不同流量下的总除尘效率和分级除尘效率（此时应注意发尘量相应增减，以保持入口粉尘浓度一定）。

13．根据测得的分级除尘效率资料，计算不同粒径粉尘的驱进速度。

14．当各项烟气参数的测定和粉尘采样工作结束后，按下高压电源控制柜上的高压停止按钮，关闭电源开关。

五、结果与讨论

表 3-27-2　除尘效率测定记录

结构参数			
放电极参数			
收尘极参数			
线间距			
板间距			
烟气参数			
温度/℃		湿度	
压力/Pa		平均流速/（m/s）	
流量/（m³/s）			
运行条件		二次电压/电流/（kV/mA）	
进口粉尘称重	滤筒号		
出口粉尘称重	滤筒号		
总除尘效率			

表 3-27-3　分级效率测定记录

二次电压＿＿＿＿＿kV　　　　　　　　　　二次电流＿＿＿＿＿mA

	1	2	3	4	5	6	7
进口粉尘总质量/g							
出口粉尘总质量/g							
粒径/μm							
进口累计分布/%							
出口累计分布/%							
分级除尘效率/%							

　　根据分级除尘效率与总效率的关系，由实测的分级效率计算总除尘效率，并将计算结果与实测的总除尘效率对比分析。

　　根据以上实验过程获得的数据，绘制操作电压与总除尘效率关系曲线、比较集尘面积（板面积/烟气流量）与总除尘效率关系曲线和粉尘驱进速度与分级除尘效率的关系曲线，由此分析操作条件、比集尘面积和驱进速度与效率的关系。

六、注意事项

　　1．实验前仔细阅读实验装置和仪器设备说明书，做好实验前运行、测试准备。

　　2．实验中要注意人身安全，不要靠近高压电源、高压进电箱等处，以免发生意外。

　　3．已通过高压后，在调整放电级间距前，应通过接地棒将放电极上的电荷放掉，以免静电伤人。

　　4．经过一段时间实验后，应将放电极、收尘极和灰斗中的粉尘清理干净，以保证前后实验结果的可比性。

七、思考题

　　1．影响电除尘器除尘效率的影响因素主要有哪些？如何提高电除尘器的效率？

　　2．除尘效率高是否说明除尘效果就好，为什么？

实验二十八 填料塔吸收 SO₂ 实验

一、实验目的

1. 了解填料塔的基本构造并熟悉填料塔的操作。
2. 掌握填料塔吸收二氧化硫的工作原理。
3. 初步了解填料塔净化效果的影响因素。
4. 了解吸收法净化废气中二氧化硫的效果。
5. 掌握填料塔吸收 SO₂ 气体的实验方法。

二、实验原理

吸收液（NaOH 溶液）由填料塔上部经喷淋装置进入塔内，并流经分散填料表面，然后由塔下部排出，进入受液槽。待处理的气体从塔底进气口进入填料塔内，通过填料层，在填料表面与吸收液充分混合、接触、吸收，从而得到净化。

吸收过程发生的主要化学反应为：

$$2NaOH + SO_2 \longrightarrow Na_2SO_3 + H_2O \tag{3-28-1}$$

$$Na_2SO_3 + SO_2 + H_2O \longrightarrow 2NaHSO_3 \tag{3-28-2}$$

三、实验装置与设备

1. SO₂ 酸雾净化填料塔（图 3-28-1）。
2. SO₂ 与空气混合罐。
3. 转子流量计。
4. 空压机。
5. SO₂ 气瓶。
6. SO₂ 自动测定仪。
7. 温度计。

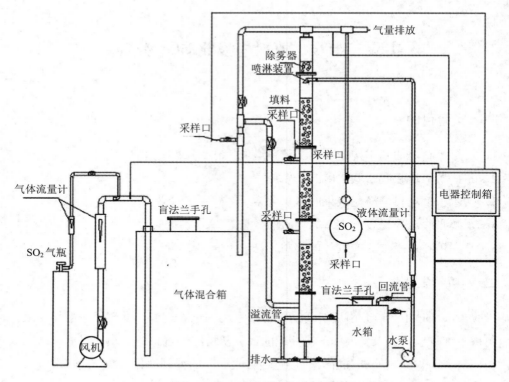

图 3-28-1　填料塔吸收实验装置

四、实验步骤

1．实验前做好二氧化硫测定工作和吸收液的准备。

2．根据说明书正确连接实验装置，并检查实验装置是否漏气。

3．将配制好的吸收液注入装置，并检查装置是否漏液。

4．打开填料塔的进液阀，并调节液体流量，使液体均匀喷布，充分润湿填料表面，记录此时的流量。

5．开启空压机，并逐渐打开吸收塔的进气阀，调节空气流量，仔细观察气液接触情况。

6．待吸收塔运行稳定后，开启 SO_2 气瓶，并调节流量，使空气中的 SO_2 体积分数为 0.1%～0.5%。

7．经数分钟，待塔内操作完全稳定后，开始实验。

8．测量记录进气流量 Q_1、喷淋液流量 Q_2、进口 SO_2 浓度、出口 SO_2 浓度、填料塔阻力 Δh。

9．在进口 SO_2 浓度和流量不变的情况下，改变喷淋液流量，重复上述操作，测量

SO_2出口浓度，共测取 5 组数据。

10．实验完毕后，先关掉 SO_2 气瓶，待 1～2 min 后再停止供液，最后停止鼓入空气，并清洁实验装置，妥善处理废液。

五、结果与讨论

1．实验数据记录

表 3-28-1　填料塔吸收处理 SO_2 数据记录表

工况	空气流量/ （m^3/s）	SO_2 流量/ （m^3/s）	喷淋液流量/ （m^3/s）	进口 SO_2 体积分数/%	出口 SO_2 体积分数/%	填料塔阻力/ mmH_2O
1						
2						
3						
4						
5						

2．计算填料塔在不同喷淋液流量（液气比）下的吸收效率，分析实验最佳液气比。

3．比较填料塔阻力损失变化，分析填料塔阻力的影响。

六、注意事项

1．二氧化硫为刺激性气体，注意实验过程通风和防护工作。

2．操作过程控制好液气比和气体流速，防止液泛、雾沫夹带现象发生。

七、思考题

1．填料塔吸收 SO_2 气体的影响因素主要有哪些，如何提高 SO_2 的吸收率？

2．可否采用填料吸收塔吸收氮氧化合物，该如何设置装置？

3．填料塔能否用于处理含尘气体中的 SO_2，该如何操作？

实验二十九　噪声污染控制实验

声学系统由声源、传播途径和接受者 3 个基本环节组成。因此，噪声污染的控制可从三方面来考虑。

1. 从声源降低噪声

即将发声大的设备改造成发声小或不发声的设备，这是降低声源噪声、控制噪声最有效和最直接的措施。

（1）改进机械设计

①设计时尽可能选用内阻尼大、内摩擦大的低噪声材料；一般金属材料，如钢、铜、铝等的内阻尼较小，做成机械零件，在振动力的作用下，机件会辐射较强的噪声。若采用内阻尼大的高分子材料或合金（也称减振合金）就不同了。内摩擦使振动能转化为热能而散掉。在同样作用力的激发下，合金要比一般金属辐射的噪声少得多。因此，在制造机械各部件或工具时，采用合金代替一般的钢、铜等金属材料，即可以获得降低噪声的效果。

②改革设备的结构；如把风机叶片由直片形改成后弯形，可降低 10 dB 左右的噪声。

③改变传动装置；如把齿轮传动改用皮带传动，可降低噪声 16 dB。

（2）改革工艺和操作方法来降低噪声

如打桩机：柴油比压力的噪声高 50 dB；用喷气织布机代替有梭织布机。

（3）提高加工精度和装配质量

机器运转时，由于部件间的撞击和摩擦，或由于动平衡不完善，会造成机器振动而辐射噪声。如果提高机械加工及装配的精度，平时注意检修，减少撞击和摩擦，正确地校准中心，做好动平衡，适当地提高机壳的刚度，采取减振措施，减弱机器表面的振动，这些方法都有利于降低噪声。例如，若轴承滚珠加工精度提高 1 级，一般情况下轴承的噪声可降抵 10 dB。

2. 在传播途径上降低噪声

如果由于条件限制，无法从声源降低噪声时，就必须在噪声的传播途径上采取适当的措施。

（1）间接措施：

①在总体设计上采用"闹静分开"的原则；例如，城市规划时把工厂区与居民区分开。把高噪声车间与办公室、宿舍分开，在车间内部，把噪声高的机器与噪声低的机器分开。这样利用噪声在传播中的自然衰减作用，缩小噪声的污染面。

②具有一定密度和一定种植面积的树林、草坪具有衰减噪声的作用；实践证明，10～15 m 宽的绿林带可降低交通噪声 4～5 dB。在城市大力种植树、花、草外，可收到降噪与绿化的双层效果。

（2）直接措施：

若依靠上述办法仍不能有效地控制噪声，就需要在噪声的传播途径上直接采取声学措施包括吸声、隔声、消声等一些常用的噪声控制技术。

①吸声：声波入射到任何界面时，或多或少都会有一部分声能进入该物体并被吸收，当声波入射到墙面、玻璃等刚性界面时，大部分的声能被反射回来。当声能入射到多孔、透气或纤维性材料时，进入材料的声波会引起孔隙中的空气振动，摩擦生热而耗掉声能。

②隔声：采用隔声罩、隔声间或隔声屏等装置。隔声罩是将噪声源（点源）封闭在一个相对小的空间内，以降低噪声源向周围环境辐射噪声的罩形结构称为隔声罩。隔声间是在噪声环境中（面源）建造一个具有良好隔声性能的小房间，以供操作人员进行生产控制、监督、观察。或者将多个强声源置于上述小房间中，以保护周围环境。如果生产实际情况不允许对声源作单独隔声罩，又不允许操作人员长时间停留在设备附近的现场，这时可采用隔声间。隔声屏（帘）是用来阻挡噪声源与接收者之间直达声的障板或帘幕。采用隔声屏障减少交通车辆噪声（线源）干扰，一般沿道路设置 5～6 m 高的隔声屏，可达 10～20 dB 的减噪效果。

③消声：消声器大体分为三大类包括阻性消声器、抗性消声器、阻抗复合式消声器。

阻性消声器：把吸声材料固定在气流通过的管道内壁，或按一定方式在通道中排列起来。是利用吸声材料的吸声作用，使沿管道传播的噪声不断被吸收而逐渐衰减的装置。

抗性消声器：利用管道截面的突变或旁接共振腔使管道通过声波的反射、干涉，达到消声的目的。如扩张室式消声器是根据管道中声波的截面突变、声波发生反射等，达到消声的目的。如共振腔消声器是由管道壁开孔与外侧密闭空腔相通而构成；声波带动空气上下往复运动，摩擦生热，使部分声能转化为热能。而干涉式消声器是在传播的管路上开一个旁路管，再使这两个管会合，利用声程差，达到消声的目的。

阻抗复合式消声器：把阻性与抗性两种消声原理，通过适当结构复合起来而构成的。

3．在噪声接受点进行防护

在其他措施不能实现时，或者只有少数人在吵闹的环境中工作时，个人防护便是一种经济而有效的方法。常用的防声用具有耳塞、防声棉、耳罩、头盔等。它们主要是利用隔声原理来阻挡噪声传入人耳。

一、实验目的

1．加深了解噪声控制的基础知识、原理和应用。

2．了解声音的叠加、衰减、吸收特点。

3．掌握噪声污染控制的基本方法。

4．掌握背景噪声的扣除方法。

二、实验原理

1. 噪声的叠加和相减

两个以上独立声源作用于某一点，产生噪声的叠加。根据理论知识可知，声能量是可以代数相加的，但声压级不能直接相加。一般情况下噪声声压的叠加可采用公式方法估算。

$$L_p = 10 \lg(10^{\frac{L_{p1}}{10}} + 10^{\frac{L_{p2}}{10}}) \qquad （3-29-1）$$

式中：L_p——总声压级，dB；

L_{p1}，L_{p2}——声源 1，声源 2 的声压级，dB；

如果 $L_{p1}=L_{p2}$，即两声源声压级相等，则

$$L_p = 10 \lg(2 \times 10^{\frac{L_{p1}}{10}}) = L_{p1} + 10 \lg 2 \approx L_{p1} + 3 \qquad （3-29-2）$$

如果两声源声压级不相等，可采用表 3-29-1 估算，估算方法：设 $L_{p1} > L_{p2}$，按表 3-29-1 查找 $L_{p1}-L_{p2}$ 对应的 ΔL_p，则总声压级 $L_p = L_{p1} + \Delta L_p$。

表 3-29-1　分贝和的增值表　　　　　　　　单位：dB

$L_{p1}-L_{p2}$	0	1	2	3	4	5	6	7	8	9	10
ΔL_p	3.0	2.5	2.1	1.8	1.5	1.2	1.0	0.8	0.6	0.5	0.4

噪声测量中经常碰到如何扣除背景噪声的问题，即噪声相减问题。通常是指噪声源的声级比背景噪声高，但由于后者的存在使测量读数增高，需要减去背景噪声，可以直接采用式（3-29-1）计算，例如，在车间中，声级计直接测定一台机器的噪声 $L_p=104$ dB，当机器停止工作时，测得背景噪声 L_{P2} 为 100 dB，则机器噪声的实际大小为：$L_{p1} = 10 \lg(10^{\frac{104}{10}} - 10^{\frac{100}{10}}) \approx 101.8$ dB。

2. 噪声的衰减

（1）点声源的衰减

$$\Delta L = 10 \lg(\frac{1}{4\pi r^2}) \qquad （3-29-3）$$

距离点声源从 r_1 到 r_2，噪声的衰减为：

$$\Delta L = 20\lg(\frac{r_1}{r_2}) \tag{3-29-4}$$

式中：ΔL——衰减量，dB；

$\quad r$ ——受声点到声源距离，m。

一般经验认为，距离增加 1 倍，衰减 6 dB。

（2）线声源衰减

$$\Delta L = 10\lg(\frac{1}{2\pi rl})$$

式中：r——受声点到线声源距离，m；

$\quad l$——线声源的长度，m。

对于有限长声源和无限长声源采用不同的计算公式，这些计算公式以及面声源计算参考理论教材。

三、实验仪器

1. 噪声声源两个。

2. 声级计。

3. 钢卷尺。

4. 鼓风机。

5. 隔声罩。

6. 消声器。

四、实验步骤

1. 噪声叠加和相减实验

采用两个噪声源进行叠加（吸声实验室），即分别测定其单个 A 声级，再测定叠加合成 A 声级。通过改变声源大小、受声点位置，考察声音叠加情况及影响因素。

声源与测试点的位置如图 3-29-1 所示，A、B 为声源，$C_1 \sim C5$ 为测量点。

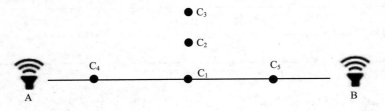

图 3-29-1 声音叠加实验

（1）调整 A、B 声源大小接近（＜3 dB），测试时分别记录每一点未开启声源的背景噪声，A 声源产生的噪声及距离测量点距离、B 声源产生的噪声及距离测量点位置，以及 A、B 声源叠加噪声值；

（2）调整 A、B 声源大小相差＞3 dB，重复（1），记录数据。

2．噪声距离衰减实验

对同一个噪声源（点声源），在同一个方向上，在不同的距离测点对其进行测量，对结果进行比较，计算衰减量。

3．室内吸声实验：两个室在同一位置对比

在同一个噪声强度的室内（车间），对采用吸声材料的前后进行噪声强度测量，对比其结果。

4．噪声源隔声实验

对固定的噪声源，采取隔声处理前后的噪声值进行比较。对固定的噪声源用隔声罩进行噪声控制。

5．消声器消声实验

两台相同的鼓风机，其中一台加消声设备、另一台不加消声器的对比，比较消声效果（吸声室内）。

五、结果与讨论

1．噪声叠加实验

表 3-29-2　叠加实验数据记录

测定点	到声源 A 的距离/m	到声源 B 的距离/m	背景 噪声值/dB	A 声源 测定噪声值/dB	B 声源 测定噪声值/dB	叠加 测定值/dB
C1						
C2						
C3						
C4						
C5						

计算测量点单个声源和叠加后产生的实际噪声值；计算叠加噪声值，并和测定值比较，并讨论它们之间的差别因素。

2．噪声距离衰减实验

表 3-29-3　衰减实验数据记录

测点距声源位置/m	5	10	15	20	25	30
测定噪声值/dB						
背景噪声/dB						

根据衰减公式，计算衰减量，并比较分析。

3．吸声、隔声和消声实验

表 3-29-4　吸声、隔声和消声实验数据记录　　　　　　　　单位：dB

吸声实验		隔声实验		消声实验	
吸声实验室测点背景噪声值		测点背景噪声值		测点背景噪声值	
吸声实验室污染噪声测定值		隔声前噪声值		隔声前噪声值	
对比实验室测点背景噪声值		隔声后噪声值		隔声后噪声值	
对比实验室污染噪声测定值					

计算实际噪声值，并比较吸声、隔声和消声前后的效果。

六、注意事项

1．噪声声源运行要稳定，实验过程中不要有较大变化。

2．噪声的测定过程，避免说话、运动等活动，减少产生干扰。

3．测定评价应采用 1 min 或以上的等效连续 A 声级。

4．室外实验选择空旷地点，避开道路。

七、思考题

1．叠加实验测定的噪声值和计算的噪声值是否一致，为什么？

2．试设计实验比较玻璃、木板等的隔声效果。

3．试分析如何减少校园主干道噪声对四周产生的影响？

实验三十 土壤修复实验

一、实验目的

1. 学会土壤淋滤设备的使用。
2. 学会原子吸收分光光度计的操作方法。
3. 了解铜离子随不同渗滤液体积变化规律。

二、实验原理

土壤中含有的大量重金属是造成土壤污染和阻碍土壤利用的重要因素，通过高效、经济的处理工艺去除土壤中的重金属从而实现污染土壤的资源化利用，是目前土壤修复技术研究的重点。淋滤法对土壤重金属具有较好的去除效果和相对简单的工艺控制条件，是适用于污染土壤修复的主流工艺之一。

本实验以铜为代表，对土壤中的重金属进行淋滤修复，并用原子吸收分光光度法测定淋滤液中铜的含量。观察淋滤液中铜含量的变化规律，从而分析土壤中铜的残留量，以达到符合国家土壤质量标准。

淋滤液中铜的测定：将样品或消解处理过的样品直接吸入火焰，在火焰中形成的原子对特征电磁辐射产生吸收，将测得的样品吸光度和标准溶液的吸光度进行比较，确定样品中被测元素的浓度。

三、知识点、技能点

土壤样品制备，淋滤实验，原子吸收分光光度法测定重金属。

四、装置仪器

土壤淋滤装置、原子吸收分光光度计。

五、实验试剂

去离子水、EDTA、硫酸铜、硝酸（$\rho=1.42$ g/mL，优级纯）、乙炔、空气。

六、实验步骤

1. 铜污染土壤样品制备

称取 1 kg 过 20 目筛的土壤（风干土），将一定量的硫酸铜（分析纯）溶解到定量去离子水中，加入到定量土壤中，配制成 800 mg/kg 的供试土壤。在高密度聚乙烯容器中用不锈钢刮铲混合。把这些污染土壤成层定量放置到高密度聚乙烯容器中，压匀并放置均衡 24 h。

2．土壤淋滤实验

称取 1 kg 制备好的土壤样品加入到土壤淋滤装置，然后加入淋洗剂，从装置的下端出水口接取渗滤液。

3．渗滤液中铜的测定

（1）将采集的渗滤液通过 0.45 μm 滤膜过滤，得到的滤液立即加硝酸酸化至 pH 为 1～2，正常情况下，每 1 000 mL 样品加 2 mL 硝酸。

（2）配制铜储备液（1.000 g/L）：称取 1.000 g 光谱纯金属铜，准确到 0.001 g，用硝酸溶液，必要时加热，直至溶解完全，然后后水稀释定容至 1 000 mL。

（3）配制铜中间标准溶液（50 mg/L）：取铜储备液 5 mL，用（1+499）硝酸溶液稀释到 100 mL 容量瓶中。

（4）配制工作标准溶液：在 100 mL 容量瓶中，用（1+499）硝酸溶液稀释铜中间标准溶液，配制至少 4 个工作标准溶液，其浓度范围应包括样品中被测元素的浓度。如表 3-30-1 所示。

（5）测量：按规范操作。打开仪器，并根据下列测量条件，将仪器调至最佳工作状态。

吸收线波长：324.8 nm；

灯电流：8 mA；

狭缝宽度："2" 挡；

燃烧器高度：5 mm；

乙炔流量：0.8 L/min；

空气流量：5.5 L/min；

吸入（1+499）硝酸溶液，将仪器调零。吸入空白、工作标准溶液或样品，记录吸光度（A）。

（6）绘制校准曲线：用测得的吸光度与相对应的浓度绘制校准曲线。在测定过程中，要定期复测空白和工作标准溶液，以检查基线的稳定性和仪器的灵敏度是否发生了变化。

七、结果与讨论

根据扣除空白吸光度后的样品吸光度，在校准曲线上查出样品中的金属浓度。

表 3-30-1　标准曲线绘制的相关数据记录表

标准系列	铜中间标准溶液加入体积/mL	工作标准溶液质量浓度/（mg/L）	A	$A_{校正}$
0	0.00	0.00		
1	0.50	0.25		
2	1.00	0.5		
3	3.00	1.5		
4	5.00	2.5		
5	10.00	5.00		
回归方程				
相关系数				

表 3-30-2　样品测定数据记录表

空白吸光度 A=

样品	吸光度 A	$A_{校正}$	回归方程计算所得质量浓度/（mg/L）
1			
2			
3			
4			
5			
6			

以渗滤液流出体积为横坐标，以渗滤液中铜质量浓度为纵坐标，绘制土壤淋滤实验重金属铜变化规律图。

八、注意事项

1．标准溶液加入量应视水样中铜的大致的质量浓度来设定。

2．在测定过程中，要定期地复测空白和工作标准溶液，以检查基线的稳定性和仪器的灵敏度是否发生了变化。

3．经常检查管道，防止气体泄漏，严格遵守有关操作规定，注意安全。

九、思考题

1．土壤重金属污染修复的方法都有哪些？

2．土壤重金属淋滤试验可选择的淋洗剂有哪些？各有什么特点？

第四部分　监测分析实验

实验一　水样采集

水样的采集是水质监测分析的重要环节。要想获得准确、全面的水质分析资料，首先必须采用正确的采样方法。如果这个环节没有做好，那么，即使分析化验操作再严格细致、准确无误，其结果也是毫无意义的。甚至得出错误的结论，耽误了工作。

水样采集和保存的主要原则是：首先，采集的样品要能代表水体的质量，即水样要有代表性；其次，采集样品易发生变化的成分应在现场测定，带回实验室的样品，在测试之前要妥善保存，确保样品在保存期间不发生明显的物理、化学、生物变化。

一、实验目的

1．学会采样点的选择。
2．学会采样器的使用。
3．掌握各种水样的采集方法。

二、实验仪器

采样容器：采样桶、采样瓶、自动采样器等。

三、实验步骤

（一）地表水的采集
1．采样点的布设
采样布点通常应包括两个方面的含义：①在水体系统中选择合适的采样地段（断面）；②在所选地段上布设具体采样位置，即采样点。
（1）采样断面的布设
采样断面是指在河流采样中，实施水样采集的整个剖面。采样断面分为对照断面、控制断面、削减断面、背景断面等。

①对照断面。为了解流入监测河段前的水体水质状况而设置。这种断面应设在河流进入城市或工业区以前的地方，避开各种废水、污水流入或回流。

②控制断面。为评价、监测河段两岸污染源对水体水质影响而设置。一般设在排污口下游 500～1 000 m 处。

③削减断面。指河流受纳废水和污水后，经稀释扩散和自净作用，使污染物浓度显著下降，其中左、中、右三点浓度差异较小的断面，通常设在城市或工业区最后一个排污口下游 1 500 m 以外的河段上。

④ 背景断面。水质基本上未受人类生活和生产活动影响，应设在清洁河段上。

（2）采样点的确定

在一个采样断面上设置的采样垂线数与各垂线上的采样点数应符合表 4-1-1 和表 4-1-2。

表 4-1-1　采样垂线数的设置

水面宽	垂线	说明
≤50 m	一条（中泓）	1. 垂线布设应避开污染带，要测污染带应另加垂线
50～100 m	二条（近左、右岸有明显水流处）	2. 确能证明该断面水质均匀时，可仅设中泓垂线
>100 m	三条（左、中、右）	3. 凡在该断面要计算污染物通量时，必须按本表设置垂线

表 4-1-2　采样垂线上的采样点数的设置

水深	采样点数	说明
≤5 m	上层一点	1. 上层指水面下 0.5 m 处，水深不到 0.5 m 时，在水深 1/2 处采样
5～10 m	上、下层两点	2. 下层指河底以上 0.5 m 处
>10 m	上、中、下层三点	3. 中层指水深 1/2 处 4. 封冻时在冰下 0.5 m 处采样，水深不到 0.5 m 时在水深 1/2 处采样 5. 凡在该断面要计算污染物通量时，必须按本表设置垂线

2．采样方法

（1）采集水样前，应先用水样洗涤采样器容器、盛样瓶及塞子各 2～3 次（油类除外）。

（2）表层水采样。可用适当的容器如桶、瓶等容器直接采取。从桥上等地方采样时，可将系着绳子的聚乙烯桶或带有坠子的采样瓶投于水中汲水。要注意不能混入漂浮于水面上的物质。

（3）深层水采样。可用直立式或有机玻璃采水器。这类装置是在下沉过程中，水就从采样器中流过。当达到预定的深度时，容器能够闭合而汲取水样。在河水流动缓慢的情况下，采用上述方法时，最好在采样器下系上适宜重量的铅鱼，并配备绞车。

3．采样数据记录

表 4-1-3　地表水采样现场记录表

采样地点	样品编号	流量/(m³/s)	流速/(m/s)	采样日期	采样时间		现场测定项目				
					开始	结束	pH	温度/℃	电导率/(μS/cm)	溶解氧/(mg/L)	透明度/cm

4．注意事项

（1）采样时不可搅动水底的沉积物。

（2）采样时应保证采样点的位置准确。

（3）如采样现场水体很不均匀，无法采到有代表性的样品，则应详细记录不均匀的情况和实际采样情况，供使用该数据者参考。并将此现场情况向环境保护行政主管部门反映。

（4）测定油类的水样，应在水面至水下 300 mm 采集柱状水样，并单独采样，全部用于测定。采样瓶（容器）不能用采集的水样冲洗。

（5）测溶解氧、生化需氧量和有机污染物等项目的水样，必须注满容器，上部不留空间，并用水封口。

（6）如果水样中含沉降性固体（如泥沙等），则应分离除去。分离方法为：将所采水样摇匀后倒入筒形玻璃容器（如 1～2 L 量筒），静置 30 min，将已不含沉降性固体但含有悬浮性固体的水样移入样容器并加入保存剂。测定水温、pH、DO、电导率、总悬浮物和油类的水样除外。

（7）测定油类、BOD_5、DO、硫化物、余氯、粪大肠菌群、悬浮物、放射性等项目要单独采样。

（二）污（废）水样品的采集

1．采样点的布设

工业废水：第一类污染物采样点位一律设在车间或车间处理设施的排放口或专门处理此类污染物设施的排放口；第二类污染物采样点位一律设在排污单位的外排口。

城市生活污水：

①城市污水管网的采样点设在：非居民生活排水支管接入城市污水干管的检查井；城市污水干管的不同位置；污水进入水体的排放口。

②城市污水处理厂：在污水进口和处理后的总排放口布设采样点。如需监测各污水处理单元效率，应在处理设施单元的进、出口分别设采样点。另外还需设污泥采样点。

2．采样方法

①采样的准备。选择适宜材质的盛水容器和采样器，并清洗干净。准备好交通工具。

②浅层污（废）水采样。可从浅埋排水管、沟道中采样，用采样容器直接采集，也可用长把塑料勺采集。

③深层污（废）水采样。可用深层采水器或固定在负重架内的采样器，沉入检测井内采样。

④自动采样。采用自动采样器可自动采集瞬时水样和混合水样。

3．采样数据记录

表 4-1-4　污（废）水采样现场数据记录

采样人员									
采样地点	样品编号	采样日期	时间		pH	温度/℃	其他参量		
			采样开始	采样结束			流量/（m³/s）	工艺等描述	

4．注意事项

（1）用样品容器直接采样时，必须用水样冲洗三次后再行采样。但当水面有浮油时，采油的容器不能冲洗。

（2）采样时应注意除去水面的杂物、垃圾等漂浮物。

（3）用于测定悬浮物、BOD_5、硫化物、油类、余氯的水样，必须单独定容采样，全部用于测定。

（4）在选用特殊的专用采样器（如油类采样器）时，应按照该采样器的使用方法采样。

（5）采样时应认真填写"污水采样记录表"，每个水样瓶都应贴上标签（填写采样点位编号、采样日期、时间和地点、测定项目等），要塞紧瓶塞，必要时还要密封。

四、思考题

1．水样采集时，是否要装满容器？
2．大气中的污染物对采集的水样是否有影响？
3．测定不同的项目时，对采集的水样要求是否相同？

实验二　pH 的测定

pH 是水中氢离子活度的负对数，即 $pH = -lg[H^+]$。

天然水中的 pH 多为 6～9，这也是我国污水排放标准中的 pH 控制范围。pH 是水化学中常用的和最重要的检验项目之一。由于 pH 受水温影响而变化，测定时应在规定的温度下进行，或者校正温度。

一、实验目的

1．了解用直接电位法测定溶液 pH 的原理和方法。
2．掌握酸度计的使用方法。

二、实验原理

溶液的 pH 通常是用酸度计进行测定的。

在实际工作中，当用酸度计测定溶液的 pH 时，经常用已知 pH 的标准缓冲溶液来校正酸度计（也叫"定位"）。校正时应选用与被测溶液的 pH 接近的标准缓冲溶液，以减少在测量过程中可能由于液接电位、不对称电位以及温度等变化而引起的误差。校正后的酸度计，可直接测量水或其他低酸碱度溶液的 pH。

三、实验仪器

1．pH S-3C 型酸度计。
2．pH 复合电极。

四、实验试剂

1．pH=4.00 的标准缓冲溶液（25℃）。
2．pH=6.86 的标准缓冲溶液（25℃）。

3．pH=9.18 的标准缓冲溶液（25℃）。

五、实验步骤

1．将仪器接通电源。

2．仪器选择开关置于 pH 挡，开启电源，仪器预热几分钟，然后进行校正。

3．仪器的校正。

方法一：一点校正法——用于分析精度要求不高的情况。

（1）仪器插上电极，选择开关置于"pH"挡；

（2）仪器斜率调节器调节在 100%位置（即顺时针旋到底的位置）；

（3）选择一种接近样品 pH 的缓冲溶液（如 pH=7），并把电极放入这一缓冲溶液中，调节温度调节器，使所指示的温度与溶液的温度相同，并摇动缓冲溶液使溶液均匀；

（4）待读数稳定后，该读数应为缓冲溶液的 pH，否则调节定位调节器；

（5）清洗电极并吸干电极球泡表面的余水。

方法二：二点校正法——用于分析精度要求较高的情况。

（1）仪器插上电极，选择开关置于"pH"挡，仪器斜率调节器调节在 100%位置；

（2）选择两种缓冲溶液（即被测溶液的 pH 在该两种缓冲溶液的 pH 之间或接近的情况，如 pH=4 和 pH=7）；

（3）把电极放入第一种缓冲溶液中（如 pH=7），调节温度调节器，使所指示的温度与溶液的温度相同，并摇动缓冲溶液使溶液均匀；

（4）待读数稳定后，该读数应为缓冲溶液的 pH，否则调节定位调节器；

（5）电极放入第二种缓冲溶液中（如 pH=4），调节温度调节器，使所指示的温度与溶液的温度相同，并摇动缓冲溶液使溶液均匀；

（6）待读数稳定后，该读数应为缓冲溶液的 pH，否则调节斜率调节器；

（7）清洗电极并吸干电极球泡表面的余水。

4．测量 pH：已经被校正过的仪器即可用来测量被测溶液。

（1）被测溶液和定位溶液温度相同时：

1）"定位"保持不变；

2）将电极夹向上移出，用蒸馏水清洗电极头部，并用滤纸吸干；

3）把电极插在被测溶液之内，摇动溶液使之均匀后读出该溶液 pH。

（2）被测溶液和定位溶液温度不同时：

1）"定位"保持不变；

2）将电极夹向上移出，用蒸馏水清洗电极头部，并用滤纸吸干，用温度计测出被测溶液的温度值；

3）调节"温度"调节器，使指示在该温度值上；

4）把电极插在被测溶液之内，摇动溶液使之均匀后读出该溶液 pH。

5．实验完毕，将电极套好保护帽，放回电极盒中；仪器回零，关闭仪器开关，拔掉电源插头。

6．清理实验台，物归原处，保持实验台面干净整洁。

六、结果与讨论

表 4-2-1　溶液 pH 测定数据记录表

测量值	缓冲溶液		待测溶液		
	1	2	1	2	3
温度/℃					
pH					

七、注意事项

1．电极在使用前必须用已知 pH 的标准缓冲溶液进行定位校准，为取得正确的结果，已知 pH 要可靠，而且其 pH 越接近被测值越好；

2．电极取下帽后应注意，在塑料保护栅内的敏感玻璃泡不要与硬物接触，任何破损和擦毛都会使电极失效；

3．测量完毕，不用时应将电极保护帽套上，帽内应有少量的补充液，以保持电极球泡的湿润；

4．复合电极的外参比补充溶液为 3 mol/L 氯化钾溶液；

5．复合电极的引出端必须保持清洁和干燥，绝对防止输出两端短路，否则将导致测量结果失准或失效。

八、思考题

1．电位法测水溶液 pH 的原理是什么？

2．酸度计为什么要用已知 pH 的标准缓冲溶液校正？校正时要注意什么问题？

3．安装电极时，应注意哪些事项？

4．有色溶液或浑浊溶液的 pH 是否可以用酸度计测定？

实验三　电导率的测定

电导率是以数字表示溶液传导电流的能力。纯水电导率很小，当水中含无机酸、碱或盐时，电导率增加。电导率常用于间接推测水中离子成分的总浓度。水溶液的电导率取决于离子的性质和浓度、溶液的温度和黏度等。

电导率的标准单位是 S/m（西门子/米），此单位与 Ω/m 相当。一般实际使用单位为 μS/cm。

一、实验目的

1．了解电导率仪的使用原理和方法。
2．学习电极的维护方法。
3．掌握电导率的测定方法。

二、实验原理

由于电导是电阻的倒数，因此，当两个电极（通常为铂电极或铂黑电极）插入溶液中，可以测出两电极间的电阻 R。根据欧姆定律，温度一定时，这个电阻值与电极的间距 L（cm）成正比，与电极的截面积 A（cm^2）成反比。即 $R = \rho \dfrac{L}{A}$

由于电极面积 A 与间距 L 都是固定不变的，故 L/A 是一常数，称电导池常数（以 Q 表示）。比例常数 ρ 叫作电阻率。其倒数 $1/\rho$ 称为电导率，以 K 表示。

用 S 表示电导度，反映导电能力的强弱。电导度和电阻成反比。即 $S = \dfrac{1}{R} = \dfrac{1}{\rho Q}$，

所以，$K=QS$ 或 $K=Q/R$。

当已知电导池常数，并测出电阻后，即可求出电导率。

三、实验仪器

1．DDS-307 型电导率仪：误差不超过 1%。
2．电极：不同常数的电极若干支。

四、实验试剂

纯水：蒸馏水（或去离子水）。

五、实验步骤

1．电极的选择

按被测介质电导率的高低，选择不同常数的电导电极，并且测定方法也不同。

一般当介质电导率小于 0.1 μS/cm 时选择 0.01 cm^{-1} 常数的电极，而且应在流动状态下测量；当电导率在 0.1～1 μS/cm 时应选择 0.1 cm^{-1} 常数的 DJS－0.1 型光亮电极；任意状态下测量；当电导率在 1～100 μS/cm 时选择常数为 1 cm^{-1} 的 DJS－1 型光亮电极；当电导率在 100～1 000 μS/cm 时选择常数为 1 cm^{-1} 的 DJS－1 型铂黑电极；当电导率在 1 000～10 000 μS/cm 时选择常数为 1 cm^{-1} 或 10 cm^{-1} 的 DJS－1 型铂黑电极或 DJS－10 型铂黑电极；当电导率大于 10 000 μS/cm 时应选择常数为 10 cm^{-1} 的 DJS－1 型铂黑电极。

2．温度补偿调节器的使用

用温度计测出被测介质的温度后，把"温度"旋钮置于相应的温度刻度上。若把旋钮置于 25℃ 上，即为基准温度下补偿，即无补偿方式。

3．常数选择开关的选择

若选用 0.01cm^{-1}±20% 常数的电极，则置于 0.01 挡；

若选用 0.1cm^{-1}±20% 常数的电极，则置于 0.1 挡；

若选用 1cm^{-1}±20% 常数的电极，则置于 1 挡；

若选用 10cm^{-1}±20% 常数的电极，则置于 10 挡。

4．常数的设定方法　量程开关置于校正挡

（1）对 0.01cm^{-1} 电极，常数选择开关置 0.01 挡，若使用的电极常数为 0.009 5，则调节校正旋钮使仪器显示为 0.950；

（2）对 0.1cm^{-1} 电极，常数选择开关置 0.1 挡，若使用的电极常数为 0.095，则调节校正旋钮使仪器显示为 9.50；

（3）对 1cm^{-1} 电极，常数选择开关置 1 挡，若使用的电极常数为 0.95，则调节校正旋钮使仪器显示为 95.0；

（4）对 10cm^{-1} 电极，常数选择开关置 10 挡，若使用的电极常数为 9.5，则调节校正旋钮使仪器显示为 950。

5．测量

（1）量程开关置于校正挡，按上述第 2～4 条步骤操作；

（2）将电极插头插入插口，再将电极进入待测溶液中；

（3）把量程开关扳至测量挡，选择合适的量程挡（量程开关应由第Ⅳ量程起逐步转向Ⅲ、Ⅱ、Ⅰ量程），使仪器尽可能显示多位有效数字。此时仪器显示的读数×量程系数后，即为溶液的电导率，见表 4-3-1。

6．测量完毕，将仪器各开关复位，关闭电源开关，拔下电源插头。

7．从仪器上取下电极，用纯水清洗干净并放回原处。

8．清理实验台，物归原处，保持实验台面干净整洁。

六、结果与讨论

表 4-3-1　溶液电导率换算表

电导率/（μS/cm）	常数/cm^{-1}	量程	被测介质电导率/（μS/cm）
0～10	1	I	读数×0.1
0～100	1	II	读数×1
0～1 000	1	III	读数×10
0～10 000	1	IV	读数×100

表 4-3-2　溶液电导率测定数据记录表

待测溶液	电极型号	选择常数/cm^{-1}	设定常数	温度/℃	溶液电导率/（μS/cm）
1					
2					
3					
4					
5					

七、注意事项

1．电极应定期进行常数标定。

2．电极的插头、引线应保持干燥。在测量高电导（即低电阻）时应使插头接触良好，以减小接触电阻。

3．在测量高纯水时应避免污染，最好采用密封、流动的测量方式。

4．因温度补偿是采用固定的 2%的温度系数补偿的，故对高纯水测量尽量采用不补偿方式进行测量。

5．为确保测量精度，电极使用前应用小于 0.5 μS/cm 的蒸馏水（或去离子水）冲洗两次，然后用待测溶液冲洗 3 次方可测量。

6．在测量过程中需要重新校正仪器，只需将量程开关置校正挡即可重新校正仪器，而不必将电极插头拔出，也不必将电极从待测液中取出。

7. 样品保存：水样采集后应尽快分析，如果不能在采样后 24 h 之内进行分析，样品应贮存于聚乙烯瓶中，并满瓶封存，于 4℃冷暗处保存，不得加保存剂。

8. 干扰及消除：样品中含有粗大悬浮物质、油和脂，若有干扰测定，应过滤或萃取除去。

9. 新制备的蒸馏水电导率为 0.05～0.2 mS/m，存放一段时间后，由于空气中的 CO_2 或氨的溶入，电导率可上升至 0.2～0.4 mS/m；饮用水电导率在 0.5～150 mS/m 之间；海水电导率大约为 3 000 mS/m；清洁河水电导率约为 10 mS/m。电导率随温度变而变化，温度每升高 1℃，电导率增加约 2%，通常规定 25℃为测定电导率的标准温度。

八、思考题

1. 测定溶液的电导率的原理是什么？
2. 安装电极时，应注意哪些事项？

实验四　浊度的测定

浊度是由于水中含有泥砂、黏土、有机物、无机物、浮游生物和微生物等悬浮物质所造成的，可使光散射或吸收。天然水经过混凝、沉淀和过滤等处理，使水变得清澈。测定水样浊度可用分光光度法、目视比浊法和浊度仪法。

方法一　分光光度法

一、实验目的

1. 了解分光光度计的原理及使用方法。
2. 掌握分光光度法测定浊度的方法。

二、实验原理

在适当温度下，硫酸肼与六次甲基四胺聚合，形成白色高分子聚合物，以此作为浊度标准液，在一定条件下与水样浊度相比较。

三、实验仪器

1. 50 mL 具塞比色管，8 支。

2．100 mL 容量瓶，3 个。

3．分光光度计，配有光程 30 mm 比色皿。

4．10.0 mL 移液管，1 支。

四、实验试剂

1．无浊度水　将蒸馏水通过 0.2 μm 滤膜过滤，收集于用滤过水淋洗两次的烧瓶中。

2．浊度标准贮备液

（1）硫酸肼溶液：称取 1.000 g 硫酸肼[$(NH_2)_2SO_4 \cdot H_2SO_4$]，溶于水中，定容至 100 mL。

（2）六次甲基四胺溶液：称取 10.00 g 6 次甲基四胺[$(CH_2)_6N_4$]，溶于水中，定容至 100 mL。

（3）浊度标准贮备液：吸取 5.00 mL 硫酸肼溶液与 5.00 mL 6 次甲基四胺溶液于 100 mL 容量瓶中，混匀。于 25℃±3℃下静置反应 24 h，用水稀释至标线，混匀。此溶液的浊度为 400 度。可保存一个月。

五、实验步骤

1．标准曲线的绘制

吸取浊度标准溶液 0 mL、0.50 mL、1.25 mL、2.50 mL、5.00 mL、10.00 mL、12.50 mL，置于 50 mL 比色管中，加无浊度水至标线。摇匀后即得浊度为 0 度、4 度、10 度、20 度、40 度、80 度、100 度的标准系列。用 30 mm 比色皿于 680 nm 波长下测定吸光度，绘制浊度—吸光度校准曲线。

2．水样的测定

吸取 50.0 mL 摇匀水样（无气泡，如浊度超过 100 度，可酌情少取，用水稀释到 50.0 mL），于 50 mL 比色管中，按绘制校准曲线步骤测定吸光度，由校准曲线上查得水样浊度。

表 4-4-1　分光光度法测定浊度数据记录表

溶液		测量值		
		体积/mL	稀释倍数	吸光度
标准溶液	1	0		
	2	0.50		
	3	1.25		
	4	2.50		
	5	5.00		
	6	10.00		
	7	12.50		

溶液		测量值		
		体积/mL	稀释倍数	吸光度
水样	1			
	2			
	3			
	4			
	5			

六、结果与讨论

$$浊度 = \frac{A(B+C)}{C} \tag{4-4-1}$$

式中：A——稀释后水样的浊度，度；

　　　B——稀释水体积，mL；

　　　C——原水样体积，mL。

七、注意事项

1. 测定浊度的精度要求。

表 4-4-2　测定浊度的精度要求表

浊度范围/度	精度/度
1～10	1
10～100	5
100～400	10
400～1 000	50
>1 000	100

2. 实验过程中干扰及消除。水样应无碎屑及易沉淀的颗粒。器皿不清洁及水中溶解的空气泡会影响测定结果。如在 680 nm 波长下测定，天然水中存在的淡黄色、淡绿色无干扰。

3. 方法的适用范围。本法适用于测定天然水、饮用水的浊度，最低检测浊度为3 度。

4. 玻璃量器精确程度会影响实验结果。

5. 用移液管移取溶液时，要规范操作动作，以免影响结果。

6. 硫酸肼毒性较强，属致癌物质，取用时应注意安全。

八、思考题

1. 分光光度计调 0%和 100%时，如果调试不准确，对实验结果会造成什么样的影响？

2. 如何将校准曲线绘制得更精确？

3. 分光光度法测定浊度时为什么用 30 mm 的比色皿？

方法二　目视比浊法

一、实验目的

学习并掌握用目视法测定水样浊度的方法。

二、实验原理

将水样与用硅藻土（或白陶土）配制的浊度标准液进行比较，相当于 1 mg 一定粒度的硅藻土（或白陶土）在 1 000 mL 水中所产生的浊度，称为 1 度。

三、实验仪器

1. 100 mL 具塞比色管，12 支。

2. 250 mL 具塞无色玻璃瓶，玻璃质量和直径均需一致。

3. 分筛，150 目。

4. 1 000 mL 量筒，2 个。

5. 虹吸管。

6. 蒸发皿。

7. 恒温水浴锅。

8. 烘箱。

9. 干燥器。

10. 分析天平，精确到 0.1 mg。

11. 1 000 mL 容量瓶，1 个。

12. 250 mL 容量瓶，13 个。

13. 研钵，1 套。

14. 10.0 mL 移液管，1 支。

四、实验试剂

1．浊度标准液

（1）称取 10 g 通过 0.1 mm 筛孔（150 目）的硅藻土，于研钵中加入少许蒸馏水调成糊状并研细，移至 1 000 mL 量筒中，加水至刻度，充分搅拌，静置 24 h，用虹吸法仔细将上层 800 mL 悬浮液移至第二个 1 000 mL 量筒中。向第二个量筒内加水至1 000 mL，充分搅拌后静置 24 h。

虹吸出上层较细颗粒的 800 mL 悬浮液，弃去。下部沉积物加水稀释至 1 000 mL。充分搅拌后贮于具塞玻璃瓶中，作为浑浊度原液。其中含硅藻土颗粒直径大约为 400 μm。

取上述悬浊液 50.0 mL 置于已恒重的蒸发皿中，在水浴上蒸干。于 105℃烘箱内烘2 h，置干燥器中冷却 30 min，称重。重复以上操作，即烘 1 h，冷却，称重，直至恒重。求出每毫升悬浊液中含硅藻土的质量（mg）。

（2）吸取含 250 mg 硅藻土的悬浊液，置于 1 000 mL 容量瓶中，加水至刻度，摇匀。此溶液浊度为 250 度。

（3）吸取浊度为 250 度的标准液 100 mL 置于 250 mL 容量瓶中，用水稀释至标线，此溶液浊度为 100 度。

2．氯化汞：上述原液和各标准液中加入 1 g/L 氯化汞，以防菌类生长。

五、实验步骤

1．浊度低于 10 度的水样

（1）吸取浊度为 100 度的标准液 0 mL、1.0 mL、2.0 mL、3.0 mL、4.0 mL、5.0 mL、6.0 mL、7.0 mL、8.0 mL、9.0 mL 及 10.0 mL 于 100 mL 比色管中，加水稀释至标线，混匀。其浊度依次为 0 度、1.0 度、2.0 度、3.0 度、4.0 度、5.0 度、6.0 度、7.0 度、8.0度、9.0 度、10.0 度的标准液。

（2）取 100 mL 摇匀水样置于 100 mL 比色管中，与浊度标准液进行比较。可在黑色底板上，由上往下垂直观察。

2．浊度 10 度以上的水样

（1）吸取浊度为 250 度的标准液 0 mL、10 mL、20 mL、30 mL、40 mL、50 mL、60 mL、70 mL、80 mL、90 mL 及 100 mL 于 250 mL 容量瓶中，加水稀释至标线，混匀。即得浊度为 0 度、10 度、20 度、30 度、40 度、50 度、60 度、70 度、80 度、90 度、100度的标准液。移入成套的 250 mL 具塞玻璃瓶中，每瓶加入 1 g/L 氯化汞，以防菌类生长，密塞保存。

（2）取 250 mL 摇匀水样，置于 250 mL 具塞玻璃瓶中，瓶后放一有黑线的白纸作为判别标志，从瓶前向后观察，根据目标清晰程度，选出与水样产生视觉效果相近的标准液，记下其浊度值。

（3）水样浊度超过 100 度时，用水稀释后测定。

六、结果与讨论

$$浊度=\frac{A(B+C)}{C}$$ （4-4-2）

式中：A——稀释后水样的浊度，度；

　　　B——稀释水体积，mL；

　　　C——原水样体积，mL。

表 4-4-3　目视比浊法测定浊度数据记录表

测量值	标准溶液									水样		
										1	2	3
溶液体/mL												
浊度/度												

七、注意事项

1．用移液管移取溶液时，要规范操作动作，以免影响结果。

2．使用的玻璃仪器要洗涤干净，否则会影响实验结果。

3．样品收集于具塞玻璃瓶内，应在取样后尽快测定。如需保存，可在 4℃冷暗处保存 24 h，测试前要剧烈振摇水样并恢复到室温。

八、思考题

1．测定浊度时应该如何选择视线的角度？

2．测定浊度时，根据具体情况如何选择分光光度法和目视比浊法？

方法三　浊度仪法

一、实验目的

1．熟悉浊度仪的构造和原理。

2．掌握浊度仪的使用方法。

二、实验原理

采用 90°散射光的测量原理，由光源发出的平行光束通过溶液时，一部分被吸收和散射，另一部分透过溶液。与入射光成 90°方向的散射光强度符合雷莱公式：

$$I_s = \frac{KNV^2}{\lambda} \times I_0$$

式中：I_s——散射光强度；

I_0——入射光强度；

N——单位溶液微粒数；

V——微粒体积；

λ——入射光波长；

K——系数。

在入射光恒定条件下，在一定浊度范围内，散射光强度与溶液的浑浊度成正比。

上式可表示为：$I_s / I_0 = K'N$（K'为常数）

根据这一公式，可根据测量光线在通过水样中微粒时散射光的强度来确定水样的浊度。

三、实验仪器

1．WZS-180 型低浊度仪。

2．比色皿。

3．标准浊度玻璃。

四、实验试剂

1．无浊度水　将蒸馏水通过 0.2 μm 滤膜过滤，收集于用滤过水淋洗两次的烧瓶中。

2．20 NTU 浊度标准溶液　将浊度标准贮备液（同分光光度法）用无浊度水稀释 20 倍而得。

五、实验步骤

1．将仪器接通电源，开机预热。

在仪器预热的同时，从比色盒中取出比色皿，用无浊度水清洗比色皿内外表面数次，清洗完毕后，擦去外表面水分，备用。

2．仪器的校准

方法一：采用标准浊度玻璃校正浊度仪，将标准浊度玻璃放入测量槽中，调节浊度仪读数显示为标准玻璃上所示值。

方法二：用 20NTU 的浊度标准溶液，仪器显示值应在（20±0.5）NTU 范围内，否则可缓慢调节满度电位器，指示相应的浊度值。

3．测量

（1）将样品摇匀，以水样清洗比色皿数次后，倒入水样并擦干比色皿外表面水分；

（2）打开仪器的圆盖，将比色皿黑色一面对着操作者小心放入测量方槽中，并使比色皿底与测量底部完全吻合，不能任意转动，盖上圆盖，仪器显示值即为水样浊度值。

4．实验完毕，取出比色皿，清洗干净，放回比色盒中；关闭仪器开关，拔掉电源插头。

5．清洗实验台，物归原处，保持实验台面干净整洁。

六、注意事项

1．仪器测量、校准请使用同一比色皿，以保证仪器测量精度。

2．防止比色皿玻璃表面被硬物或锐角的物体擦划。

3．被测水样应该沿着比色皿内壁徐徐注入，防止产生气泡，以免影响测量精度。

4．比色皿周一定要干燥，否则会引起测量误差。

5．为确保测量精度，更换水样时，比色皿先用无浊度水清洗数次，再用样品水清洗数次方可测量。

七、思考题

1．仪器在预热期间，在没有插入比色皿时，仪器示值不显示零，为什么？

2．浊度仪使用的注意事项有哪些？

实验五　残渣的测定

残渣分为总残渣、可滤残渣和不可滤残渣三种。总残渣是水或污水在一定温度下蒸发，烘干后剩留在器皿中的物质，包括"不可滤残渣"（即截留在滤器上的全部残渣，也称为悬浮物）和"可滤残渣"（即通过滤器的全部残渣，也称为溶解性固体）。

水中悬浮物的理化特性、所用的滤器与孔径大小、滤片面积和厚度以及截留在滤器上物质的数量和物理状态等均能影响不可滤残渣与可滤残渣的测定结果。鉴于这些因素复杂，且难以控制，因而上述两种残渣的测定方法只是为了实用而规定的近似方法，具有相对评价意义。

烘干温度和时间，对结果有重要影响，由于有机物挥发，吸着水、结晶水的变化和气体逸失等造成减重，也由于氧化而增重。通常有两种烘干温度供选择。103～105℃烘干的残渣，保留结晶水和部分吸着水，重碳酸盐将转为碳酸盐，而有机物挥发逸失甚少。由于在105℃不易赶尽吸着水，故达到恒重较慢。而在（180±2）℃烘干时，残渣的吸着水都除去，可能存留某些结晶水；有机物挥发逸失，但不能完全分解，重碳酸盐均转为碳酸盐，部分碳酸盐可能分解为氧化物及碱式盐，某些氯化物和硝酸盐可能损失。

下述方法适用于天然水、饮用水、生活污水和工业废水中 20 000 mg/L 以下残渣的测定，以及供水、生活污水、工业废水处理过程中产生的沉淀物和悬浮物的测定。

103～105℃烘干的总残渣的测定

一、实验原理

将混合均匀的水样，在称至恒重的蒸发皿中于蒸气浴或水浴上蒸干，放在103～105℃烘箱内烘至恒重，增加的重量为总残渣。

二、实验仪器

1. 瓷蒸发皿，直径 90 mm（也可用 150 mL 硬质烧杯，或玻璃蒸发皿）。
2. 烘箱。
3. 蒸气浴或水浴。

三、实验步骤

1. 将瓷蒸发皿放到 103～105℃烘箱中烘 30 min，冷却后称重，反复烘干、冷却、称量，直至恒重（两次称重相差不超过 0.000 5 g）。

2. 取适量振荡均匀的水样（如 50 mL，为减少称量误差，所取水样的体积要使残渣量大于 25 mg），置上述蒸发皿内，在蒸气浴或水浴上蒸干（水浴面不可接触皿底），然后移入 103～105℃烘箱内，每次烘 1 h，冷却后称重，反复烘干、冷却、称量，直到恒重（两次称重相差不超过 0.000 5 g）。

表 4-5-1　103～105℃烘干的总残渣数据记录表

水样	烘箱温度/℃	蒸发皿质量 B/g	水样体积 V/mL	蒸发皿和总残渣的质量 A/g	总残渣的质量 A-B/g
1					
2					
3					
4					

四、结果与讨论

$$\rho = \frac{(A-B) \times 1\,000 \times 1\,000}{V} \qquad (4\text{-}5\text{-}1)$$

式中：ρ——总残渣质量浓度，mg/L；

A——总残渣 + 蒸发皿质量，g；

B——蒸发皿质量，g；

V——水样体积，mL。

103～105℃烘干的可滤残渣的测定

一、实验原理

将过滤后水样放在烘干至恒重的蒸发皿内蒸干，然后在 103～105℃烘至恒重，增加的重量为可滤残渣。

二、实验仪器

1．滤膜（孔径 0.45 μm）及配套滤器，或中速定量滤纸。

2．烘箱。

3．蒸气浴或水浴。

三、实验步骤

1．将蒸发皿放到 103～105℃烘箱中烘 30 min，冷却后称重，反复烘干、冷却、称量，直至恒重（两次称重相差不超过 0.000 5 g）。

2．用孔径 0.45 μm 滤膜或中速定量滤纸过滤水样。

3．取适量过滤后水样（为减少称量误差，所取水样的体积要使残渣量大于 25 mg），置上述蒸发皿内，在蒸气浴或水浴上蒸干（水浴面不可接触皿底）。然后移入 103～105℃

烘箱内烘 1 h，冷却后称重，反复烘干、冷却、称量，直到恒重（两次称重相差不超过 0.000 5 g）。

表 4-5-2 103～105℃烘干的可滤残渣数据记录表

水样	烘箱温度/℃	蒸发皿质量 B/g	水样体积 V/mL	蒸发皿和可滤残渣的质量 A/g	可滤残渣的质量 A-B/g
1					
2					
3					
4					

四、结果与讨论

$$\rho = \frac{(A - B) \times 1\,000 \times 1\,000}{V} \tag{4-5-2}$$

式中：ρ——可滤残渣质量浓度，mg/L；

　　A——可滤残渣 + 蒸发皿质量，g；

　　B——蒸发皿质量，g；

　　V——水样体积，mL。

注：采用不同滤料所测得的结果会存在差异。必要时，应在分析结果报告上加以注明。

103～105℃烘干的不可滤残渣（悬浮物）的测定

许多江河由于水土流失使水中悬浮物大量增加。地面水中存在悬浮物使水体浑浊，降低透明度，影响水生生物的呼吸和代谢，甚至造成鱼类窒息死亡。悬浮物多时，还可能造成河道阻塞。造纸、皮革、冲渣、选矿、湿法粉碎和喷淋除尘等工业操作中产生大量含无机、有机的悬浮物废水。因此，在水和废水处理中，测定悬浮物具有特定意义。

不可滤残渣（悬浮物）是指不能通过孔径为 0.45 μm 滤膜的固体物。

一、实验原理

用 0.45 μm 滤膜过滤水样，经 103～105℃烘干后得到不可滤残渣（悬浮物）含量。

二、实验仪器

1. 全玻璃或有机玻璃微孔滤膜过滤器。
2. 滤膜：孔径 0.45 μm、直径 45～60 mm。
3. 吸滤瓶、真空泵。
4. 无齿扁嘴镊子。
5. 称量瓶：内径 30～50 mm。
6. 干燥器。
7. 烘箱。

三、实验试剂

蒸馏水或同等纯度的水。

四、实验步骤

1. 滤膜准备

用无齿扁嘴镊子夹取滤膜放于事先恒重的称量瓶里,移入烘箱中于 103～105℃烘干 0.5 h 后取出置于干燥器内冷却至室温,称其质量。反复烘干、冷却、称量,直至两次称量的质量差≤0.2 mg。将恒重的滤膜正确地放在滤膜过滤器托盘上,加盖配套的漏斗,并用夹子固定好。以蒸馏水湿润滤膜,并不断吸滤。

2. 测定

量取充分混合均匀的试样 100 mL 抽吸过滤,使水分全部通过滤膜,再以每次 10 mL 蒸馏水连续洗涤 3 次,继续吸滤以除去痕量水分。停止吸滤后,仔细取出载有悬浮物的滤膜放在原恒重的称量瓶里,移入烘箱中于 103～105℃下烘干 1 h 后移入干燥器中,使冷却到室温,称其质量。反复烘干、冷却、称量,直至两次称量的质量差≤0.4 mg 为止。

表 4-5-3 103～105℃烘干的不可滤残渣数据记录表

水样	烘箱温度/℃	滤膜和称量瓶的质量 B/g	水样体积 V/mL	滤膜、称量瓶和不可滤残渣的质量 A/g	不可滤残渣的质量 $A\text{-}B$/g
1					
2					
3					
4					

五、结果与讨论

$$\rho = \frac{(A - B) \times 1\,000 \times 1\,000}{V}$$（4-5-3）

式中： ρ——不可滤残渣质量浓度，mg/L；

    A——滤膜、称量瓶和总不可滤残渣的质量，g；

    B——滤膜和称量瓶的质量，g；

    V——水样体积，mL。

六、注意事项

1. 采样所用聚乙烯瓶或硬质玻璃瓶要用洗涤剂洗净。再依次用自来水和蒸馏水冲洗干净。在采样之前，再用即将采集的水样清洗 3 次。然后，采集具有代表性的水样 500～1 000 mL，盖严瓶盖。

2. 采集的水样应尽快分析测定。如需放置，应贮存在 4℃冷藏箱中，但最长不得超过 7 d。

3. 贮存水样时不能加入任何保护剂，以防止破坏物质在固、液相间的分配平衡。

4. 漂浮或浸没的不均匀固体物质不属于不可滤残渣（悬浮物），应从采集的水样中去除。

5. 滤膜上截留过多的悬浮物可能夹带过多的水分，除延长干燥时间外，还可能造成过滤困难，遇此情况，可酌情少取试样。滤膜上悬浮物过少，则会增大称量误差，影响测定精度，必要时，可增大试样体积。一般以 5～100 mL 悬浮物量作为量取试样体积的使用范围。

七、思考题

1. 蒸发皿、滤膜和称量瓶每次在使用前都要烘干至恒重，为什么？
2. 总残渣、不可滤残渣、可滤残渣三者之间的关系是什么？

实验六 色度的测定

纯水是无色的。水因为混有其他物质而呈现不同的颜色。水的颜色可分为两种情况，一种为"水的表观颜色"，这种颜色是由溶解物质及不溶解性悬浮物产生的颜色，用未经过滤或离心分离的原始样品测定；另一种为"水的真实颜色"，这种颜色仅由溶解物质产生，并用经 0.45 μm 滤膜过滤器过滤的样品测定。

水环境监测的监测对象一般有两种情况，一是比较清洁的地面水、地下水和饮用水等，这种水的水质受藻类活动的影响而呈黄绿色调；二是污染较严重的地面水和工业废水，这种水的水质颜色情况较为复杂。

依照相关的国家标准监测方法，比较清洁的地面水、地下水和饮用水等，采用铂钴比色法；污染较严重的地面水和工业废水采用稀释倍数法。这两种方法要分别根据监测对象的情况使用，不具有可比性。在测定时，样品和标准溶液的颜色色调必须一致。

pH 对水的颜色有较大影响，在测定色度时应同时测定 pH。

方法一　铂钴比色法

一、实验目的

1．掌握标准色列的配制方法。
2．掌握目视比色的方法。
3．掌握比较清洁的地面水、地下水和饮用水色度的测定方法。

二、实验原理

用氯铂酸钾和氯化钴配制颜色标准溶液，与被测样品进行目视比较，以测定样品的颜色强度，即色度。

色度的标准单位为度，即在每升溶液中含有 2 mg 六水合氯化钴（Ⅳ）和 1 mg 铂[以六氯铂（Ⅳ）酸的形式]时产生的颜色为 1 度。

三、实验仪器

50 mL 具塞比色管，12 支。规格一致，光学透明玻璃底部无阴影。

四、实验试剂

色度标准储备液（铂钴色度为 500 度）

将（1.245±0.001）g 六氯铂（Ⅳ）酸钾（K_2PtCl_6）及（1.000±0.001）g 六水氯化钴（Ⅳ）（$CoCl_2 \cdot 6H_2O$）溶于约 500 mL 光学纯水中，加（100±1）mL 盐酸（ρ =1.18 g/mL）并在 1 000 mL 的容量瓶内用水稀释至标线。

将溶液放在密封的玻璃瓶中，避光保存，温度不超过 30℃，至少能稳定 6 个月。

五、实验步骤

1．标准色列的配制

取 12 支 50 mL 比色管，用移液管分别加入 0 mL、0.50 mL、1.00 mL、1.50 mL、2.00 mL、2.50 mL、3.00 mL、3.50 mL、4.00 mL、4.50 mL、5.00 mL 及 6.00 mL 色度标准储备液，并用纯水稀释至标线。溶液色度分别为 0 度、5 度、10 度、15 度、20 度、25 度、30 度、35 度、40 度、45 度、50 度和 60 度。

2．水样色度的测定

（1）将样品倒入 250 mL 量筒中，静置 15 min，倾取上层液体作为样品进行测定。

（2）测定。取 1 支 50 mL 比色管，用静置后的样品加至标线。

（3）将比色管放在白瓷板或白纸上，使光线从比色管底部向上通过液柱，目光垂直向下观察液柱，用同样的方法观察标准色列，找出与样品色度最接近的标准溶液。

六、结果与讨论

表 4-6-1　铂钴比色法测定色度数据记录表

水样	1	2	3
溶液体积/mL			
色度/度			

七、注意事项

如色度≥60 度，用纯水将样品适当稀释后，使色度落入标准色列范围之中再行测定。

如果样品经过稀释，则样品色度用式（4-6-1）计算：

$$A_0 = \frac{V_1}{V_0} \times A_1 \qquad (4\text{-}6\text{-}1)$$

式中：A_0——样品色度值，度；

V_1——样品稀释后的体积，mL；

V_0——样品稀释前的体积，mL；

A_1——稀释样品色度的观察值，度。

方法二　稀释倍数法

一、实验目的

掌握污染较严重的地面水和工业废水的色度测定方法。

二、实验原理

将样品用纯水稀释，目视比较稀释后的样品与纯水，将稀释后刚好看不见颜色时的稀释倍数作为表达颜色的强度，单位为倍。

同时用目视观察样品，检验颜色性质　颜色的深浅（无色，浅色或深色）和色调（红、橙、黄、绿、蓝和紫等），如果可能包括样品的透明度（透明、混浊或不透明）。用文字予以描述。

结果以稀释倍数值和文字描述相结合来表达。

三、实验仪器

具塞比色管，50 mL。

四、实验试剂

纯水。

五、实验步骤

1．将样品倒入 250 mL 量筒中，静置 15 min，倾取上层液体作为样品进行测定。

2．先通过预实验确定水样的粗略稀释倍数，如果水样的稀释倍数在 50 倍以内时，按步骤（1）方法确定水样的色度；如果水样的稀释倍数超过 50 倍时，按步骤（2）方法确定水样的色度。

（1）在具塞比色管中取样品 25 mL，用纯水稀释至标线，此次稀释倍数为 2。将稀释后的样品与装在 50 mL 比色管中的纯水进行比较。比较方法是将两支比色管放在白瓷板或白纸上，使光线通过比色管的底部反射上来。垂直观察液柱，如果液柱有色，则取此比色管中的 25 mL 样品装入另一支空的比色管中，继续用纯水稀释至标线，反复如此操作，直到稀释后的样品的颜色与纯水颜色接近。稀释次数为 n，则记录稀释倍数为 2^n。

（2）用移液管吸取 5 mL 样品，放入 50 mL 比色管中，用纯水稀释至刻度，此时样

品的稀释倍数为 10 倍。取此样品 25 mL 放入 50 mL 比色管中，用纯水稀释至刻度，按
（1）方法与纯水比较，直至稀释后的样品的颜色与纯水接近。稀释次数为 n，则记录稀
释倍数为 10×2^n。

六、结果与讨论

表 4-6-2　稀释倍数法测定色度记录表

颜色深浅	
色调	
透明度	
色度/倍	

七、注意事项

进行观察比较时，周围光线强度要适宜，且尽量在相同的光线强度下测试全部样品。

八、思考题

铂钴比色法和稀释倍数法有什么区别？
为什么污染较严重的地面水和工业废水采用稀释倍数法？

实验七　溶解氧的测定

　　溶解在水中的分子态氧称为溶解氧。天然水的溶解氧含量取决于水体与大气中氧的
平衡。溶解氧的饱和含量和空气中氧的分压、大气压力、水温有密切关系。清洁地面水
溶解氧一般接近饱和。由于藻类的生长，溶解氧可能过饱和。水体受有机、无机还原性
物质污染，使溶解氧降低。当大气中的氧来不及补充时，水中溶解氧逐渐降低，以至趋
近于零，此时厌氧菌繁殖，水质恶化。废水中溶解氧的含量取决于废水排出前的工艺过
程，一般含量较低，差异很大。

　　鱼类死亡事故多是由于大量收纳污水，使水体中耗氧性物质增多，溶解氧降低，造
成鱼类窒息死亡，因此，溶解氧是评价水质的重要指标之一。

　　测定水中溶解氧常采用碘量法及其修正法、膜电极法和现场快速溶解氧仪法。清
洁水可直接采用碘量法测定。水样有色或含有氧化性及还原性物质、藻类、悬浮物等

干扰测定。氧化性物质可使碘化物游离出碘，产生正干扰；某些还原性物质可把碘还原成碘化物，产生负干扰；有机物（如腐植酸、丹宁酸、木质素等）可能被部分氧化，产生负干扰。所以大部分受污染的地面水和工业废水，必须采用修正的碘量法或膜电极法测定。

方法一　碘量法

一、实验目的

1. 熟练掌握移液管、滴定管的使用方法。
2. 掌握碘量法测定溶解氧的原理、方法和适用范围。
3. 了解其他测定溶解氧的方法以及适用范围。
4. 掌握滴定终点的控制方法。

二、实验原理

水样中加入硫酸锰和碱性碘化钾，水中溶解氧将低价锰氧化成高价锰，生成四价锰的氢氧化物棕色沉淀。加酸后，氢氧化物沉淀溶解并与碘离子反应而释出游离碘。以淀粉作指示剂，用硫代硫酸钠滴定释出碘，可计算溶解氧的含量。

三、实验仪器

1. 250～300 mL 溶解氧瓶，若干个。
2. 250 mL 碘量瓶，1 个。
3. 移液管，10.00 mL，1 支；100.00 mL，1 支。
4. 25 mL 滴定管，棕色，2 支。
5. 5 mL 量筒，2 个。
6. 吸管，3 支。

四、实验试剂

1. 硫酸锰溶液。称取 480 g $MnSO_4 \cdot 4H_2O$ 或 364 g $MnSO_4 \cdot H_2O$ 溶于水，用水稀释至 1 000 mL。此溶液加至酸化过的碘化钾溶液中，遇淀粉不得产生蓝色。

2. 碱性碘化钾溶液。称取 500 g 氢氧化钠溶解于 300～400 mL 水中，另称取 150 g 碘化钾（或 135 g 碘化钠）溶于 200 mL 水中，待氢氧化钠溶液冷却后，将两溶液合并、混匀，用水稀释至 1 000 mL。如有沉淀，则放置过夜后，倾出上清液，贮于棕色瓶中。

用橡皮塞塞紧，避光保存。此溶液酸化后，遇淀粉应不呈蓝色。

3．（1+5）硫酸溶液。

4．淀粉溶液，ρ=1 g/100 mL。称取 1 g 可溶性淀粉，用少量水调成糊状，再用刚煮沸的水冲稀至 100 mL。冷却后，加入 0.1 g 水杨酸或 0.4 g 氯化锌防腐。

5．重铬酸钾溶液，c（$1/6K_2Cr_2O_7$）=0.025 00 mol/L。称取于 105～110℃烘干 2 h 并冷却的优级纯重铬酸钾 1.225 8 g，溶于水，移入 1 000 mL 容量瓶中，用水稀释至标线，摇匀。

6．硫代硫酸钠溶液。称取 6.2 g 硫代硫酸钠（$Na_2S_2O_3 \cdot 5H_2O$）溶于煮沸放冷的水中，加入 0.2 g 碳酸钠，用水稀释至 1 000 mL。贮于棕色瓶中，使用前用 0.025 0 mol/L 重铬酸钾标准溶液标定，标定方法如下：

于 250 mL 碘量瓶中，加入 100 mL 水和 1 g 碘化钾，加入 10.00 mL 0.025 0 mol/L 重铬酸钾标准溶液、5 mL（1+5）硫酸溶液，密塞，摇匀。于暗处静置 5 min 后，用硫代硫酸钠溶液滴定至溶液呈淡黄色，加入 1 mL 淀粉溶液，继续滴定至蓝色刚好褪去为止，记录用量。

$$M= \frac{10.00 \times 0.025\,00}{V} \tag{4-7-1}$$

式中：M——硫代硫酸钠溶液浓度，mol/L；

V——滴定时消耗硫代硫酸钠溶液的体积，mL。

7．硫酸，ρ=1.84 g/mL。

五、实验步骤

1．溶解氧的固定

用吸管插入溶解氧瓶的液面下，加入 1 mL 硫酸锰溶液、2 mL 碱性碘化钾溶液，盖好瓶塞，颠倒混合数次，静置。待棕色沉淀物降至瓶内一半时，再颠倒混合一次，待沉淀物下降到瓶底。一般在取样现场固定。

2．析出碘

轻轻打开瓶塞，立即用吸管插入液面下加入 2.0 mL 浓硫酸。小心盖好瓶塞，颠倒混合摇匀，至沉淀物全部溶解为止，放置暗处 5 min。

3．滴定

吸取 100.0 mL 上述溶液于 250 mL 锥形瓶中，用硫代硫酸钠溶液滴定至溶液呈淡黄色，加入 1 mL 淀粉溶液，继续滴定至蓝色刚好褪去为止，记录硫代硫酸钠溶液用量。

六、结果与讨论

$$溶解氧（O_2，mg/L）= \frac{M \times V \times 8 \times 1\,000}{100}$$ （4-7-2）

式中：M——硫代硫酸钠溶液浓度，mol/L；

V——滴定时消耗硫代硫酸钠溶液的体积，mL。

表 4-7-1 水样中溶解氧的测定数据记录表

水样	滴定硫代硫酸钠消耗重铬酸钾			滴定溶解氧消耗硫代硫酸钠		
	初始体积 V_1/mL	终点体积 V_2/mL	消耗体积/mL $V=V_2-V_1$	初始体积 V_3/mL	终点体积 V_4/mL	消耗体积/mL $V'=V_4-V_3$
1						
2						
3						
4						

七、注意事项

1．如果水样中含有氧化性物质（如游离氯大于 0.1 mg/L 时），应预先于水样中加入硫代硫酸钠去除，即用两个溶解氧瓶各取一瓶水样，在其中一瓶加入 5 mL（1+5）硫酸和 1 g 碘化钾，摇匀，此时游离出碘。以淀粉作指示剂，用硫代硫酸钠溶液滴定至蓝色刚褪为止，记下用量（相当于去除游离氯的量）。于另一瓶水样中，加入同样量的硫代硫酸钠溶液，摇匀后，按操作步骤测定。

2．如果水样呈强酸性或强碱性，可用氢氧化钠或硫酸溶液调至中性后测定。

3．水样中亚硝酸盐氮含量高于 0.05 mg/L，二价铁低于 1 mg/L 时，采用叠氮化钠修正法。此法适用于多数污水及生化处理出水；水样中二价铁高于 1 mg/L，采用高锰酸钾修正法；水样有色或有悬浮物，采用明矾絮凝修正法；含有活性污泥悬浊物的水样，采用硫酸铜—氨基磺酸絮凝修正法。

4．水样的采集与保存。用碘量法测定水中溶解氧，水样常采集到溶解氧瓶中。采集水样时，要注意不使水样曝气或有气泡残存在采样瓶中。可用水样冲洗溶解氧瓶后，沿瓶壁直接倾注水样或用虹吸法将吸管插入溶解氧瓶底部，注入水样至溢出瓶容积的 1/3～1/2。

水样采集后，为防止溶解氧变化，应立即加固定剂于样品中并存于冷暗处，同时记录水温和大气压力。

八、思考题

1. 取水样时应注意哪些情况？
2. 加入硫酸锰溶液、碱性碘化钾溶液和浓硫酸时，为什么必须插入液面以下？
3. 当碘析出时，为什么把溶解氧瓶放置在暗处 5 min？

方法二 便携式溶解氧仪法（膜电极法）

一、实验目的

1. 掌握便携式溶解氧仪法测定溶解氧的原理、方法和适用范围。
2. 掌握电极膜的清洗和校准。

二、实验原理

测定溶解氧的电极由一个附有感应器的薄膜和一个温度测量及补偿的内置热敏电阻组成。电极的可渗透薄膜为选择性薄膜，把待测水样和感应器隔开，水和可溶性物质不能透过，只允许氧气通过。当给感应器供应电压时，氧气穿过薄膜发生还原反应，产生微弱的扩散电流，通过测量电流值可测定溶解氧浓度。

三、实验仪器

便携式溶解氧仪。

四、实验步骤

1. 测试前准备工作

把电极连到主机，电极接上就可马上测试，不需要极化。

2. 按下开机键

开始测试显示屏，完成后自动切换到测试模式，屏幕显示相应测试值。

3. 校正

用饱和湿空气法进行校正。准备好贮存校正套，将溶氧电极接到主机上，将溶解氧电极插入贮存校正套中，多次按<CAL>直到屏幕显示"O_2 CAL"为止。按 RUN/ENTER 键。系统开始自动读数。数值稳定后，仪表显示电极斜率和电极状态柱状图。按 M 键返回到测试模式。

4．测试

仪器校准完毕后，将电极浸入被测水样中，同时确保温度感应部分也浸入到水样中，溶解氧的测定结果有浓度（mg/L）、饱和百分比（%）和氧气分压（mbar）三种表达方式，可以根据不同的需要按M键在三者之间进行切换。为进行精确的溶解氧测量，要求水样的最小流速为 0.3 m/s，水流将会提供一个适当的循环，以保证消耗的氧持续不断地得到补充。当液体静止时，不能得到正确的结果。在进行野外测量时，可用手平行摇动电极进行。在实验室进行测量时，建议使用磁力搅拌器，以保证水样有一个固定的流速（有些仪器的电极带有搅拌器，打开即可）。这样就可将由空气中的氧气扩散到水样中引起的误差减少到最小。在每次测量过程中，电极和被检测水样之间必须达到热平衡，这个过程需要一定的时间（如果温差只有几度，一般需几分钟）。

5．清洗（外部清洗）

当电极表面粘有石灰时，要在 25%的醋酸溶液中浸泡 1 min；当电极表面粘有油脂或油时，要用温水和家用清洗剂漂洗，然后用蒸馏水彻底漂洗。

6．贮存

溶解氧电极使用完后要贮存在保存校正套中，要保持校正套中的空气潮湿。温度范围要求保持在−5℃～+50℃之间，湿度要求保持校正套中的空气潮湿。

五、结果与讨论

表 4-7-2   溶解氧测量记录表

仪器型号	系统名称				日期	
测量点位	温度/℃	溶解氧/（mg/L）	温度/℃	溶解氧/（mg/L）	温度/℃	溶解氧/（mg/L）
测量结果						

六、注意事项

1．需要更换电解液及盖式薄膜的情况：薄膜破损；薄膜污染严重，电极不能校正；电解液耗尽。

注：保养时，电极不能与主机相连！

2．建议适用场合。江河、湖泊、废水及 BOD 测试。

3．mg/L 状态下可以直接以 mg/L（ppm）为单位读取溶解氧的浓度。

4．氧的饱和百分比读数（%）表示的是氧气的饱和比率，以 1 个大气压下氧的饱和百分比为 100%参照。

5．温度读数。显示屏的右下部显示的是所测得水样的温度，在进行测量之前，电极必须达到热平衡。热平衡一般需要几分钟，环境与样品的温差越大，需要的时间越长。

6．溶解氧电极法测定溶解氧不受水样色度、浊度及化学滴定法中干扰物质的影响；快速简便，适用于现场测定；易于实现自动连续测量。但水样中含藻类、硫化物、碳酸盐、油等物质时，会使薄膜堵塞或损坏，应及时更换薄膜。

七、思考题

1．溶解氧电极的校正套为什么要一直保持潮湿？

2．溶解氧电极测定水样的 DO 时为什么要保证一定的相对水流速度？

实验八　凯氏氮的测定

凯氏氮是指以凯氏（Kjeldahl）法测得的含氮量，以 TKN 表示。它包括了氨氮和在此条件下能被转化为铵盐的有机氮化合物。此类有机氮化合物主要是指蛋白质、氨基酸、核酸、尿素及其他合成氮为负三价态的有机氮化合物。它不包括叠氮化合物、连氮、偶氮、腙、硝酸盐、亚硝基、硝基、亚硝酸盐、腈、肟和半卡巴腙类的含氮化合物。

由于一般水中存在的有机氮化合物多为前者，因此，在水处理领域，凯氏氮即为氨氮与有机氮的总和，它是评价湖泊和水库富营养化的一个重要的指标，同时，衡量污水进行生化处理时氮营养是否充足的依据。在常规生活污水中，基本不含亚硝酸盐氮和硝酸盐氮，因此一般情况下，对于常规生活污水的总氮 TN=TKN=40 mg/L，其中氨氮约 25 mg/L，有机氮约 15 mg/L，亚硝酸盐氮，硝酸盐氮可视为 0。

凯氏氮含量较低时，分取较多试样，经消解和蒸馏，最后以光度法测定氨。含量较高时，分取较少试样，最后以酸滴定法测定氨，也可采用气相分子吸收光谱法。

一、实验目的

1．掌握水样的消解方法。

2．理解凯氏氮的测定原理。

3．掌握凯氏氮的测定方法及凯氏定氮仪的使用。

二、实验原理

水样中加入硫酸并加热消解，使有机物中的胺基氮转变为硫酸氢铵，游离氨和铵盐也转为硫酸氢铵。消解时加入适量硝酸钾以提高沸腾温度，增加消解速率，并加硫酸铜为催化剂，以缩短消解时间。

消解后液体，使成碱性并蒸馏出氨，用硼酸溶液吸收，然后以滴定法或光度法测定氨含量。

三、实验仪器

凯氏定氮仪、控温消解电炉、天平、酸式滴定管等

四、实验试剂

所用试剂除另有说明外，均为分析纯试剂。实验用水均为无氨水。

1．无氨水制备

①蒸馏法。每升蒸馏水中，加入 0.1 mL 浓硫酸，在全玻璃蒸馏器中重蒸馏，弃去 50 mL 初馏液，接取其余馏出液于具塞磨口的玻璃瓶中，密塞保存。

②离子交换法。使蒸馏水通过强酸性阳离子交换树脂（氢型）柱，流出液收集于具塞磨口的玻璃瓶中，密塞保存。

2．硫酸　$\rho = 1.84$ g/mL。

3．硫酸钾（K_2SO_4）。

4．硫酸铜溶液。称取 5 g 硫酸铜（$CuSO_4 \cdot 5H_2O$）溶于水，稀释至 100 mL。

5．氢氧化钠溶液。称取 500 g 氢氧化钠溶于水，稀释至 1 L。

6．硼酸溶液。称取 20 g 硼酸（H_3BO_3）溶于水，稀释至 1 L。

7．甲基橙指示液，$\rho = 0.5$ g/L。0.5 g 甲基橙溶于70℃热水，冷却，稀释到 1 000 mL。

8．硫酸标准溶液，$c(1/2H_2SO_4) = 0.02$ mol/L。分取 5.6 mL（1＋9）硫酸溶液于 1 000 mL 容量瓶中，稀释至标线，混匀。按下述操作进行标定。

称取经180℃干燥2 h的基准试剂级无水碳酸钠（Na_2CO_3）约0.5 g（称准至0.0001 g），溶于新煮沸放冷的水中，移入 500 mL 容量瓶内，稀释至标线。

移取上述 25.00 mL 碳酸钠溶液于 150 mL 锥形瓶中，加 25 mL 新煮沸放冷的水，加 1 滴甲基橙指示液，用硫酸标准溶液滴定至淡橙红色为止，记录用量。用下式计算硫酸溶液的浓度。

计算：

$$c\left(1/2H_2SO_4\right) = \frac{m \times 1000}{V \times 53} \times \frac{25}{500} \qquad (4\text{-}8\text{-}1)$$

式中：c——硫酸标准溶液浓度，mol/L；

m——称取碳酸钠的质量，g；

V——硫酸标准溶液滴定消耗体积，mL；

53——碳酸钠（$1/2Na_2CO_3$）摩尔质量，g/mol。

9. 甲基红-亚甲蓝混合指示液。称取 200 mg 甲基红溶于 100 mL 95%乙醇。另称取 100 mg 亚甲蓝溶于 50 mL 95%乙醇。以两份甲基红溶液与一份亚甲蓝溶液混合后供用（可使用一个月）。

五、实验步骤

1. 取样体积的确定

按照表 4-8-1 分取适量水样，移入消煮管中。

表 4-8-1　凯氏氮含量与相应取样

水中凯氏氮含量/（mg/L）	水样体积/mL	水中凯氏氮含量/（mg/L）	水样体积/mL
<10	250.0	20~50	50.0
10~20	100.0	50~100	25.0

2. 消解

加入 10 mL 浓硫酸，2 mL 硫酸铜溶液，6 g 硫酸钾和数粒玻璃珠，摇匀。放置在消煮炉上，置通风橱内加热煮沸，至冒三氧化硫白烟，并使溶液变清（无色或淡黄色），炉温设置 180℃，沸腾后计时消解 30~50 min。然后，停止加热，消煮炉上保持 30 min。取出放冷，用少量水清洗消煮管壁，混匀，管内液体少于 30 mL。

3. 蒸馏

将装有样品的消煮管、干净的锥形瓶分别放置于凯氏定氮仪上，开启冷凝水，设置程序加硼酸（5s）、加碱（5s）时间（硼酸 6 mL/s，碱 10 mL/s），开始蒸馏，至馏出液为 100 mL，系统自动停止蒸馏。（仪器使用操作详见仪器使用说明）

4. 氨的测定

（1）滴定法：取下馏出液，加入 2 滴混合指示剂，用已标定的 0.02 mol/L 的硫酸溶液滴定，溶液由绿色转变成淡紫色为滴定终点，记录硫酸溶液的用量。

（2）光度法：参见氨氮的测定方法。

5. 空白试验

用蒸馏水代替水样，按水样测定相同步骤操作，进行空白测定。

六、结果与讨论

$$氨氮 = \frac{(A-B) \times M \times 14 \times 1\,000}{V} \qquad (4\text{-}8\text{-}2)$$

式中：A——滴定水样时消耗硫酸溶液体积，mL；

B——空白试验消耗硫酸溶液的体积，mL；

M——硫酸溶液浓度，mol/L；

V——水样的体积，mL；

14——氨氮（N）摩尔质量，g/mol。

表 4-8-2　滴定法测定凯氏氮数据记录表

样品		硫酸溶液的体积/mL			氨氮（N，mg/L）
		初始 V_1	终点 V_2	消耗 $V=V_2-V_1$	
水样体积/mL	1				
	2				
	3				
	4				
空白溶液体积/mL	1				
	2				

七、注意事项

1. 消解要在通风橱中进行。

2. 消解过程中，确保浓硫酸量足够，否则，过多的硫酸钾会引起氨的损失。

3. 凯氏定氮仪使用前，检查硼酸桶、碱液桶、蒸馏水桶内液位，不足及时配制添加。

4. 根据水样的不同、选用仪器不同，加硼酸、加碱液时间有所区别。

八、思考题

1. 实验过程中加入硫酸钾、硫酸铜的作用是什么？

2. 蒸馏时为什么要加入 NaOH 溶液？加入量对测定结果有何影响？

3. 实验操作过程中，影响测定准确性的因素有哪些？

实验九　氨氮的测定

氨氮（NH_3-N）以游离氨（NH_3）或铵盐（NH_4^+）形式存在于水中，两者的组成比取决于水的 pH。当 pH 偏高时，游离氨的比例较高。反之，则铵盐的比例较高。

水中氨氮的来源主要为生活污水中含氮有机物受微生物作用的分解产物；某些工业废水，如焦化废水和合成氨化肥厂废水等，以及农田排水。此外，在无氧环境中，水中存在的亚硝酸盐也可受微生物作用，还原为氨。在有氧环境中，水中氨也可转变为亚硝酸盐，甚至继续转变为硝酸盐。

测定水中各种形态的含氮化合物，有助于评价水体被污染和"自净"状况。

鱼类对水中氨氮比较敏感，当氨氮含量高时会导致鱼类死亡。

氨氮的测定方法，通常有纳氏试剂比色法、气相分子吸收法、苯酚-次氯酸盐（或者水杨酸-次氯酸盐）比色法和电极法等。本书采用纳氏试剂比色法。纳氏试剂比色法具有操作简便、灵敏等特点，水中钙、镁和铁等金属离子、硫化物、醛和酮类、颜色，以及混浊等均干扰测定，需作相应的预处理。

预处理

一、实验目的

水样带色或浑浊以及含其他一些干扰物质，影响氨氮的测定。为此，在分析时需作适当的预处理。对较清洁的水，可采用絮凝沉淀法，对污染严重的水或工业废水，则以蒸馏法使之消除干扰。

二、预处理方法

1. 絮凝沉淀法

（1）实验原理

加适量的硫酸锌于水样中，并加氢氧化钠使呈碱性，生成氢氧化锌沉淀，再经过滤除去颜色和浑浊等。

（2）实验仪器

1）100 mL 具塞量筒或比色管。

2）锥形瓶，150 mL。

3）漏斗。

（3）实验试剂

1）硫酸锌溶液，ρ=10 g/100 mL：称取 10 g 硫酸锌溶于水，稀释至 100 mL。

2）氢氧化钠溶液，ρ=25 g/100 mL：称取 25 g 氢氧化钠溶于水，稀释至 100 mL，贮于聚乙烯瓶中。

3）硫酸，ρ=1.84 g/mL。

（4）实验步骤

取 100 mL 水样于具塞量筒或比色管中，加入 1 mL 10%硫酸锌溶液和 0.1～0.2 mL 25%氢氧化钠溶液，调节 pH 至 10.5 左右，混匀。放置使其沉淀，用经无氨水充分洗涤过的中速滤纸过滤，弃去初滤液 20 mL。

2．蒸馏法

（1）实验原理

调节水样的 pH 在 6.0～7.4 的范围，加入适量氧化镁使呈微碱性（也可加入 pH 为 9.5 的 $Na_4B_4O_7$-NaOH 缓冲溶液使呈弱碱性进行蒸馏；pH 过高能促使有机氮的水解，导致结果偏高）。蒸馏释出的氨，被吸收于硫酸或硼酸溶液中。采用纳氏试剂比色法或酸滴定法时，以硼酸溶液为吸收液；采用水杨酸-次氯酸比色法时，则以硫酸溶液为吸收液。

（2）实验仪器

带氮球的定氮蒸馏装置，500 mL 凯氏烧瓶、氮球、直形冷凝管和导管。

锥形瓶，500 mL。

（3）实验试剂

水样稀释及试剂配制均用无氨水。

1）无氨水制备

①蒸馏法：每升蒸馏水中加 0.1 mL 硫酸（ρ=1.84 g/mL），在全玻璃蒸馏器中重蒸馏，弃去前 50 mL 馏出液，然后将 800 mL 流出液收集在带有磨口玻璃塞的玻璃瓶内。每升流出液加 10 g 同样的树脂（氢型）。

②离子交换法：使蒸馏水通过强酸性阳离子交换树脂（氢型）柱，将流出液收集在带有磨口玻璃塞的玻璃瓶内。每升流出液加 10 g 同样的树脂，以利于保存。

2）硫酸溶液，c=1 mol/L：量取 2.8 mL 浓硫酸（ρ=1.84 g/mL）缓慢加入 100 mL 水。

3）氢氧化钠溶液，ρ=1 mol/L：称取 20 g 氢氧化钠溶于约 200 mL 水中，冷却至室温，稀释至 500 mL。

4）无水乙醇，ρ=0.79 g/L。

5）轻质氧化镁（MgO）：将氧化镁在 500℃下加热，以除去碳酸盐。

6）溴百里酚蓝指示剂（ρ=1 g/L）：称取 0.10 g 溴百里酚蓝溶于 50 mL 水中，加入 20 mL 乙醇，用水稀释至 100 mL（pH＝6.0～7.6）。

7）防沫剂，如石腊碎片。

8）吸收液：

①硼酸溶液：称取 20 g 硼酸溶液于水，稀释至 1 L。

②硫酸（H_2SO_4）溶液：0.01 mol/L。

（4）实验步骤

1）蒸馏装置的预处理。加 250 mL 水于凯氏烧瓶中，加 0.25 g 轻质氧化镁和数粒玻璃珠，加热蒸馏，至馏出液不含氨为止，弃去瓶内残液。

2）将 50 mL 吸收液放入锥形瓶中，确保冷凝管出口在吸收液液面之下。分取 250 mL 水样（如氨氮含量较高，可适当少取水样，加水至 250 mL），移入凯氏烧瓶中，加 2 滴溴百里酚蓝指示液，必要时，用氢氧化钠溶液或盐酸溶液调节至 pH 至 6.0（指示剂呈黄色）～7.4（指示剂呈蓝色）。加入 0.25 g 轻质氧化镁和数粒玻璃珠，必要时加入防沫剂，立即连接氮球和冷凝管，导管下端插入吸收液液面下。加热蒸馏，使馏出液速率约为 10 mL/min，待流出液达 200 mL 时，停止蒸馏。

采用纳氏试剂比色法时，以 50 mL 硼酸溶液为吸收液。

（5）注意事项

1）蒸馏时应避免发生暴沸，否则可造成馏出液温度升高，氨吸收不完全。

2）防止在蒸馏时产生泡沫，必要时可加少许石蜡碎片于凯氏烧瓶中。

3）水样如含余氯，则应加入适量 0.35%硫代硫酸钠溶液，每 0.5 mL 可除 0.25 mg 余氯。

纳氏试剂光度法测定氨氮

一、实验目的

1．掌握分光光度计的使用方法。

2．熟悉纳氏试剂光度法测定氨氮的步骤和原理。

3．学会标准曲线的绘制方法。

二、实验原理

以游离态的氨或铵离子等形式存在的氨氮与纳氏试剂反应生成淡红棕色络合物，该络合物的吸收光度与氨氮含量成正比，于波长 420 nm 处测量吸光度。

三、实验仪器

1. 分光光度计，配有光程 20 mm 比色皿。
2. 50 mL 比色管。
3. 移液管，10.0 mL 1 支、5.0 mL 2 支。

四、实验试剂

配制试剂用水均应为无氨水。

1. 纳氏试剂

可选择下列一种方法制备。

（1）二氯化汞-碘化钾-氢氧化钾（$HgCl_2$-KI-NaOH）溶液

称取 15.0 g 氢氧化钾，溶于 50 mL 水中，冷却至室温。

称取 5.0 g 碘化钾（KI），溶于约 10 mL 水中，在搅拌下，将 2.50 g 二氯化汞（$HgCl_2$）粉末分多次加入碘化钾溶液中，直到溶液呈深黄色或出现淡红色沉淀溶解缓慢时，充分搅拌混合，并改为滴加二氯化汞饱和溶液，当出现少量朱红色沉淀不再溶解时，停止滴加。

在搅拌下，将冷却的氢氧化钾溶液缓慢地加入到上述二氯化汞和碘化钾的混合液中，并稀释至 100 mL，于暗处静置 24 h，倾出上清液，贮于聚乙烯瓶内，用橡皮塞或聚乙烯盖子盖紧，存放暗处，可稳定 1 个月。

（2）碘化汞-碘化钾-氢氧化钾（HgI_2-KI-NaOH）溶液

称取 16.0 g 氢氧化钠，溶于 50 mL 水中，充分冷却至室温。

称取 7.0 g 碘化钾（KI）和 10.0 g 碘化汞（HgI_2），溶于水，然后将此溶液在搅拌下缓缓加入到上述 50 mL 氢氧化钠溶液中，用水稀释至 100 mL，贮于聚乙烯瓶中，用橡皮塞或聚乙烯盖子盖紧，于暗处存放，有效期 1 年。密塞保存。

2. 酒石酸钾钠溶液。称取 50.0 g 酒石酸钾钠（$KNaC_4H_4O_6 \cdot 4H_2O$）溶于 100 mL 水中，加热煮沸以除去氨，充分冷却后，稀释至 100 mL。

3. 铵标准贮备溶液，ρ=1 000 μg/mL。称取 3.819 g 氯化铵（NH_4Cl，优级纯，在 100～105℃干燥 2 h），溶于水中，移入 1 000 mL 容量瓶中，稀释至标线，可在 2～5℃保存 1 个月。

4. 铵标准工作液，ρ=10μg/mL。吸取 5.00 mL 铵标准贮备液于 500 mL 容量瓶中，稀释至刻度。临用前配制。

五、实验步骤

1. 校准曲线

在 8 支 50 mL 比色管中，分别加入 0.00 mL、0.50 mL、1.00 mL、2.00 mL、4.00 mL、

6.00 mL、8.00 mL 和 10.00 mL 铵标准工作液，其对应的含量分别为 0.0 μg、5.0 μg、10.0 μg、20.0 μg、40.0 μg、60.0 μg、80.0 μg、100.0 μg，加水至标线。加入 1.0 mL 酒石酸钾钠溶液，摇匀，再加入纳氏试剂 1.5 mL 二氯化汞-碘化钾-氢氧化钾溶液或 1.0 mL 碘化汞-碘化钾-氢氧化钾溶液，摇匀。放置 10 min 后，在波长 420 nm 下，用光程 20 mm 比色皿，以水为参比，测量吸光度。

以空白校正后的吸光度为纵坐标，以其对应的氨氮含量（μg）为横坐标，绘制校准曲线。

根据待测样品的质量浓度也可选用 10 mm 比色皿。

2．水样的测定

（1）洁净水样：直接取 50 mL，按与校准曲线相同的步骤测量吸光度。

（2）有悬浮物或色度干扰的水样：取经预处理的水样 50 mL（若水样中氨氮质量浓度超过 2 mg/L，可适当少取水样体积），按与校准曲线相同的步骤测量吸光度。

注：经蒸馏或酸性条件下煮沸方法预处理的水样，须加一定量氢氧化钠溶液，调节水样至中性，用水稀释至 50 mL 标线，再按与校准曲线相同的步骤测量吸光度。

3．空白试验

以水代替水样，按与样品相同的步骤进行前处理和测定。

表 4-9-1　纳氏试剂光度法测定氨氮数据记录表

溶液	标准使用液								水样				空白溶液	
									1	2	3	4	1	2
体积/mL	0.00	0.50	1.00	2.00	4.00	6.00	8.00	10.00						
含量/mg	0.0	5.0	10.0	20.0	40.0	60.0	80.0	100.0						
吸光度														

六、结果与讨论

由水样测得的吸光度减去空白试验的吸光度后，从校准曲线上查得氨氮含量（mg）。

$$氨氮（N，mg/L）= \frac{m}{V} \times 1\,000 \tag{4-9-1}$$

式中：m——由校准曲线查得的氨氮量，mg；

V——水样体积，mL。

七、注意事项

1．纳氏试剂的配制。为了保证纳氏试剂有良好的显色能力，配制时务必控制 $HgCl_2$

的加入量，至微量 HgI_2 红色沉淀不再溶解时为止。配制 100 mL 纳氏试剂所需 $HgCl_2$ 和 KI 的用量之比约为 2.3：5。在配制是时为了加快反应速度，节省配制时间，可低温加热进行，防止 HgI_2 红色沉淀的提前出现。

2．酒石酸钾钠的配制。酒石酸钾钠试剂中铵盐含量较高时，仅加热煮沸或加纳氏试剂沉淀不能完全除去氨。此时采用加入少量氢氧化钠溶液，煮沸蒸发掉溶液体积的 20%～30%，冷却后永久无氨水稀释至原体积。

3．絮凝沉淀。滤纸中含有一定量的可溶性铵盐，定量滤纸中含量高于定性滤纸，建议采用定性滤纸过滤，过滤前用无氨水少量多次淋洗（一般为 100 mL）。这样可减少或避免滤纸引入的测量误差。

4．水样的蒸馏。蒸馏过程中，某些有机物很可能与氨同时馏出，对测定有干扰，其中有些物质（如甲醛）可以在酸性条件（pH＜1）下煮沸除去。在蒸馏刚开始时，氨气蒸出速度较快，加热不能过快，否则造成水样爆沸，馏出液温度升高，氨吸收不完全。馏出液速率用保持在 10 mL/min 左右。

部分工业废水，可加入石蜡碎片等做防沫剂。

5．干扰及消除。水样中含有悬浮物、余氯、钙镁等金属离子、硫化物和有机物时会产生干扰，含有此类物质时要作适当处理，以消除对测定的影响。

若样品中存在余氯，可加入适量的硫代硫酸钠溶液去除，用淀粉—碘化钾试纸检验余氯是否除尽。在显色时加入适量的酒石酸钾钠溶液，可消除钙镁等金属离子的干扰。若水样浑浊或有颜色时可用预蒸馏法或絮凝沉淀法处理。

6．方法的适用范围。当水样体积为 50 mL，使用 20 mm 比色皿时，本法的检出限为 0.025 mg/L，测定下限为 0.10 mg/L，测定上限为 2.0 mg/L（以 N 计）。本法可适用于地表水、地下水、工业废水和生活污水中的氨氮的测定。

7．水样的保存。水样采集在聚乙烯瓶或玻璃瓶内，并应尽快分析，必要时可加硫酸将水样酸化至 pH＜2，于 2～5℃下存放。酸化样品应注意防止空气中的氨而污染。

八、思考题

1．生活污水处理过程中氨氮的来源。

2．生活污水处理过程中氮是如何转化的？

3．预处理絮凝沉淀时 pH 值调至 10.5 左右，为什么？

4．过滤时为什么要弃去初滤液 20 mL？

5．如何提高校准曲线的精确度？

实验十　亚硝酸盐氮的测定

　　亚硝酸盐（NO_2^--N）是氮循环的中间产物，不稳定。根据水环境条件，可被氧化成硝酸盐，也可被还原成氨。亚硝酸盐可使人体正常的血红蛋白（低铁血红蛋白）氧化成为高铁血红蛋白，发生高铁血红蛋白症，失去血红蛋白在体内输送氧的能力，出现组织缺氧的症状。亚硝酸盐可与仲胺类反应生成具致癌性的亚硝胺类物质，在 pH 值较低的酸性条件下，有利于亚硝胺类的形成。

　　水中亚硝酸盐氮的测定方法通常采用重氮-偶联反应，使生成红紫色染料。方法灵敏、选择性强。所用重氮和偶联试剂种类较多，最常用的，前者为对氨基苯磺酰胺和对氨基苯磺酸，后者为 N-（1-萘基）-乙二胺和 α-萘胺。

方法一　N-（1-萘基）-乙二胺光度法

一、实验目的

1. 掌握 N-（1-萘基）-乙二胺光度法测定亚硝酸盐氮的原理及方法。
2. 学会标准曲线的绘制方法。

二、实验原理

　　在磷酸介质中，pH 为 1.8±0.3 时，亚硝酸盐与对氨基苯磺酰胺反应，生成重氮盐，再与 N-（1-萘基）-乙二胺偶联生成红色染料。在 540 nm 波长处有最大吸收。

三、实验仪器

1. 分光光度计，配有光程 10 mm 的比色皿。
2. 50 mL 比色管。
3. G-3 号玻璃砂芯滤器。
4. 移液管。

四、实验试剂

实验用水均为不含亚硝酸盐的水。

1. 无亚硝酸盐的水。于蒸馏水中加入少许高锰酸钾晶体，使呈红色，再加氢氧化钡（或氢氧化钙）使呈碱性。置于全玻璃蒸馏器中蒸馏，弃去 50 mL 初馏液，收集中间约 70%不含锰的馏出液。也可于每升蒸馏水中加 1 mL 浓硫酸和 0.2 mL 硫酸锰溶液（每 100 mL 水中含 36.4 g $MnSO_4 \cdot H_2O$），加入 1~3 mL 0.04%高锰酸钾溶液至呈红色，重蒸馏。

2．磷酸，ρ =1.70 g/mL。

3．显色剂。于 500 mL 烧杯内，加入 250 mL 水和 50 mL 磷酸，加入 20.0 g 对氨基苯磺酰胺。再将 1.00 g N-（1-萘基）-乙二胺二盐酸盐（$C_{10}H_7NHC_2H_4NH_2 \cdot 2HCl$）溶于上述溶液中，转移至 500 mL 容量瓶中，用水稀释至标线，混匀。

此溶液贮于棕色瓶中，保存在 2~5℃，至少可稳定 1 个月。

注意：本试剂有毒性，避免与皮肤接触或吸入体内。

4．亚硝酸盐氮标准贮备液。称取 1.232 g 亚硝酸钠（$NaNO_2$），溶于 150 mL 水中，转移至 1 000 mL 容量瓶中，用水稀释至标线。每毫升含约 0.25 mg 亚硝酸盐氮。

本溶液贮于棕色瓶中，加入 1 mL 三氯甲烷，保存在 2~5℃，至少可稳定 1 个月。贮备液的标定的如下：

在 300 mL 具塞锥形瓶中，移入 50.00 mL 0.050 mol/L 高锰酸钾溶液，5 mL 浓硫酸，用 50 mL 无分度吸管，使下端插入高锰酸钾溶液液面下，加入 50.00 mL 亚硝酸钠标准贮备液，轻轻摇匀，置于水浴上加热至 70~80℃，按每次 10.00 mL 的量加入足够的草酸钠标准溶液，使红色褪去并过量，记录草酸钠标准溶液用量（V_2）。然后用高锰酸钾标准溶液滴定过量的草酸钠至溶液呈微红色，记录高锰酸钾标准溶液总用量（V_1）。

再以 50 mL 水代替亚硝酸盐氮标准贮备液，如上操作，用草酸钠标准溶液标定高锰酸钾溶液的浓度（c_1）。按下式计算高锰酸钾标准溶液浓度：

$$c_1 \left(1/5KMnO_4\right) = \frac{0.050\,0 \times V_4}{V_3} \tag{4-10-1}$$

按下式计算亚硝酸盐氮标准贮备液的浓度：

$$\text{亚硝酸盐氮（N，mg/L）} = \frac{(V_1c_1 - 0.050\,0 \times V_2) \times 7.00 \times 1000}{50.00} \tag{4-10-2}$$

$$= 140V_1c_1 - 7.00 \times V_2$$

式中：c_1——经标定的高锰酸钾标准溶液的浓度，mol/L；

V_1——滴定亚硝酸盐氮标准贮备液时，加入高锰酸钾标准溶液总量，mL；

V_2——滴定亚硝酸盐氮标准贮备液时，加入草酸钠标准溶液总量，mL；

V_3——滴定水时，加入高锰酸钾标准溶液总量，mL；

V_4——滴定水时，加入草酸钠标准溶液总量，mL；

7.00——亚硝酸盐氮（1/2 N）的摩尔质量，g/mol；

50.00——亚硝酸盐标准贮备液取用量，mL；

0.050 0——草酸钠标准溶液浓度（1/2Na$_2$C$_2$O$_4$），mol/L。

5．亚硝酸盐氮标准中间液：分取适量亚硝酸盐氮标准贮备液（使含 12.5 mg 亚硝酸盐氮），置于 250 mg 容量瓶中，用水稀释至标线。此溶液每毫升含 50.0μg 亚硝酸盐氮。中间液贮于棕色瓶内，保存在 2～5℃，至少可稳定 1 周。

6．亚硝酸盐氮标准使用液：取 10.00 mL 亚硝酸盐氮标准中间液，置于 500 mL 容量瓶中，用水稀释至标线。每毫升含 1.00 μg 亚硝酸盐氮。此溶液使用时，当天配制。

7．氢氧化铝悬浮液：溶解 125 g 硫酸铝钾 [KAl(SO$_4$)$_2$·12H$_2$O] 或硫酸铝铵 [NH$_4$Al(SO$_4$)$_2$·12H$_2$O] 于 1 000 mL 水中，加热至 60℃，在不断搅拌下，徐徐加入 55 mL 氨水，放置约 1 h 后，移入 1 000 mL 量筒内，用水反复洗涤沉淀，最后至洗涤液中不含亚硝酸盐为止。澄清后，把上清液尽量全部倾出，只留稠的悬浮物，最后加入 100 mL 水，使用前应振荡均匀。

8．高锰酸钾标准溶液，c(1/5KMnO$_4$)＝0.050 mol/L：溶解 1.6 g 高锰酸钾于 1 200 mL 水中，煮沸 0.5～1 h，使体积减少到 1 000 mL 左右，放置过夜。用 G-3 号玻璃砂芯滤器过滤后，滤液贮存于棕色试剂瓶中避光保存，按上述方法标定。

9．草酸钠标准溶液，c（1/2Na$_2$C$_2$O$_4$）＝0.050 0 mol/L：溶解经 105℃烘干 2 h 的优级纯无水草酸钠 3.350 g 于 750 mL 水中，移入 1 000 mL 容量瓶中，稀释至标线。

五、实验步骤

1．校准曲线的绘制

（1）在一组 6 支 50 mL 比色管中，分别加 0 mL、1.00 mL、3.00 mL、5.00 mL、7.00 mL 和 10.00 mL 亚硝酸盐氮标准使用液，用水稀释至标线。加入 1.0 mL 显色剂，密塞，混匀。静置 20 min 后，在 2 h 以内，于波长 540 nm 处，用光程长 10 mm 的比色皿，以水为参比，测量吸光度。

（2）从测得的吸光度中，减去零浓度空白管的吸光度后，获得校正吸光度，绘制以氮含量（μg）对校正吸光度的校准曲线。

2．水样的测定

（1）当水样 pH≥11 时，可加入 1 滴酚酞指示液，边搅拌边逐滴加入（1+9）磷酸溶液，至红色刚消失。

（2）水样如有颜色和悬浮物，可向每 100 mL 水中加入 2 mL 氢氧化铝悬浮液，搅拌，静置，过滤，弃去 25 mL 初滤液。

（3）分取经预处理的水样加入 50 mL 比色管中（如含量较高，则分取适量，用水稀释至标线），加 1.0 mL 显色剂，然后按校准曲线绘制的相同步骤操作，测量吸光度。经空白校正后，从校准曲线上查得亚硝酸盐氮量。

3．空白试验

用水代替水样，按相同步骤进行测定。

表 4-10-1　*N*-（1-萘基）-乙二胺光度法测定亚硝酸盐氮数据记录表

溶液	标准使用液							水样				空白溶液	
								1	2	3	4	1	2
体积/mL	0	0.50	1.00	3.00	5.00	7.00	10.00						
含量/mg													
吸光度													

六、结果与讨论

$$亚硝酸盐氮（N，mg/L）=\frac{m}{V} \tag{4-10-3}$$

式中：m——由水样测得的校正吸光度，从校准曲线上查得相应的亚硝酸盐氮的含量，μg；

　　　V——水样的体积，mL。

七、注意事项

1．如水样经预处理后，还有颜色时，则分取两份体积相同的经预处理的水样，一份加 1.0 mL 显色剂，另一份改加 1 mL（1+9）磷酸溶液。由加显色剂的水样测得的吸光度，减去空白试验测得的吸光度，再减去改加磷酸溶液的水样所测得的吸光度后，获得校正吸光度，以进行色度校正。

2．显色试剂除以混合液加入外，也可分别配制和依次加入，具体方法如下：

对氨基苯磺酰胺溶液：称取 5 g 对氨基苯磺酰胺（磺胺），溶于 50 mL 浓盐酸和约 350 mL 水的混合液中，稀释至 500 mL。此溶液稳定。

N-(1-萘基)-乙二胺盐酸盐溶液：称取 500 mg *N*-(1-萘基)-乙二胺盐酸盐溶于 500 mL 水中，贮于棕色瓶内，置冰箱中保存。当色泽明显加深时，应重新配制，如有沉淀，则过滤。

于 50 mL 水样（或标准管）中，加入 1.0 mL 对氨基苯磺酰胺溶液，混匀。放置 2～8 min，加 1.0 mL *N*-（1-萘基）-乙二胺盐酸盐溶液，混匀。放置 10 min 后，在 540 nm 波长，测量吸光度。

3．干扰及消除。氯胺、氯、硫代硫酸盐、聚磷酸钠和高铁离子有明显干扰。水样呈碱性（pH≥11）时，可加酚酞溶液为指示剂，滴加磷酸溶液至红色消失。水样有颜色或悬浮物，可加氢氧化铝悬浮液并过滤。

4．方法的适用范围。本方法适用于饮用水、地表水、地下水、生活污水和工业废水中亚硝酸盐的测定。最低检出浓度 0.003 mg/L；测定上限为 0.20 mg/L 亚硝酸盐氮。

5．亚硝酸盐氮在水中可受微生物等作用而很不稳定，在采集水样后应尽快进行分析，必要时冷藏以抑制微生物的影响。

八、思考题

1．水中氮的转化过程中亚硝酸盐氮起到了什么作用？

2．在生活污水处理过程中进、出水中亚硝酸盐氮的浓度应该是什么样的关系？为什么？

实验十一　硝酸盐氮的测定

含氮化合物是环境中一类重要的污染物，氮在这类化合物中有多种不同的存在形态。存在于蛋白质、氨基酸、核酸、尿素中的氮，我们称之为有机氮；存在于氨或铵盐、亚硝酸盐、硝酸盐中的氮，我们称之为无机氮。含氮化合物是植物生长必需的营养物质，水体中含氮化合物的浓度偏高，易刺激水生植物、尤其是藻类的大量繁殖，这是引起水体富营养化的一个重要原因。我们可以通过检测水中无机氮的组成结构和含量来确定水体的污染程度，并判断污染发生的阶段。水体中的含氮化合物可以根据水体理化条件的不同，在不同的形态之间相互转化。一般来说，如果水体中含氮化合物主要是氨或者铵盐形态，这说明水体新近受到污染；如果水体中主要是含有氨氮和亚硝酸盐，这说明水体受到污染，并且污染物开始转化；如果水体中含有亚硝酸盐氮和硝酸盐氮，则说明水体污染已经基本分解，但还未完全自净；如果水体中主要含有硝酸盐氮，则说明水体中含氮污染物已经全部无机化，并且水体已基本自净。

一、实验目的

1．了解测定水中硝酸盐含量的意义。

2．掌握用酚二磺酸分光光度法测定硝酸盐含量的方法。

二、实验原理

浓硫酸与苯酚作用生成二磺酸酚，在无水条件下二磺酸酚与硝酸盐作用生成二磺酸硝基酚，二磺酸硝基酚在碱性溶液中发生分子重排生成黄色化合物。该黄色物质的最大吸收波长在 410 nm 处，利用其色度和硝酸盐含量成正比，可用分光光度法进行测定。

三、实验仪器

1．瓷蒸发皿（75～100 mL）。

2．50 mL 具塞比色管。

3．可见分光光度计（配有光程 10 mm 和 30 mm 的比色皿）。

四、实验试剂

1．实验用水应为无硝酸盐水。

2．酚二磺酸[$C_6H_3(OH)(SO_3H)_2$]，称取 25 g 苯酚置于 500 mL 锥行瓶中，加 150 mL 浓度为 98%的浓硫酸使之溶解，再加含 SO_3 13%的发烟硫酸 75 mL，充分混合。在锥形瓶的瓶口插一小漏斗，将瓶浸入沸水中加热 2 h，得淡棕色稠液。将该稠液贮于棕色瓶中，密塞保存。

3．氨水（$NH_3 \cdot H_2O$），ρ =0.90 g/mL

4．硝酸盐氮标准贮备液，取适量硝酸钾（KNO_3）在 105～110℃条件下干燥 2 h，称取该硝酸钾 0.721 8 g 溶于水中，待硝酸钾全部溶解后移入 1 000 mL 容量瓶中，用水稀释到标线，混匀，加 2 mL 氯仿作保存剂，至少可稳定 6 个月。每毫升标准储备液含 0.100 mg 硝酸盐氮。

5．硝酸盐氮标准溶液，用移液管吸取 50.0 mL 硝酸盐氮标准贮备液，置于蒸发皿中，加 0.1 mol/L 的氢氧化钠溶液使溶液 pH=8，在水浴锅上蒸发至干。加 2 mL 酚二磺酸试剂，用玻璃棒研磨蒸发皿内壁，使残渣与试剂充分接触，放置片刻，重复研磨一次，再放置 10 min，加入少量水，定量移入 500 mL 容量瓶中，加水至标线，混匀。每毫升标准溶液含 0.010 mg 硝酸盐氮。

将此标准溶液储于棕色瓶中，至少可稳定存放 6 个月。

6．硫酸银溶液，称取 4.397 g 硫酸银（As_2SO_4）溶于水，移入 1 000 mL 容量瓶中，稀释至标线。1.00 mL 此溶液可去除 1.00 mL 氯离子（Cl^-）。

7．氢氧化铝悬浮溶液，溶解 125 g 硫酸铝钾[$KAl(SO_4)_2 \cdot 12H_2O$]或硫酸铝铵[$NH_4Al(SO_4)_2 \cdot 12H_2O$]于 1 000 mL 水中，加热至 60℃，在不断搅拌下，徐徐加入 55 mL 浓氨水，放置约 1 h 后，移入 1 000 mL 量筒内，用水反复洗涤沉淀，最后至洗涤液中不含亚硝酸盐为止。澄清后，把上清液尽量全部倾出，只留稠的悬浮物，最后加入 100 mL 水，使用前应振荡均匀。

8．高锰酸钾溶液　称取 3.16 g 高锰酸钾溶于水，稀释至 1 L。

五、实验步骤

1．校准曲线的绘制

取 9 支 50 mL 比色管，用吸量管分别加入硝酸盐氮标准使用液 0 mL、0.10 mL、0.30 mL、0.50 mL、0.70 mL、1.00 mL、5.00 mL、7.00 mL、10.0 mL，加水至约 40 mL，加氨水 3 mL 使成碱性，稀释至标线，混匀。在波长 410 nm 处，以水为参比，硝酸盐氮含量范围在 0.01～0.10 mg 时，用 10 mm 比色皿测量吸光度；硝酸盐氮含量范围在 0.001～0.01 mg 时，用 30 mm 比色皿测量吸光度。

表 4-11-1　测定硝酸盐氮数据记录表

编号	标准使用液/mL	含硝酸盐氮量/mg	吸光度值	校正后的吸光度值
1	0	0		
2	0.10	0.001		
3	0.30	0.003		
4	0.50	0.005		
5	0.70	0.007		
6	1.00	0.010		
7	5.00	0.050		
8	7.00	0.070		
9	10.0	0.100		

将测得的吸光度值减去零浓度管的吸光值后，分别填入上表最后一列，并以校正后的吸光度值对硝酸盐氮含量（mg）绘制校准曲线，绘制时，按比色皿光程长的不同分别绘制。

2．水样的测定

（1）水样混浊和带色时，可取 100 mL 水样于具塞比色管中，加入 2 mL 氢氧化铝悬浮液，密塞振摇，静置数分钟后，过滤，弃去 20 mL 初滤液。

（2）氯离子的去除，取 100 mL 水样移入具塞比色管中，根据已测定的氯离子含量，加入相当量的硫酸银溶液，充分混合。在暗处放置 0.5 h，使氯化银沉淀凝聚，然后用慢速滤纸过滤，弃去 20 mL 初滤液。

（3）亚硝酸盐的干扰，当亚硝酸盐氮含量超过 0.2 mg/L 时，可取 100 mL 水样加 1 mL0.5 mol/L 硫酸，混匀后，滴加高锰酸钾溶液至淡红色保持 15 min 不褪为止，使亚硝酸盐氧化为硝酸盐，最后从硝酸盐氮测定结果中减去亚硝酸盐氮量。

（4）测定，取 50.0 mL 经预处理的水样于蒸发皿中，用 pH 试纸检查，必要时用

0.5 mol/L 硫酸或 0.1 mol/L 氢氧化钠溶液调至 pH 约为 8，置水浴上蒸发至干。加 1.0 mL 酚二磺酸，用玻璃棒研磨，使试剂与蒸发皿内残渣充分接触，静置片刻，再研磨一次，放置 10 min，加入约 10 mL 水。

在搅拌下加入 3～4 mL 氨水，使溶液呈现最深的颜色。如有沉淀，则过滤。将溶液移入 50 mL 比色管中，稀释至标线，混匀。于波长 410 nm 处，选用 10 mm 或 30 mm 比色皿，以水为参比，测量吸光度。

3．空白试验

以水代替水样，按相同步骤进行全程序空白测定。

六、结果与讨论

$$硝酸盐氮（N，mg/L）= \frac{m}{V} \times 1\,000 \tag{4-11-1}$$

式中：m——从校准曲线上查得的硝酸盐氮量，mg；

V——分取水样的体积，mL。

经去除氯离子的水样，按下式计算：

$$硝酸盐氮（N，mg/L）= \frac{m}{V} \times 1\,000 \times \frac{V_1 + V_2}{V_1} \tag{4-11-2}$$

式中：V_1——水样的体积量，mL；

V_2——硫酸银溶液加入量，mL。

七、注意事项

1．纯净苯酚为无色，当苯酚色泽变深时，应进行蒸馏精制。

2．在制备酚二磺酸时，如无发烟硫酸，也可用浓硫酸代替，但应增加在沸水浴中的加热时间至 6 h，制得的试剂应注意防止吸收空气中的水分，以免因硫酸浓度的降低，影响硝基化反应的进行，使测定结果偏低。

3．应同时制备两份硝酸盐氮标准使用液，用以检查硝化完全与否，如发现浓度存在差异时，应重新吸取标准贮备液进行制备。

4．在去除氯离子时，如不能获得澄清滤液，可将已加硫酸银溶液后的试样，在近 80℃的水浴中加热，并用力振摇，使沉淀充分凝聚，冷却后再进行过滤。

5．在去除氯离子时，如同时需要去除带色物质，则可在加入硫酸银溶液并混匀后，再加入 2 mL 氢氧化铝悬浮液，充分振摇，放置片刻待沉淀后，过滤。

6．在样品测定时，如吸光度值超出校准曲线范围，可将显色溶液用水进行定量稀释，然后再测量吸光度，计算时乘以稀释倍数。

八、思考题

1．用本方法测定硝酸盐氮时的干扰因素都有哪些？如何消除这些干扰因素？

2．用本方法测定硝酸盐氮时，水样中硝酸盐氮的含量应在什么范围内？如果水样中硝酸盐氮的含量高于或者低于这个范围，应如何处理？

3．在制备硝酸盐氮标准使用液时，所取硝酸盐氮标准贮备液需在水浴上蒸发至干，在蒸干之前，要将溶液 pH 调至 8，为什么？

实验十二　总氮的测定

大量生活污水、农田排水或含氮工业废水排入水体，使水中有机氮和各种无机氮化物含量增加，生物和微生物类的大量繁殖，消耗水中溶解氧，使水体质量恶化。湖泊、水库中含有超标的氮、磷类物质时，造成浮游植物繁殖旺盛，出现富营养化状态。因此，总氮是衡量水质的重要指标之一。

总氮测定方法，通常采取过硫酸钾氧化，使有机氮和无机氮化物转变为硝酸盐后，再以紫外分光光度法、偶氮比色法以及离子色谱法进行测定。

过硫酸钾氧化-紫外分光光度法

一、实验目的

1．学习紫外分光光度计的使用方法。
2．掌握过硫酸钾氧化-紫外分光光度法测定总氮的原理和方法。
3．学会标准曲线的绘制方法。

二、实验原理

在 60℃以上的水溶液中过硫酸钾按如下反应式分解，生成氢离子和氧。

$$K_2S_2O_8 + H_2O \longrightarrow 2KHSO_4^+ + \frac{1}{2}O_2$$

$$KHSO_4 \longrightarrow K^+ + HSO_4^-$$

$$HSO_4^- \longrightarrow H^+ + SO_4^{2-}$$

加入氢氧化钠用以中和氢离子，使过硫酸钾分解完全。

在 120～124℃的碱性介质条件下，用过硫酸钾作氧化剂，不仅可将水样中的氨氮和亚硝酸盐氮氧化为硝酸盐，同时将水样中大部分有机氮化合物氧化为硝酸盐。而后，用紫外分光光度法分别于波长 220 nm 与 275 nm 处测定其吸光度，按 $A=A_{220}-2A_{275}$ 计算硝酸盐氮的吸光度值，从而计算总氮的含量。其摩尔吸光系数为 $1.47×10^3$ L/（mol·cm）。

三、实验仪器

1. 紫外分光光度计。

2. 压力蒸汽消毒器或家用压力锅（压力为 1.1～1.3 kg/cm²，相应温度为 120～124℃）。

3. 25 mL 具塞玻璃磨口比色管。

4. 10.0 mL 移液管。

四、实验试剂

1. 无氨水：每升水中加入 0.1 mL 浓硫酸，蒸馏。收集馏出液于玻璃容器中或用新制备的去离子水。

2. 氢氧化钠溶液，ρ=20 g/100 mL：称取 20 g 氢氧化钠，溶于无氨水中，稀释至 100 mL。

3. 碱性过硫酸钾溶液，ρ=40 g/L：称取 40 g 过硫酸钾（$K_2S_2O_8$），15 g 氢氧化钠，溶于无氨水中，稀释至 1 000 mL。溶液存放在聚乙烯瓶内，可贮存一周。

4.（1+9）盐酸。

5. 硝酸钾标准溶液

①标准贮备液：称取 0.721 8 g 经 105～110℃烘干 4 h 的优级纯硝酸钾（KNO_3）溶于无氨水中，移至 1 000 mL 容量瓶中，定容。此溶液每毫升含 100μg 硝酸盐氮。加入 2 mL 三氯甲烷为保护剂，至少可稳定 6 个月。

②硝酸钾标准使用液：将标准贮备液用无氨水稀释 10 倍而得。此溶液每毫升含 10μg 硝酸盐氮。

五、实验步骤

1. 校准曲线的绘制

（1）分别吸取 0 mL、0.20 mL、0.50 mL、1.00 mL、3.00 mL、7.00 mL 硝酸钾标准使用溶液于 25 mL 比色管中，用无氨水稀释至 10 mL 标线。

（2）加入 5 mL 碱性过硫酸钾溶液，塞紧磨口塞，用纱布及纱绳裹紧管塞，以防迸溅出。

（3）将比色管置于压力蒸汽消毒器中，加热 0.5 h，放气使压力指针回零。然后升温至 120～124℃ 开始计时（或将比色管置于家用压力锅中，加热至顶压阀吹气开始计时）。使比色管在过热水蒸气中加热 0.5 h。

（4）自然冷却，开阀放气，移去外盖。取出比色管并冷却至室温。

（5）加入（1+9）盐酸 1 mL，用无氨水稀释至 25 mL 标线。

（6）在紫外分光光度计上，以新鲜无氨水作参比，用 10 mm 石英比色皿分别在 220 nm 及 275 nm 波长处测定吸光度。用校正的吸光度绘制校准曲线。

2．样品测定

取 10 mL 水样，或取适量水样（使氮含量为 20～80μg）。按校准曲线绘制步骤（2）～（6）操作。然后按校正吸光度，在校准曲线上查出相应的总氮含量。

表 4-12-1　过硫酸钾氧化—紫外分光光度法测定总氮数据记录表

溶液	标准使用液						水样				空白溶液	
							1	2	3	4	1	2
体积/mL	0	0.20	0.50	1.00	3.00	7.00						
含量/mg												
吸光度												

六、结果与讨论

$$总氮（N，mg/L） = \frac{m}{V} \qquad (4\text{-}12\text{-}1)$$

式中：m——从校准曲线上查得的含氮量，μg；

　　　V——所取水样体积，mL。

当测定结果小于 1.00 mg/L 时，保留到小数点后两位；大于 1.00 mg/L 时，保留三位有效数字。

七、注意事项

1．参考吸光度比值 $A_{275}/A_{220} \times 100\%$ 大于 20% 时，应予鉴别（参见硝酸盐氮测定，紫外分光光度法）。

2．玻璃具塞比色管的密合性应良好。使用压力蒸汽消毒器时，冷却后放气要缓慢；使用家用压力锅时，要充分冷却方可揭开锅盖，以免比色管塞蹦出。

3．玻璃器皿可用 10% 盐酸浸洗，用蒸馏水冲洗后再用无氨水冲洗。

4．使用高压蒸汽消毒器时，应定期校核压力表；使用民用压力锅时，应检查橡胶密封圈，使不致漏气而减压。

5．测定悬浮物较多的水样时，在过硫酸钾氧化后可能出现沉淀。遇此情况，可吸取氧化后的上清液进行紫外分光光度法测定。

6．样品的保存。水样采集后，用浓硫酸酸化到 pH<2，常温下可保存 7 d。

7．干扰及消除

（1）水样中含有六价铬离子及三价铁离子时，可加入 5%盐酸羟胺溶液 1~2 mL，以消除其对测定结果的影响。

（2）碘离子及溴离子对测定有干扰。测定 20 μg 硝酸盐氮时，碘离子含量相对于总氮含量的 0.2 倍时无干扰。溴离子含量相对于总氮含量的 3.4 倍时无干扰。

（3）碳酸盐及碳酸氢盐对测定结果的影响，在加入一定量的盐酸后可消除。

（4）硫酸盐及氯化物对测定结果无影响。

8．方法的适用范围。该法主要适用于地表水、地下水、工业废水和生活污水中总氮的测定。当样品量为 10 mL 时，方法检测下限为 0.05 mg/L；测定范围为 0.20~7.00 mg/L。

八、思考题

1．过硫酸钾氧化-紫外分光光度法测定总氮的过程中过硫酸钾起什么作用？

2．紫外分光光度计和可见光分光光度计有什么不同？

实验十三　总磷的测定

在天然水和废水中，磷的有多种存在形态。按照其存在形态，可以把磷划分为无机磷和有机磷两类；按照其溶解程度，可以把磷划分为可溶性磷和不可溶性磷两类。无机磷包括正磷酸盐、缩合磷酸盐（焦磷酸盐、偏磷酸盐和多磷酸盐）等；有机磷是水中和碳结合的含磷物质的总称，核蛋白、核酸、磷脂、植素等都是有机磷磷酸盐。它们存在于溶液中、腐殖质粒子中或水生生物中。

天然水中磷酸盐含量较少。化肥、冶炼、合成洗涤剂等行业的工业废水及生活污水中常含有大量磷。磷是生物生长的必需的元素之一，但水体中磷含量过高（如超过 0.2 mg/L），可造成藻类的过度繁殖，直至数量上达到有害程度（称为富营养化），造成湖泊、河流透明度降低，水质变坏。

在测定水中磷时，通常按其存在的形式，分别测定总磷、溶解性正磷酸盐和总溶解性磷，如图 4-13-1 所示。

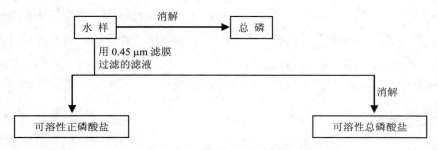

图 4-13-1　测定水中各种磷的流程图

磷酸盐的测定，可采用钼锑抗分光光度法、氯化亚锡还原钼蓝法、离子色谱法。

水样的预处理——过硫酸钾消解法

一、实验目的

1. 熟悉测定总磷的过程中水样预处理的方法。
2. 学会医用手提高压蒸汽消毒器的使用方法。

二、实验原理

采集的水样立即经 0.45μg 微孔滤膜过滤，其滤液供可溶性正磷酸盐的测定。滤液经强氧化剂的氧化分解，测得可溶性总磷。取混合水样（包括悬浮物），也经下述强氧化剂分解，测得水中总磷含量。

三、实验仪器

1. 医用手提高压蒸汽消毒器。
2. 50 mL 磨口具塞比色管。

四、实验试剂

5%过硫酸钾溶液：溶解 5 g 过硫酸钾于水中，并稀释至 100 mL。

五、实验步骤

1. 吸取 25 mL 混匀水样（必要时，酌情少取水样，并加蒸馏水至 25 mL，使含磷量不超过 30 μg）于 50 mL 比色管中，加入 5%过硫酸钾溶液 4 mL，加塞后比色管口包一小块双层纱布并用线扎紧，以免加热时玻璃塞冲出。将具塞比色管放入大烧杯中，置于医用手提高压蒸汽消毒器中加热。等到医用手提高压蒸汽消毒器内部压力达到 0.15MPa（此时消毒器内蒸汽相对温度为 121～126℃）时开始计时，30 min 后停止加热，待压力指针降至零后，取出比色管冷却到室温。

2．试剂空白和标准溶液系列也经同样的消解操作。

六、注意事项

1．如采样时水样用酸固定，则用过硫酸钾消解前将水样调至中性。

2．认真阅读医用手提高压蒸汽消毒器的使用说明书，熟悉其操作步骤及注意事项。

钼锑抗分光光度法测定总磷

一、实验目的

1．了解总磷的几种测定方法。

2．了解钼锑抗分光光度法测定总磷的过程中各种试剂的作用以及使用方法。

3．掌握钼锑抗分光光度法测定总磷的原理和方法。

4．学会标准曲线的多种绘制方法（如描点法、最小二乘法等）。

二、实验原理

在酸性条件下，正磷酸盐与钼酸铵、酒石酸锑氧钾反应，生成磷钼杂多酸，被还原剂抗坏血酸还原，则变成蓝色络合物，通常称磷钼蓝。

三、实验仪器

1．分光光度计：配有 10 mm 比色皿。

2．50 mL 比色管。

3．移液管。

四、实验试剂

1．（1+1）硫酸。

2．抗坏血酸溶液，ρ=0.1 g/mL：溶解 10 g 抗坏血酸于水中，并稀释至 100 mL。该溶液贮存在棕色玻璃瓶中，在冷处可稳定几周。如颜色变黄，则弃去重配。

3．钼酸盐溶液：溶解 13 g 钼酸铵[$(NH_4)_6Mo_7O_{24}\cdot 4H_2O$]于 100 mL 水中。溶解 0.35 g 酒石酸锑氧钾[$K(SbO)C_4H_4O_6\cdot 1/2H_2O$]于 100 mL 水中。

在不断搅拌下，将钼酸铵溶液徐徐加到 300 mL（1+1）硫酸中，加酒石酸锑氧钾溶液并且混合均匀。

试剂贮存在棕色的玻璃瓶中于冷处保存。至少稳定 2 个月。

4．浊度-色度补偿液：混合两份体积的（1+1）硫酸和一份体积的 ρ=0.1 g/mL 抗坏血酸溶液。此溶液当天配制。

5．磷酸盐贮备溶液，ρ =50.0 µg/mL（以 P 计）：将磷酸二氢钾（KH_2PO_4）于 110℃ 干燥 2 h，在干燥器中放冷。称取 0.217 g 溶于水，移入 1 000 mL 容量瓶中。加（1+1）硫酸 5 mL，用水稀释至标线。

6．磷酸盐标准溶液，ρ =2.00µg/mL：吸取 10.00 mL 磷酸盐贮备液 250 mL 容量瓶中，用水稀释至标线。临用时现配。

五、实验步骤

1．校准曲线的绘制

取数支 50 mL 具塞比色管，分别加入磷酸盐标准使用液 0 mL、0.50 mL、1.00 mL、3.00 mL、5.00 mL、10.0 mL、15.0 mL，加水至 50 mL。

（1）显色，向比色管中加入 1 mL 抗坏血酸溶液，混匀，30s 后加 2 mL 钼酸盐溶液充分混匀，放置 15 min。

（2）测量，用 10 mm 比色皿，于 700 nm 波长处，以零浓度溶液为参比，测量吸光度。

2．样品测定

分取适量水样（使含磷量不超过 30 µg）用水稀释至标线。以下按绘制校准曲线的步骤进行显色和测量。减去空白试验的吸光度，并从校准曲线上查出含磷量。

表 4-13-1　钼锑抗分光光度法测定总磷数据记录表

溶液	标准使用液							水样				空白溶液	
								1	2	3	4	1	2
体积/mL	0	0.50	1.00	3.00	5.00	10.00	15.00						
含量/µg													
吸光度													

六、结果与讨论

$$磷酸盐（P，mg/L）= \frac{m}{V} \qquad (4\text{-}13\text{-}1)$$

式中：m——由校准曲线查得的磷含量，μg；

V——水样体积，mL。

七、注意事项

1. 如试样中浊度或色度影响测量吸光度时，需做补偿校正。在 50 mL 比色管中，水样定容后加入 3 mL 浊度补偿液，测量吸光度，然后从水样的吸光度中减去校正吸光度。

2. 室温低于 13℃时，可在 20～30℃水浴中，显色 15 min。

3. 操作所用的玻璃器皿，可用（1+5）的盐酸浸泡 2 h，或用不含磷酸盐的洗涤剂刷洗。

4. 比色皿用后应以稀硝酸或铬酸洗液浸泡片刻，以除去吸附的磷钼蓝显色物。

5. 样品的采集和保存。总磷的测定，于水样采集后，加硫酸酸化至 pH≤1 保存。溶解性正磷酸盐的测定，不加任何试剂，于 2～5℃冷处保存，在 24 h 内进行分析。

6. 干扰的消除。砷含量大于 2 mg/L 有干扰，可用硫代硫酸钠去除。硫化物含量大于 2 mg/L 有干扰，在酸性条件下通氮气可以去除。六价铬大于 50 mg/L 有干扰，用亚硫酸钠去除。亚硝酸盐大于 1 mg/L 有干扰，用氧化消解或加氨磺酸均可以去除。铁浓度为 20 mg/L，使结果偏低 5%。铜浓度达 10 mg/L 不干扰。氟化物小于 70 mg/L 是允许的。海水中大多数离子对显色的影响可以忽略。

7. 方法的适用范围。本方法最低检出浓度为 0.01 mg/L（吸光度 A=0.01 时所对应的浓度）；测定上限为 0.6 mg/L。

可适用于测定地表水、生活污水及日化、磷肥、机加工金属表面磷化处理、农药、钢铁、焦化等行业的工业废水中的正磷酸盐分析。

八、思考题

1. 测定磷的过程中，如果加入试剂顺序颠倒了，会出现怎样的结果？

2. 用分光光度计测吸光度时，如果比色皿中有气泡对结果有什么影响？如果比色皿外壁有水痕对结果有什么影响？

实验十四 余氯的测定

氯以单质或次氯酸盐形式加入水中后,经水解生成游离性有效氯,包括含水分子氯、次氯酸和次氯酸盐离子等形式,其相对比例决定于水的 pH 和温度,在一般水体的 pH 下,主要是次氯酸和次氯酸盐离子。

游离性氯与铵和某些含氮化合物起反应,生成化合性有效氯。氯与铵反应生成氯胺:一氯胺、二氯胺和三氯化氮。游离性氯与化合性氯二者能同时存在于水中。氯化过的污水和某些工业废水的出水,通常只含有化合性氯。

水中余氯的来源主要是饮用水或污水中加氯以杀灭或抑制微生物;电镀废水中加氯以分解有毒的氰化物。

氯化作用产生不利的影响是可使含酚的水产生氯酚臭;还可生成有机氯化物,并可因存在化合性氯而对某些水生物产生有害作用。

碘量滴定法适用于测定总余氯含量>1 mg/L 的水样。以 DPD 为指示剂,用硫酸亚铁铵溶液进行滴定,可分别测定游离性有效氯、一氯胺、二氯胺和三氯化氮。当含量较低时,还可采用 DPD(N,N-二乙基-1,4-苯二胺)比色法。

方法一 N,N-二乙基-1,4-苯二胺光度法

一、实验目的

1. 进一步熟悉分光光度计的使用、标准曲线的绘制以及有关计算。
2. 掌握 N,N-二乙基-1,4-苯二胺光度法测定余氯的原理和方法。

二、实验原理

游离氯在 pH 为 6.2~6.5 与 N,N-二乙基-1,4-苯二胺(DPD)直接反应生成红色化合物,用分光光度法进行测定。

三、实验仪器

1. 容量瓶,100 mL。
2. 分光光度计,适用于 510 nm 和配备有光程长 10 mm 或更长的比色皿。

四、实验试剂

1．缓冲溶液（pH6.5）。在水中依次溶解 0.8 g 二水合 Na_2-EDTA、24 g 无水磷酸氢二钠（Na_2HPO_4）、46 g 磷酸二氢钾（KH_2PO_4）、0.020 g 氢化汞（$HgCl_2$）。稀释至 1 000 mL 并混匀。

2．DPD 溶液。在约 250 mL 水中加入 2 mL 硫酸、0.2 g 二水合 Na_2-EDTA、1.1 g 无水 DPD 硫酸盐（或五水合 DPD 硫酸盐 1.5 g）。稀释至 1 000 mL，移入棕色瓶内保存。一个月后如果褪色即重配。

3．硫酸溶液，（H_2SO_4）=1 mol/L。取 800 mL 水，并于不断搅拌下小心地加入 54 mL 硫酸（ρ=1.84 g/mL），冷却至室温并稀释至 1 000 mL。

4．氢氧化钠溶液，c（NaOH）=2 mol/L。称取 80 g 氢氧化钠颗粒加入成有 800 mL 水的锥形烧瓶内。不断搅拌至所有颗粒完全溶解，待溶液冷至室温后稀释至 1 000 mL。

5．碘酸钾贮备液，ρ=1.006 g/L。称取于 120～140℃烘干 2 h 的碘酸钾 1.006 g，溶解于水中，移入 1 000 mL 容量瓶内，加水至标线，并混匀。

6．碘酸钾标准溶液，ρ=10.06 mg/L。吸取 10.00 mL 贮备液置 1 000 mL 容量瓶中，加入约 1 g 碘化钾并加水至标线。使用当天配制此溶液，置棕色瓶中备用。1 mL 此标准溶液含 10.06 μg 碘酸钾，相当于 10.0 μg 氯（Cl_2）。

五、实验步骤

1．试样制备

检查水样是否近中性，如偏酸或偏碱，用稀碱液或稀酸液中和之，或在下一步操作中增大缓冲液的用量。

2．校准曲线的绘制

向一系列 100 mL 容量瓶中，分别加入碘酸钾标准溶液 0 mL、1.00 mL、2.00 mL、3.00 mL、5.00 mL、10.00 mL、15.00 mL，加适量水（约 50 mL）。加入 1.0 mL 硫酸溶液，并于 1 min 后加入 1.0 mL 氢氧化钠溶液，用水稀释至标线。

在 250 mL 锥形瓶中加入 15 mL 磷酸盐缓冲液和 5 mL DPD 试剂，于 1 min 内将上述标准系列溶液加入锥形瓶中，混匀后，于波长 515 nm 处，用 10 mm 比色皿测量各溶液的吸光度，于 60 min 内完成比色分析。

以零浓度校正吸光度值为纵坐标，以其对应的氯质量浓度为横坐标，绘制校准曲线。

3．测量

在 250 mL 锥形瓶中加入 15 mL 磷酸盐缓冲液、5 mL DPD 试剂，水样 100 mL（如游离氯浓度超过 1.5 mg/L 则取较小体积试样，并稀释至 100 mL），并立即按校准曲线所用相同条件进行测量吸光度。用空白校正后的吸光度值计算质量浓度（ρ_1）。

4．干扰校正

为校正氧化锰和六价铬的干扰，置 100 mL 试样于 250 mL 锥形瓶中，加入 1 mL 亚砷酸钠溶液或硫代乙酰胺溶液，混匀，再加入 15.0 mL 磷酸盐缓冲液和 5.0 mL DPD 试剂，混匀。将此溶液注入比色皿，并立即按校准曲线所用相同条件进行测量。记录从校准曲线读取的氧化锰和六价铬相当于氯的质量浓度（ρ_2）。

表 4-14-1　*N,N*-二乙基-1,4-苯二胺光度法测定余氯数据记录表

溶液	标准使用液							水样			
								1	2	3	4
体积/mL	0	1.00	2.00	3.00	5.00	10.00	15.00				
含量/mg											
吸光度											

六、结果与讨论

$$游离氯（Cl_2，mg/L）=\frac{(\rho_1-\rho_2)V_0}{V_1} \qquad (4\text{-}14\text{-}1)$$

式中：ρ_1——测定试样所得氯的质量浓度，mg/L；

$\quad\quad\rho_2$——氧化锰相当于氯的质量浓度，mg/L，如不存在氧化锰，$\rho_2=0$；

$\quad\quad V_0$——试样最大体积，$V_0=100$ mL；

$\quad\quad V_1$——试样中含原水样体积，mL。

上述以毫克/升（mg/L）表示氯（Cl_2）质量浓度，可乘以换系数 0.0141 而表示为毫摩尔/升（mmol/L）。

七、注意事项

1．应使用不含氯和还原性物质的水。不含氯和还原性物质水的制备方法：去离子水或蒸馏水经氯化至约 0.14 mol/L（10 mg/L）的水样，并贮备于密闭的玻璃瓶中至少 16 h。然后暴露于紫外线或阳光下数小时，或用活性炭处理使水脱氯。

2．水样的采集和保存。余氯在水中很不稳定，尤其含有有机物或其他还原性无机物时，更易分解而消失。因此，余氯应在采集现场进行测定。

3．当样品混浊或有色将影响光度法测定时，不可过滤或脱色，以免余氯损失。此时可采用补偿法，即以纯水代替 DPD 试剂加入试样作为空白，或者以水样作参比将光度计调零后再测试样，以补偿其干扰影响。

4．当样品含游离氯浓度较高时，加入的 DPD 试剂所显深红色很快就褪尽，这是因为被氧化而显色的试剂随即又被游离氯漂白，此时应将样品稀释后再测定。

5．含有机物较多的样品如医院污水等，测定时其显色完全时间较长，操作时除非使用记录式光度计，应相继进行多次测量，以便选取显色相对稳定后的测量值。

6．盛过显色液的比色皿必要时应处理，常用处理方法是先用（1+1）的乙醇-10%盐酸荡洗，再用水充分洗涤干净。

7．测量波长除 515 nm 外，经用记录式光度计对显色液进行自动扫描，发现在 550 nm处另有一相似吸收峰，而在 325 nm 紫外线下有大约高出 1 倍的吸收峰，这特别适合于测定浓度较低和有一定底色的样品。

8．干扰及其消除

（1）氧化锰和化合性氯都有干扰，可单独测定，并在结果计算中予以校正。

（2）其他氧化剂也有干扰，如溴、碘、溴化氨、碘化氨、臭氧、过氧化氢、铬酸盐、亚硝酸盐、三价铁离子和铜离子。常会遇到的二价铜离子（＞8 mg/L）和三价铁离子（＞20 mg/L）的干扰，可被配入缓冲液和 DPD 试液中的 Na_2-EDTA 所掩蔽，铬酸盐的干扰可以加入氯化钡消除。

9．方法的适用范围。本方法可应用的含氯浓度范围为 0.05～1.5 mg/L 游离氯。超过上限浓度的样品可稀释后测定。

本方法适用于经加氯（或漂白粉等）处理的饮用水、医院污水、造纸废水、印染废水等的监测。

八、思考题

1．为什么要测定水样中的余氯？

2．水样在测定前要调到重中性，为什么？

3．测定过程中比色皿没有清洗干净，对结果有什么影响？

方法二　*N,N*-二乙基-1,4-苯二胺滴定法

一、实验目的

1．掌握 *N,N*-二乙基-1,4-苯二胺滴定法测定余氯的原理和方法。

2．进一步熟悉化学滴定法，熟练判断滴定终点。

3．掌握消除干扰余氯测定结果的方法。

二、实验原理

在 pH 为 6.2～6.5 条件下，存在过量碘化钾时，单质氯、次氯酸、次氯酸盐和氯胺与 N,N-二乙基-1,4-苯二胺（DPD）反应生成红色化合物，用硫酸亚铁铵标准溶液滴定至红色消失。

三、实验仪器

微量滴定管　5 mL，0.02 mL 分度。

四、实验试剂

1. 重铬酸钾标准溶液，c=100.0 mmol/L。准确称取 4.904 g 研细的重铬酸钾（105 ℃烘干 2 h 以上），溶于 1 000 mL 容量瓶，加水至标线，混匀。

2. 硫酸亚铁铵贮备液，c=56 mmol/L。称取 22.0 g 六水合硫酸亚铁铵，溶于含 5.0 mL 硫酸的水中，移入 1 000 mL 棕色容量瓶，加水至标线，混匀。存放在棕色瓶中。测定前标定。

标定方法：向 250 mL 锥形瓶中，依次加入 50.0 mL 硫酸亚铁铵贮备液、5.0 mL 正磷酸和 4 滴二苯胺磺酸钡指示液。用重铬酸钾标准溶液滴定到出现深紫色，溶液颜色保持不变时为终点。此溶液的浓度以每升含氯（Cl_2）毫摩尔数表示，按式（4-14-2）计算：

$$c_1 = \frac{c_2 V_2}{2V_1}$$ （4-14-2）

式中：c_1 —— 硫酸亚铁铵贮备液的浓度，mmol/L；

　　　c_2 —— 重铬酸钾标准溶液的浓度，mmol/L；

　　　V_2 —— 滴定消耗重铬酸钾标准溶液的体积，mL；

　　　V_1 —— 硫酸亚铁铵贮备液的体积，mL。

注：若 V_2 小于 22 mL，应重新配制硫酸亚铁铵贮备液。

3. 硫酸亚铁铵标准滴定液，c=2.8 mmol/L。取 50.0 mL 硫酸亚铁铵贮备液于 1 000 mL 容量瓶中，加水至标线，混匀，存放于棕色试剂瓶中。临用现配。

以每升含氯（Cl_2）毫摩尔数表示此溶液的浓度 c_3（mmol/L），按式（4-14-3）计算：

$$c_3 = \frac{c_1}{20}$$ （4-14-3）

4. 二苯胺磺酸钡指示液，ρ = 3.0 g/L。称取 0.30 g 二苯胺磺酸钡溶解于 100 mL 容量瓶中，加水至标线，混匀。

5．碘化钾，晶体。

6．次氯酸钠溶液，含 Cl_2 约 0.1 g/L，由次氯酸钠浓溶液（商品名，安替福民）稀释而成。

7．磷酸盐缓冲溶液，pH = 6.5。

称取 24.0 g 无水磷酸氢二钠（Na_2HPO_4），或 60.5 g 十二水合磷酸氢二钠（$Na_2HPO_4 \cdot 12H_2O$），以及 46.0 g 磷酸二氢钾（KH_2PO_4），依次溶于水中，加入 100 mL 浓度为 8.0 g/L 的二水合 EDTA 二钠（$C_{10}H_{14}N_2O_8Na_2 \cdot 2H_2O$）溶液或 0.8 g EDTA 二钠固体，转移至 1 000 mL 容量瓶中，加水至标线，混匀。必要时，可加入 0.020 g 氯化汞防止霉菌繁殖及试剂内痕量碘化物对游离氯检验的干扰。

注意：汞盐剧毒，应安全处理。

8．DPD 溶液，$\rho = 1.1$ g/L。将 2.0 mL 浓硫酸（$\rho = 1.84$ g/mL）和 25 mL 浓度为 8.0 g/L 的二水合 EDTA 二钠溶液或 0.2 g EDTA 二钠固体，加入 250 mL 水中配制成混合溶液。将 1.1 g 无水 DPD 硫酸盐或 1.5 g 五水合物加入上述混合溶液中，转移至 1 000 mL 棕色容量瓶，加水至标线，混匀。溶液装在棕色试剂瓶内，4℃保存。若溶液长时间放置后变色，应重新配制。

9．氢氧化钠溶液，$\rho = 2.0$ mol/L　称取 80.0 g 氢氧化钠，溶解于 500 mL 水中，待溶液冷却后移入 1 000 mL 容量瓶，加水至标线，混匀。

10．亚砷酸钠溶液，$\rho = 2.0$ g/L；或硫代乙酰胺溶液 $\rho = 2.5$ g/L。

五、实验步骤

1．试样制备

取 100 mL 样品作为试样 V_0。如总氯（Cl_2）超过 5 mg/L，需取较小体积样品，用水稀释至 100 mL。

2．余氯的测定

在 250 mL 锥形瓶中，依次加入 15.0 mL 磷酸盐缓冲溶液、5.0 mL DPD 溶液和试样，加入 1 g 碘化钾。2 min 后，用硫酸亚铁铵标准滴定溶液滴定至无色为终点。如果 2 min 内观察到粉红色再现，继续滴定至无色作为终点，记录滴定消耗溶液体积 V_3 的毫升数。

对于含有氧化锰和六价铬的试样可通过测定其含量消除干扰，取 100 mL 试样于 250 mL 锥形瓶中，加入 1.0 mL 亚砷酸钠溶液或硫代乙酰胺溶液，混匀。再加入 15.0 mL 磷酸盐缓冲液和 5.0 mL DPD 溶液，立即用硫酸亚铁铵标准滴定液滴定，溶液由粉红色滴至无色为终点，测定氧化锰的干扰。若有六价铬存在，30 min 后，溶液颜色变成粉红色，继续滴定六价铬的干扰，使溶液由粉红色滴至无色为终点。记录滴定消耗溶液体积 V_4，相当于氧化锰和六价铬的干扰。若水样需稀释，应测定稀释后样品的氧化锰和六价铬干扰。

六、结果与讨论

$$余氯质量浓度（Cl_2，mg/L）= \frac{c_3\left(V_3 - V_4\right)}{V_0} \times 70.91 \qquad (4\text{-}14\text{-}4)$$

式中：c_3—— 硫酸亚铁铵标准滴定溶液的浓度（以 Cl_2 计），mmol/L；

V_0—— 实际水样体积，mL；

V_3—— 测定余氯时消耗硫酸亚铁铵标准滴定液的体积，mL。

V_4——校正氧化锰和六价铬干扰时消耗硫酸亚铁铵标准滴定液的体积，mL，若不存在氧化锰和六价铬，$V_4=0$ mL。

70.91——Cl_2 的分子量。

当测定结果小于 100 mg/L 时，保留到小数点后两位；大于等于 10 mg/L 时，保留三位有效数字。

七、注意事项

1．当样品在现场测定时，若样品过酸、过碱或盐浓度较高，应增加缓冲液的加入量，以确保试样的 pH 在 6.2～6.5 之间，测定时，样品应避免强光、振摇和温热。

2．若样品需运回实验室分析，对于酸性很强的水样，应增加固定剂 NaOH 溶液的加入量，是样品 pH＞12；若样品 NaOH 溶液加入体积大于样品体积的 1%，样品体积 V_0 应进行校正；对于碱性很强的水样（pH＞12），则不需加入固定剂，测定时应增加缓冲液的加入量，使试样的 pH 在 6.2～6.5 之间；对于加入固定剂的高盐样品，测定时也需调整缓冲液的加入量，使试样的 pH 在 6.2～6.5 之间。

3．测定游离氯和总氯的玻璃器皿应分开使用，以防止交叉污染。

4．方法的适用范围，本方法可应用的含氯质量浓度范围为 0.08～5.00 mg/L。超过上限质量浓度的样品，可稀释后进行测定。

本方法适用于工业废水、医疗废水、生活污水、中水和污水再生的景观用水中余氯的测定。

八、思考题

1．水样中的氯有哪些存在形式？

2．水样中其他干扰离子的存在会对余氯的测定结果造成什么影响？为什么？

实验十五　化学需氧量（COD_{Cr}）的测定

化学需氧量（COD_{Cr}），是指在一定条件下，用强氧化剂处理水样时所消耗氧化剂的量，以氧的 mg/L 来表示。化学需氧量反映了水中受还原性物质污染的程度。水中还原性物质包括有机物、亚硝酸盐、亚铁盐、硫化物等。水被有机物污染是很普遍的，因此化学需氧量也作为有机物相对含量的指标之一。

重铬酸钾法（COD_{Cr}）

一、实验目的

1. 了解化学需氧量的测定方法。
2. 掌握重铬酸钾法测定化学需氧量的原理和方法。
3. 掌握滴定管的使用。
4. 熟练掌握滴定终点的控制方法。

二、实验原理

在水样中加入已知量的重铬酸钾溶液，并在强酸介质下以银盐作催化剂，经沸腾回流后，以试亚铁灵为指示剂，用硫酸亚铁铵滴定水样中未被还原的重铬酸钾，由消耗的重铬酸钾的量计算出消耗氧的质量浓度。

注 1：在酸性重铬酸钾条件下，芳烃和吡啶难以被氧化，其氧化率较低。在硫酸银催化作用下直链脂肪族化合物可有效地被氧化。

注 2：无机还原性物质如亚硝酸盐、硫化物和二价铁盐等将使测定结果增大，其需氧量也是 COD_{Cr} 的一部分。

本方法的主要干扰物为氯化物，可加入硫酸汞溶液去除。经回流后，氯离子可与硫酸汞结合成可溶性的氯汞配合物。硫酸汞溶液的用量可根据水样中氯离子的含量，按质量比 $m[HgSO_4]：m[Cl^-]$ 的比例加入，最大加入量为 2 mL（按照氯离子最大允许质量浓度 1 000 mg/L 计）。水样中氯离子的含量需进行测定或粗略判定。

三、实验仪器

1. 回流装置：带有 250 mL 磨口锥形瓶的全玻璃回流装置，可选用水冷或风冷全玻璃回流装置，其他等效冷凝回流装置亦可。

2．加热装置：电炉或其他等效消解装置。

3．酸式滴定管：25 mL 或 50 mL。

四、实验试剂

1．重铬酸钾标准溶液（1/6K₂Cr₂O₇=0.250 0 mol/L）：称取预先在 120℃烘干 2 h 的基准或优级纯重铬酸钾 12.258 g 溶于水中，移入 1 000 mL 容量瓶，稀释至标线，摇匀。

2．试亚铁灵指示液：称取 1.485 g 邻菲罗啉（$C_{12}H_8N_2 \cdot H_2O$，1,10-phenanthnoline），0.695 g 硫酸亚铁（$FeSO_4 \cdot 7H_2O$）溶于水中，稀释至 100 mL，贮于棕色瓶内。

3．硫酸亚铁铵标准溶液[$(NH_4)_2Fe(SO_4)_2 \cdot 6H_2O \approx 0.05$ mol/L]：称取 19.5 g 硫酸亚铁铵溶于水中，边搅拌边缓慢加入 10 mL 浓硫酸，冷却后移入 1 000 mL 容量瓶中，加水稀释至标线，摇匀。临用前，用重铬酸钾标准溶液标定。

标定方法：准确吸取 5.00 mL 重铬酸钾标准溶液于 250 mL 锥形瓶中，加水稀释至 50 mL 左右，缓慢加入 15 mL 浓硫酸，混匀。冷却后，加入 3 滴试亚铁灵指示液（约 0.15 mL），用硫酸亚铁铵溶液滴定，溶液的颜色由黄色经蓝绿色至红褐色即为终点。标定时应做平行双样。

$$c[(NH_4)_2Fe(SO_4)_2] = \frac{0.250 0 \times 5.00}{V} \qquad (4\text{-}15\text{-}1)$$

式中：c——硫酸亚铁铵$[(NH_4)_2Fe(SO_4)_2]$标准溶液的浓度，mol/L；

V——硫酸亚铁铵标准滴定溶液的用量，mL。

4．硫酸-硫酸银溶液：于 2 500 mL 浓硫酸中加 25 g 硫酸银。放置 1～2 d，不时摇动使其溶解（如无 2 500 mL 容器，可在 500 mL 浓硫酸中加入 5 g 硫酸银）。

5．硫酸汞：称取 10 g 硫酸汞，溶于 100 mL 硫酸溶液中，混匀。

五、实验步骤

1．取 10.00 mL 混合均匀的水样（或适量水样稀释至 10.00 mL）置于 COD 瓶（或 250 mL 磨口的回流锥形瓶）中，准确加入 5.00 mL 重铬酸钾标准溶液及数粒小玻璃珠或沸石，摇匀。硫酸汞溶液按质量比 $m[HgSO_4]:m[Cl^-] \geq 20:1$ 的比例加入，最大加入量为 2 mL。慢慢地加入 15 mL 硫酸-硫酸银溶液，轻轻摇动 COD 瓶（或锥形瓶）使溶液混匀，连接回流冷凝管，接通冷却水，稍后接通加热装置，加热回流 2 h（自开始沸腾时计时）。

注：对于化学需氧量高的废水样，可先取上述操作所需体积 1/10 的废水样和试剂，于 15 mm×150 mm 硬质玻璃试管中，摇匀，加热后观察是否变成绿色。如溶液显绿色，再适当减少废水取样量，直至溶

液不变绿色为止，从而确定废水样分析时应取用的体积。稀释时，所取废水样量不得少于 5 mL，如果化学需氧量很高，则废水样应多次稀释。

2．冷却后，用 45 mL 水冲洗冷凝管壁，取下 COD 瓶（或锥形瓶）。

3．溶液再度冷却后，加 3 滴试亚铁灵指示液，用硫酸亚铁铵标准溶液滴定，溶液的颜色由黄色经蓝绿色至红褐色即为终点，记录硫酸亚铁铵标准溶液的用量。

4．测定水样的同时，以 10.00 mL 重蒸馏水，按同样操作步骤做空白试验，记录滴定空白时硫酸亚铁铵标准溶液的用量。

六、结果与讨论

$$\text{COD}_{\text{Cr}} = \frac{(V_0 - V_1) \times c \times 8 \times 1\,000}{V} \tag{4-15-2}$$

式中：c——硫酸亚铁铵标准溶液的浓度，mol/L；

V_0——滴定空白时硫酸亚铁铵标准溶液用量，mL；

V_1——滴定水样时硫酸亚铁铵标准溶液的用量，mL；

V——水样的体积，mL；

8——氧（1/2 O）摩尔质量，g/mol。

表 4-15-1　重铬酸钾法测定化学需氧量数据记录表

样　品		硫酸亚铁铵的体积/mL			COD_{Cr}（O_2，mg/L）
		初始 V_{I}	终点 V_{II}	消耗 $V = V_{\text{II}} - V_{\text{I}}$	
水样体积/mL	1				
	2				
	3				
	4				
空白溶液体积/mL	1				
	2				

七、注意事项

1．对于化学需氧量小于 50 mg/L 的水样，应改用 0.025 00 mol/L 重铬酸钾标准溶液。回滴时用 0.005 mol/L 硫酸亚铁铵标准溶液。

2．水样加热回流后，溶液中重铬酸钾剩余量应为加入量的 1/5～4/5 为宜。

3．用邻苯二甲酸氢钾标准溶液检查试剂的质量和操作技术时，由于每克邻苯二甲酸氢钾的理论 COD_{Cr} 为 1.176 g，所以溶解 0.425 1 g 邻苯二甲酸氢钾（$HOOCC_6H_4COOK$）

于重蒸馏水中，转入 1 000 mL 容量瓶，用重蒸馏水稀释至标线，使之成为 500 mg/L 的 COD_{Cr} 标准溶液。用时现配。

4. 当 COD_{Cr} 测定结果小于 100 mg/L 时保留至整数位；当测定结果大于或等于 100 mg/L 时，保留三位有效数字。

5．方法的适用范围，适用于地表水、生活污水和工业废水中化学需氧量的测定。不适用于含氯化物质量浓度大于 1 000 mg/L（稀释后）的水中化学需氧量的测定。用 0.250 0 mol/L 的重铬酸钾溶液可测定大于 50 mg/L 的 COD 值。用 0.025 00 mol/L 的重铬酸钾溶液可测定 5～50 mg/L 的 COD 值，但低于 10 mg/L 时测量准确度较差。

当取样体积为 10.0 mL 时，本方法的检出限为 4 mg/L，测定下限为 16 mg/L。未经稀释的水样测定上限为 700 mg/L，超过此限时须稀释后测定。

6．水样的化学需氧量，可受加入氧化剂的种类及浓度、反应溶液的酸度、反应温度和时间，以及催化剂的有无而获得不同的结果。因此，化学需氧量也是一个条件性指标，必须严格按操作步骤进行。

7．对于工业废水，我国规定用重铬酸钾法，其测得的值称为化学需氧量。

8．实验室产生的废液应统一收集，委托有资质单位集中处理。

八、思考题

1．为什么要测定化学需氧量？
2．重铬酸钾法测定化学需氧量的过程中，硫酸汞和硫酸-硫酸银各起什么作用？
3．分析测定的数据，说一说影响结果的因素有哪些？

实验十六　高锰酸盐指数的测定

高锰酸盐指数是反应水体中有机物及无机物可氧化物质污染的常用指标。

高锰酸盐指数是指在一定条件下，用高锰酸钾氧化水样中的某些有机物及无机还原性物质，用消耗的高锰酸钾量计算相当的氧量。

高锰酸盐指数不作为理论需氧量或总有机物含量的指标，因为在规定的条件下，许多有机物只能部分地被氧化，易挥发的有机物也不包含在测定值之内。

一、实验目的

1．掌握酸性法测定高锰酸盐指数的原理和方法。
2．掌握滴定管的使用方法。

3．学会滴定终点的判断。

二、实验原理

样品中加入已知量的高锰酸钾和硫酸，在沸水浴中加热 30 min，高锰酸钾将样品中的某些有机物和无机还原性物质氧化，反应后加入过量的草酸钠还原剩余的高锰酸钾，再用高锰酸钾标准溶液回滴过量的草酸钠，通过计算得到样品中高锰酸盐指数。

三、实验仪器

1．六孔水浴锅，温度可调，功率足够。

2．酸式滴定管，25 mL。

3．移液管、烧杯、锥形瓶等。

四、实验试剂

1．不含还原性物质的水。

2．（1+3）硫酸溶液：在不断搅拌下，将 100 mL 浓硫酸（ρ=1.84 g/mL）慢慢加入到 300 mL 水中。趁热加入数滴高锰酸钾溶液直至溶液出现粉红色。

3．氢氧化钠溶液，ρ=500 g/L：称取 50 g 氢氧化钠溶于水并稀释至 100 mL。

4．草酸钠标准贮备液，c（1/2 $Na_2C_2O_4$）=0.100 0 mol/L：称取 0.670 5 g 经 120℃ 烘干 2 h 并放冷的草酸钠（$Na_2C_2O_4$）溶解水中，移入 100 mL 容量瓶中，用水稀释至标线，混匀，置 4℃ 保存。

5．草酸钠标准溶液，c（1/2 $Na_2C_2O_4$）=0.010 0 mol/L：吸取 10.00 mL 草酸钠贮备液于 100 mL 容量瓶中，用水稀释至标线，混匀。

6．高锰酸钾标准贮备液，c（1/5 $KMnO_4$）=0.1 mol/L：称取 3.2 g 高锰酸钾溶解于水并稀释至 1 000 mL。于 90～95℃ 水浴中加热此溶液 2 h，冷却，存放 2 d 后，倾出清液，贮于棕色瓶中。

7．高锰酸钾标准溶液，c（1/5 $KMnO_4$）=0.01 mol/L：吸取 100 mL 高锰酸钾标准贮备液于 1 000 mL 容量瓶中，用水稀释至标线，混匀，此溶液在暗处可保存几个月，使用当天标定其浓度。

五、实验步骤

1．吸取 100.0 mL 经充分摇动。混合均匀的样品（或分取适量，用水稀释至 100 mL），置于 250 mL 锥形瓶中，加入（5±0.5）mL（1+3）的硫酸，用滴定管加入 10.00 mL 高锰酸钾标准溶液，摇匀。将锥形瓶置于沸水浴内（30±2）min（水浴沸腾，开始计时）。

2．取出后用滴定管加入 10.00 mL 草酸钠标准溶液，至溶液变为无色。趁热用高锰酸钾标准溶液滴定至刚出现粉红色，并保持 30 s 不褪色。记录消耗的高锰酸钾标准溶液的体积。

3．空白试验。用 100 mL 水代替样品，与测定样品步骤相同。记录回滴的高锰酸钾标准溶液的体积。

4．向空白试验滴定后的溶液中加入 10.00 mL 草酸钠标准溶液。如果需要将溶液加热至 80℃。用高锰酸钾标准溶液继续滴定至刚出现粉红色，并保持 30 s 不褪色。记录消耗的高锰酸钾标准溶液的体积。

六、结果与讨论

高锰酸盐指数（I_{Mn}）以每升样品消耗毫克氧数来表示（O_2，ml/L），按式（4-16-1）计算。

$$I_{Mn} = \frac{[(10 + V_1)\frac{10}{V_2} - 10] \times c \times 8 \times 1\,000}{100} \tag{4-16-1}$$

式中：V_1 —— 滴定水样时，消耗高锰酸钾溶液体积，mL；

$\quad\quad V_2$ —— 标定时，消耗高锰酸钾溶液体积，mL；

$\quad\quad c$ —— 草酸钠标准溶液浓度，0.010 0 mol/L；

$\quad\quad 8$ —— 1/2 氧的摩尔质量，g/mol。

如样品经稀释后测定，按式（4-16-2）计算。

$$I_{Mn} = \frac{\{[(10 + V_1)\frac{10}{V_2} - 10] - [(10 + V_0)\frac{10}{V_2} - 10] \times f\} \times c \times 8 \times 1\,000}{V_3} \tag{4-16-2}$$

式中：V_0 —— 空白试验时，消耗高锰酸钾溶液体积，mL；

$\quad\quad V_2$ —— 测定时，所取样品体积，mL；

$\quad\quad f$ —— 稀释样品时，蒸馏水在 100 mL 测定用体积内所占比例（例如，10 mL 样品用水稀释至 100 mL，则 f＝（100－10）/100=0.90）。

七、注意事项

1．方法适用于饮用水、水源水、地表水的测定，测定范围为 0.5～4.5 mg/L。氯离子浓度高于 300 mg/L，采用碱性高锰酸钾法测定。

2．新使用的玻璃器皿，应先用酸性高锰酸钾浸泡后，再清洗干净。

3．沸水浴的水面要高于锥形瓶内的液面。

4．样品加热氧化后剩余的 0.01 mol/L 高锰酸钾为其加入量的 1/3～1/2 为宜。加热时，如溶液红色褪去，说明高锰酸钾量不够，须重新取样，并稀释后测定。

5．滴定时温度如低于 60℃，反应速度缓慢，应加热至 80℃ 左右。

6．沸水浴温度为 98℃。如高原地区，报出测定结果时，应注明水的沸点。

7．注意滴定高锰酸钾速度的节奏为慢、快、慢。

8．样品的采集和保存，选择玻璃瓶盛装水样，采样量为 500 mL。采样后加入硫酸，使样品 pH 1～2 并尽快分析。如保存时间超过 6 h，则需置暗处，0～5℃下保存，不得超过 2 d。

八、思考题

1．测定高锰酸盐指数时，高锰酸钾溶液的浓度为何要低于 0.01 mol/L（$1/5KMnO_4$）？

2．在水浴加热完毕后，水样溶液的红色全部褪去，说明什么？应如何处理？

实验十七　生化需氧量（BOD_5）的测定

生活污水与工业废水中含有大量各类有机物。当其污染水域后，这些有机物在水体中分解时要消耗大量溶解氧，从而破坏水体中氧的平衡，使水质恶化。水体因缺氧造成鱼类及其他水生生物的死亡。

水体中所含的有机物成分复杂，难以一一测定其成分。人们常常利用水中有机物在一定条件下所消耗的氧，来间接表示水体中有机物的含量，生化需氧量即属于这类的一个重要指标。

生化需氧量的经典测定方法是稀释接种法。

稀释接种法

一、实验目的

1．加深对生化需氧量的理解。

2．掌握水样稀释接种的过程。

3．掌握测定生化需氧量的原理和方法。

二、实验原理

生化需氧量是指在规定条件下，微生物分解存在水中的某些可氧化物质，特别是有机物所进行的生物化学过程中消耗溶解氧的量。此生物氧化全过程进行的时间很长，如在 20℃培养时，完成此过程需 100 多天。目前国内外普遍规定于 20℃±1℃培养 5 d，分别测定样品培养前后的溶解氧，二者之差即为 BOD_5 值，以氧的毫克/升（mg/L）表示。

三、实验仪器

1. 恒温培养箱（20℃±1℃）。

2. 5～20 L 细口玻璃瓶。

3. 1 000～2 000 mL 量筒。

4. 玻璃搅棒：棒的长度应比所用量筒高度长 200 mm。在棒的底端固定一个直径比量筒底小、并带有几个小孔的硬橡胶板。

5. 溶解氧瓶：250～300 mL，带有磨口玻璃塞并具有供水封用的钟形口。

6. 虹吸管：供分取水样和添加稀释水用。

7. 曝气装置。

四、实验试剂

1. 磷酸盐缓冲溶液：将 8.5 g 磷酸二氢钾（KH_2PO_4）、21.8 g 磷酸氢二钾（K_2HPO_4）、33.4 g 七水合磷酸氢二钠（$Na_2HPO_4 \cdot 7H_2O$）和 1.7 g 氯化铵（NH_4Cl）溶于水中，稀释至 1 000 mL。此溶液在 0～4℃可保存 6 个月。此溶液的 pH 为 7.2。

2. 硫酸镁溶液，ρ=11.0 g/L：将 22.5 g 七水合硫酸镁（$MgSO_4 \cdot 7H_2O$）溶于水中，稀释至 1 000 mL。此溶液在 0～4℃可保存 6 个月，若发现有任何沉淀或微生物生长应弃去。

3. 氯化钙溶液，ρ=27.6 g/L：将 27.5 g 无水氯化钙（$CaCl_2$）溶于水中，稀释至 1 000 mL。此溶液在 0～4℃可保存 6 个月，若发现有任何沉淀或微生物生长应弃去。

4. 氯化铁溶液，ρ=0.15 g/L：将 0.25 g 六水合氯化铁（$FeCl_3 \cdot 6H_2O$）溶于水，稀释至 1 000 mL。此溶液在 0～4℃可保存 6 个月，若发现有任何沉淀或微生物生长应弃去。

5. 盐酸溶液，c=0.5 mol/L：将 40 mL 浓盐酸（HCl）溶于水中，稀释至 1 000 mL。

6. 氢氧化钠溶液，c=0.5 mol/L：将 20 g 氢氧化钠溶于水中，稀释至 1 000 mL。

7. 亚硫酸钠溶液，c（$1/2Na_2SO_3$）=0.025 mol/L：将 1.575 g 亚硫酸钠（Na_2SO_3）溶于水中，稀释至 1 000 mL。此溶液不稳定，需现用现配。

8. 葡萄糖-谷氨酸标准溶液：将葡萄糖（$C_6H_{12}O_6$）和谷氨酸（$HOOC-CH_2-CH_2-CHNH_2-$

COOH）在 103℃干燥 1 h 后，各称取 150 mg 溶于水中，移入 1 000 mL 容量瓶内并稀释至标线。此溶液的 BOD_5 为（210±20）mg/L，现用现配。该溶液也可少量冷冻保存，融化后立刻使用。

9. 接种液：可选择以下任一方法，以获得适用的接种液。

（1）未受工业废水污染的生活污水：化学需氧量不大于 300 mg/L，总有机碳不大于 100 mg/L。

（2）用含城镇污水的河水或湖水。

（3）污水处理厂的出水。

（4）分析含有难降解物质的工业废水时，在其排污口下游适当处取水样作为废水的驯化接种液。也可取中和或经适当稀释后的废水进行连续曝气，每天加入少量该种废水，同时加入少量生活污水，使适应该种废水的微生物大量繁殖。当水中出现大量絮状物，表明微生物已繁殖，可用做接种液。一般驯化过程需要 3～8 d。

10. 稀释水：在 5～20 L 玻璃瓶内加入一定量的水，控制水温在（20±1）℃左右。用曝气装置至少曝气 1 h，使稀释水中的溶解氧达到 8 mg/L 以上。使用前每升水中加入氯化钙溶液、氯化铁溶液、硫酸镁溶液、磷酸缓冲溶液各 1 mL，混匀，20℃保存。造曝气的过程中防止污染，特别是防止带入有机物、金属、氧化物或还原物。

稀释水中氧的质量浓度不能过饱和，使用前需开口放置 1 h，且应在 24 h 内使用。剩余的稀释水应弃去。

11. 接种稀释水：根据接种也的来源不同，每升稀释水中加入适量接种液：城市生活污水和污水处理厂出水加 1～10 mL；河水，湖水加 10～100 mL。将接种稀释水存放在（20±1）℃的环境中，当天配制当天使用。接种的稀释水 pH 值为 7.2，BOD_5 应小于 1.5 mg/L。

12. 丙烯基硫脲硝化抑制剂，ρ =1.0 g/L：溶解 0.20 g 丙烯基硫脲（$C_4H_8N_2S$）于 200 mL 水中混合，4℃保存，此溶液可稳定保存 14 d。

13. （1+1）乙酸溶液。

14. 碘化钾，ρ =100 g/L：将 10 g 碘化钾（KI）溶于水中，稀释至 100 mL。

15. 淀粉溶液，ρ =5 g/L：将 0.50 g 淀粉溶于水中，稀释至 100 mL。

五、实验步骤

1. 样品的前处理

（1）pH 调节：若样品或稀释后样品 pH 不在 6～8 范围内，应用盐酸溶液或氢氧化钠溶液调节其 pH 至 6～8。

（2）余氯和结合氯的去除：若样品中含有少量余氯，一般在采样后放置 1～2 h，游离氯即可消失。对在短时间不能消散的游离氯，可加入适量亚硫酸钠溶液去除样品中存在的余氯和结合氯。加入亚硫酸钠溶液的量由下述方法确定。

取已中和好的水样 100 mL，加入（1+1）乙酸 10 mL、碘化钾溶液 1 mL，混匀，暗处静置 5 min。用亚硫酸钠溶液滴定析出的碘至淡黄色，加入 1 mL 淀粉溶液呈蓝色。再继续滴定至蓝色刚刚褪去，即为终点，记录所用亚硫酸钠溶液的体积。由亚硫酸钠溶液消耗的体积，计算出水样中应加亚硫酸钠溶液的体积。

（3）样品均质：含有大量颗粒物、需要较大稀释倍数的样品或经冷冻保存的样品，测定前均需将样品搅拌均匀。

（4）样品中有藻类：若样品中有大量藻类存在，BOD_5 测定结果会偏高。当分析结果精度要求较高时，测定前应用滤孔为 1.6 μm 的滤膜过滤，检测报告中注明滤膜滤孔的大小。

（5）含盐量低的样品：若样品含盐量低，非稀释样品的电导率小于 125 μS/cm 时，需加入适量同体积的四种盐溶液，使样品的电导率大于 125 μS/cm。每升样品中至少需加入各种盐的体积按式（4-17-1）计算：

$$V=（\Delta K-12.8）/113.6 \tag{4-17-1}$$

式中：V——需加入四种盐的体积；

ΔK——样品需要提高的电导率，μS/cm。

2．样品测定

（1）非稀释法

非稀释法分为两种情况：非稀释法和非稀释接种法。

如样品中的有机物含量较少，BOD_5 的质量浓度不大于 6 mg/L，且样品中有足够的微生物，用非稀释法测定。如样品中的有机物含量较少，BOD_5 的质量浓度不大于 6 mg/L，但样品中无足够的微生物，如酸性废水、碱性废水、高温废水、冷冻保存的废水或经过氯化处理等的废水，采用非稀释接种法测定。

①试样的准备：待测试样，测定前待测试样的温度达到（20±2）℃，若样品中溶解氧浓度低，需要用曝气装置曝气 15 min，充分振摇赶走样品中残留的空气泡；若样品中氧气过饱和，将容器 2/3 体积充满样品，用力振荡赶出过饱和氧，然后根据试样中微生物含量确定测定方法。非稀释法可直接取样测定；非稀释接种法，每升试样中加入适量的接种液，待测定。如试样中含有硝化细菌，有可能发生硝化反应，需在每升试样中加入 2 mL 丙烯基硫脲硝化抑制剂。

空白试样：非稀释接种法，每升稀释水中加入与试样中相同量的接种液作为空白试样，需要时每升试样中加入 2 mL 丙烯基硫脲硝化抑制剂。

②试样的测定：碘量法测定试样中的溶解氧。

将试样充满两个溶解氧瓶中，使试样少量溢出，防止试样中的溶解氧质量浓度改变，使瓶中存在的气泡靠瓶壁排除。将一瓶盖上瓶盖，加上水封，在瓶盖外罩上一个密封罩，防止培养期间水封水蒸发干，在恒温培养箱中培养 5 d±4 h 或（2+5）d±4 h 后测定试样中溶解氧的质量浓度。另一瓶 15 min 后测定试样在培养前溶解氧的质量浓度。

溶解氧按实验七　溶解氧的测定中碘量法。

（2）稀释与接种法

稀释与接种法分为两种情况：稀释法和稀释接种法。

若样品中的有机物含量较多，BOD_5 的质量浓度大于 6 mg/L，且样品中有足够的微生物，采用稀释法测定；若样品中的有机物含量较多，BOD_5 的质量浓度大于 6 mg/L，但样品中无足够的微生物，采用稀释接种法测定。

①试样的准备

待测试样：待测试样的温度达到（20±2）℃，若试样中溶解氧浓度低，需要用曝气装置曝气 15 min，充分振摇赶走样品中残留的空气泡；若试样中氧气过饱和，将容器 2/3 体积充满样品，用力振荡赶出过饱和氧，然后根据试样中微生物含量确定测定方法。稀释法测定，稀释倍数按表 4-17-1 和表 4-17-2 方法确定，然后用稀释水稀释。稀释接种法测定，用接种稀释水稀释试样。若试样中含有硝化细菌，有可能发生硝化反应，需在每升试样培养液中加入 2 mL 丙烯基硫脲硝化抑制剂。

稀释倍数的确定：样品稀释的程度应使消耗的溶解氧质量浓度不小于 2 mg/L，培养后样品中剩余溶解氧质量浓度不小于 2 mg/L，且试样中剩余的溶解氧的质量浓度为开始浓度的 1/3～2/3 为最佳。稀释倍数可根据样品的总有机碳（TOC）、高锰酸盐指数（I_{Mn}）或化学需氧量（COD）的测定值，按照表 4-17-1 列出的 BOD_5 与总有机碳（TOC）、高锰酸盐指数（I_{Mn}）或化学需氧量（COD）的比值 R 估计 BOD_5 的期望值（R 与样品的类型有关），再根据表 4-17-2 确定稀释因子。当不能准确地选择稀释倍数时，一个样品做 2～3 个不同的稀释倍数。

表 4-17-1　典型的比值 R

水样的类型	总有机碳 R（BOD_5/TOC）	高锰酸盐指数 R（BOD_5/I_{Mn}）	化学需氧量 R（BOD_5/COD）
未处理的废水	1.2～2.8	1.2～1.5	0.35～0.65
生化处理的废水	0.3～1.0	0.5～1.2	0.20～0.35

由表 4-17-1 中选择适当的 R 值，按式（4-17-2）计算 BOD_5 的期望值：

$$\rho = R \cdot Y \qquad\qquad (4\text{-}17\text{-}2)$$

式中：ρ —— 五日生化需氧量质量浓度的期望值，mg/L；

Y —— 总有机碳（TOC）、高锰酸盐指数（I_{Mn}）或化学需氧量（COD）的值，mg/L。

由估算出的 BOD_5 的期望值，按表 4-17-2 确定样品的稀释倍数。

表 4-17-2　BOD_5 测定的稀释倍数

BOD_5 的期望值/（mg/L）	稀释倍数	水样类型
6～12	2	河水，生物净化的城市污水
10～30	5	河水，生物净化的城市污水
20～60	10	生物净化的城市污水
40～120	20	澄清的城市污水或轻度污染的工业废水
100～300	50	轻度污染的工业废水或原城市污水
200～600	100	轻度污染的工业废水或原城市污水
400～1 200	200	重度污染的工业废水或原城市污水
1 000～3 000	500	重度污染的工业废水
2 000～6 000	1 000	重度污染的工业废水

按照确定的稀释倍数，将一定体积的试样或处理后的试样用虹吸管加入稀释水或接种稀释水的稀释容器中，加稀释水或接种稀释水至刻度，轻轻混合避免残留气泡，待测定。如稀释倍数超过 100 倍，可进行两步或多步稀释。

若试样中有微生物毒性物质，应配制几个不同稀释倍数的试样，选择与稀释倍数无关的结果，并取其平均值。试样测定结果与稀释倍数的关系确定如下：

当分析结果精度要求较高或存在微生物毒性物质时，一个试样要做两个以上不同的稀释倍数，每个稀释倍数做平行双样同时进行培养。测定培养过程中每瓶试样氧的消耗量，并画出氧消耗量对每一稀释倍数试样中原样品的体积曲线。

若此曲线呈线性，则此试样中不含有任何抑制微生物的物质，即样品的测定结果与稀释倍数无关；若曲线仅在低浓度范围内呈线性，取线性范围内稀释比的试样测定结果计算平均 BOD_5 值。

空白试样：稀释法测定，空白试样为稀释水，需要每升稀释水中加入 2 mL 丙烯基硫脲硝化抑制剂。稀释接种法测定，空白试样为接种稀释水，必要时接种稀释水中加入 2 mL 丙烯基硫脲硝化抑制剂。

②试样测定。试样和空白试样的测定方法同非稀释法。

六、结果与讨论

1. 非稀释法

非稀释法按式（4-17-3）计算样品 BOD_5 的测定结果：

$$\rho = \rho_1 - \rho_2 \qquad (4\text{-}17\text{-}3)$$

式中：ρ——五日生化需氧量质量浓度，mg/L；

ρ_1——水样在培养前的溶解氧质量浓度，mg/L；

ρ_2——水样在培养后的溶解氧质量浓度，mg/L。

2. 非稀释接种法

非稀释接种法按式（4-17-4）计算样品 BOD_5 的测定结果：

$$\rho = (\rho_1 - \rho_2) - (\rho_3 - \rho_4) \qquad (4\text{-}17\text{-}4)$$

式中：ρ——五日生化需氧量质量浓度，mg/L；

ρ_1——稀释水样在培养前的溶解氧质量浓度，mg/L；

ρ_2——稀释水样在培养后的溶解氧质量浓度，mg/L；

ρ_3——空白样在培养前的溶解氧质量浓度，mg/L；

ρ_4——空白样培养后的溶解氧质量浓度，mg/L。

表 4-17-3 稀释接种法测定生化需氧量数据记录表

序 号		稀释水样在培养前后的溶解氧质量浓度/（mg/L）		空白样在培养前后的溶解氧质量浓度/（mg/L）	
		培养前	培养后	培养前	培养后
水样	1				
	2				
	3				
	4				
	5				
	6				

3. 稀释与接种法

稀释与接种法按式（4-17-5）计算样品 BOD_5 的测定结果：

$$\rho = \frac{(\rho_1 - \rho_2) - (\rho_3 - \rho_4)f_1}{f_2} \qquad (4\text{-}17\text{-}5)$$

式中：ρ——五日生化需氧量质量浓度，mg/L；

     ρ_1——接种稀释水样在培养前的溶解氧质量浓度，mg/L；

     ρ_2——接种稀释水样在培养后的溶解氧质量浓度，mg/L；

     ρ_3——空白样在培养前的溶解氧质量浓度，mg/L；

     ρ_4——空白样在培养后的溶解氧质量浓度，mg/L；

     f_1——接种稀释水或稀释水在培养液中所占的比例；

     f_2——原样品在培养液中所占的比例。

注：f_1、f_2的计算：例如，培养液的稀释比为 3%，即 3 份水样，97 份稀释水，则 $f_1=0.97$，$f_2=0.03$。

表 4-17-4 稀释接种法测定生化需氧量数据记录表

序号		稀释水样在培养前后的溶解氧质量浓度/（mg/L）		空白样培养前后的溶解氧质量浓度/（mg/L）		培养液中所占比例	
		培养前	培养后	培养前	培养后	接种稀释水或稀释水	原样
水样	1						
	2						
	3						
	4						
	5						
	6						

七、注意事项

1. 水中有机物的生物氧化过程，可分为两个阶段。第一阶段为有机物中的碳和氢氧化生成二氧化碳和水，此阶段称为碳化阶段。完成碳化阶段在 20℃大约需 20 d。第二阶段为含氮物质及部分氨氧化为亚硝酸盐及硝酸盐，称为硝化阶段。完成硝化阶段在 20℃时需要约 100 d。因此，一般测定水样 BOD_5 时，硝化作用很不显著或根本不发生硝化作用。但对于生物处理池的出水，因其中含有大量的硝化细菌，因此，在测定 BOD_5 时也包括了部分含氮化物的需氧量。对于这样的水样，如果我们只需要测定有机物降解的需氧量，可以加入硝化抑制剂，抑制硝化过程。为此目的，可在每升稀释水样中加入 1 mL 质量浓度为 500 mg/L 的丙烯基硫脲（ATU，$C_4H_8N_2S$）或一定量固定在氯化钠上的 2-氯代-6-三氯甲基吡喹（TCMP，Cl-C_5H_3N-C-CH_3）使 TCMP 在稀释样品中的质量浓度大约为 0.5 mg/L。

2. 测定生化需氧量的水样，采集时应充满并密封于瓶中。在 1～4℃下进行保存。一般应在 6 h 内进行分析。若需要远距离转运，在任何情况下，贮存时间不应超过 24 h。

3．玻璃器皿应彻底洗净。先用洗涤剂浸泡清洗，然后用稀盐酸浸泡，最后依次用自来水、蒸馏水洗净。

4．对某些地面水及大多数工业废水，因含较多的有机物，需要稀释后再培养测定，以降低其浓度和保证有充足的溶解氧。稀释的程度应使培养中所消耗的溶解氧大于 2 mg/L，而剩余溶解氧在 1 mg/L 以上。

从水温较低的水域或富营养化的湖泊中采集的水样，可遇到含有过饱和溶解氧，此时应将水样迅速升温至 20℃左右，在不使满瓶的情况下，充分振摇，并时时开塞放气，以赶出过饱和的溶解氧。

从水温较高的水域或废水排放口取得的水样，则应迅速使其冷却至 20℃左右，并充分振摇，使与空气中氧的分压接近平衡。

5．为了保证水样稀释后有足够的溶解氧，稀释水通常要通入空气进行曝气（或通入氧气），使稀释水中溶解氧接近饱和。稀释水中还应加入一定量的无机营养盐和缓冲物质（磷酸盐、钙、镁和铁盐等），以保证微生物生长的需要。

6．对于不含或含少量微生物的工业废水，其中包括酸性废水、碱性废水、高温废水或经过氯化处理的废水，在测定 BOD_5 时应进行接种，以引入能分解废水中有机物的微生物。当废水中存在着难以被一般生活污水中的微生物以正常速度降解的有机物或含有剧毒物质时，应将驯化后的微生物引入水样中进行接种。

7．在两个或三个稀释比的样品中，凡消耗溶解氧大于 2 mg/L 和剩余溶解氧大于 1 mg/L 时，计算结果时，应取其平均值。若剩余的溶解氧小于 1 mg/L，甚至为零时，应加大稀释比。溶解氧消耗量小于 2 mg/L，有两种可能，一是稀释倍数过大；另一种可能是微生物菌种不适应，活性差，或含毒物质浓度过大。这时可能出现在几个稀释比中，稀释倍数大的消耗溶解氧反而较多的现象。

8．为检查稀释水和接种液的质量，以及化验人员的操作水平，可将 20 mL 葡萄糖-谷氨酸标准溶液用接种稀释水稀释至 1 000 mL，按测定 BOD_5 的步骤操作。测得 BOD_5 的值应在 180～230 mg/L 之间。否则应检查接种液、稀释水的质量或操作技术是否存在问题。

9．水样稀释倍数超过 100 倍时，应预先在容量瓶中用水初步稀释后，再取适量进行最后稀释培养。

10．本方法适用于测定 BOD_5 大于或等于 2 mg/L，最大不超过 6 000 mg/L 的水样。当水样 BOD_5 大于 6 000 mg/L，会因稀释带来一定的误差。

八、思考题

1．为什么要测定水样中的生化需氧量？

2．某些水样在测定生化需氧量时需要接种稀释，为什么？

3．水样中的氧气过多或过少应如何处理？为什么？

实验十八　化学需氧量（COD_{Cr}）在线自动监测实验

化学需氧量（COD_{Cr}）是生态环境部要求对污染源实施在线自动监测的主要项目，是衡量水中有机物相对含量的指标，COD_{Cr} 在线自动监测仪属水质在线监测系统，通过实时监测可以实现水质的连续自动监测和远程监控，环保部门能够及时掌握主要流域重点断面水体的水质状况，预防和及时发现污染事故，监督污染物排放总量及达标情况等，为实施污染物总量控制提供技术支持。

当前，水质在线自动监测主要分为废水污染源在线监测和地表水质在线监测。其中废水污染源监测主要是对排污量核定的国控和省控污染源企业（如重点污染行业企业、城市污水处理厂等）排放的污染物中的 COD_{Cr} 和氨氮进行测定；地表水监测主要针对河流断面、饮用水水源地、湖泊、水库等水质进行监测。

一、实验目的

1．了解 COD_{Cr} 在线监测仪器的安装、调试、验收的技术规范。

2．掌握 COD_{Cr} 在线监测仪器的原理、构造、使用方法和注意事项。

3．熟悉 COD_{Cr} 在线监测仪器的运行、维护。

二、实验原理

在酸性条件下，将水样中有机物和无机还原性物质用重铬酸钾氧化的方法，检测方法有光度法、化学滴定法、库仑滴定法等。

本实验中的化学需氧量（COD_{Cr}）水质在线自动监测仪采用的是分光光度法，其基本原理：水样、重铬酸钾消解溶液、硫酸银溶液（硫酸银作为催化剂加入可以更有效地氧化直链脂肪化合物）以及浓硫酸的混合液加热到 165℃，重铬酸离子氧化溶液中的有机物后颜色会发生变化，分析仪检测此颜色的变化，并把这种变化换算成 COD_{Cr} 值输出出来，消耗的重铬酸离子量相当于可氧化的有机物量。

水样中氯离子的干扰可以通过加入硫酸汞消除，因氯离子能与汞离子形成非常稳定的氯化汞。对于排放高氯废水（氯离子质量浓度大于 1 000 mg/L）的水污染源，不宜使用化学需氧量（COD_{Cr}）水质在线自动监测仪。

三、实验仪器

化学需氧量（COD_{Cr}）水质在线自动监测仪，仪器测定范围：20～2 000 mg/L（实验室 30～1 000 mg/L），可扩充。其技术规范：

主要功能：

（1）连续自动分析工业废水、生活污水、地表水中化学耗氧量（COD_{Cr}）；

（2）采用微机技术对分析结果进行数据处理，可准确地得到真实 COD_{Cr} 值；

（3）具有测试数据显示、存储和输出功能；

（4）具有时间设定、校对、显示功能及自动零点、量程校正功能；

（5）完善自动报警功能，当 COD_{Cr} 值超限，仪器出现不正常工作，可发出报警信号；

（6）意外断电且再度上电时，应能自动排出系统内残存的试样、试剂等，并自动清洗，自动复位到重新开始测定的状态；

（7）具有故障报警、显示和诊断功能，并具有自动保护功能，并且能够将故障报警信号传输到远程控制网；

（8）具有接收远程控制网的外部触发命令、启动分析等操作的功能。

主要技术指标：

（1）环境要求：温度在 0～40℃之间，试验期间的温度变化在±5℃以内；相对湿度≤90%；

（2）工作电压为单相（220 V±22 V），频率为（50 Hz±0.5 Hz）；

（3）支持 RS232、RS485 协议，具体要求按照 HJ/T 212 规定；

（4）仪器设备应具有中华人民共和国计量器具批准证书和生产许可证；应通过生态环境部环境监测仪器质量监督检验中心适用性检测；

（5）COD_{Cr} 在线自动监测仪的性能指标如表 4-18-1 所示。

表 4-18-1　COD_{Cr} 在线自动监测的性能指标

项目	性能
重现性或精密度	±10%
零点漂移	±5 mg/L
量程漂移	±10%
邻苯二甲酸氢钾试验	±10%（测量误差）
实际废水样品比对实验	相对误差绝对值的平均值≤15%
平均无故障连续运行时间	≥360 h/次
电压稳定性	±10%（测量误差）
绝缘阻抗	20 MΩ以上
耐电压	无异常现象（电弧和击穿等）

四、实验试剂

试剂 1（硫酸汞溶液）：往 1 L 的烧杯中加入 300 mL 蒸馏水，使用磁力搅拌器进行搅拌，搅拌期间往其中小心地加入 100 mL 的浓硫酸（95%～98% 分析纯），待溶液冷却后加入 16 g 硫酸汞，待试剂溶解后移入细口玻璃瓶中备用。

试剂 2（重铬酸钾溶液）：往 1 L 的烧杯中加入 500 mL 的蒸馏水，用磁力搅拌器进行搅拌期间，往其中小心缓慢地加入 140 mL 的硫酸（95%～98%分析纯），一直搅拌直至溶液冷却到环境温度，继续搅拌同时往溶液中投入 38.96 g 的重铬酸钾（分析纯），待重铬酸钾完全溶解后，移入 1 000 mL 容量瓶中，定容至容量瓶刻度后摇匀，储存于细口玻璃瓶中备用。

试剂 3（硫酸银溶液）：称取 5 g 硫酸银加入 500 mL 浓硫酸（95%～98%分析纯）中，放置 2 d 后可使用，放置期间摇晃几次，促进硫酸银溶解，使瓶内试剂浓度均匀。

标样储备液（2 000 mg/L）：此溶液的 COD_{Cr} 值应该为 2 000 mg/L，使用邻苯二钾酸氢钾前，请将其置于烘箱中于 105℃烘干 2 h。往 1 000 mL 的烧杯中加入 500 mL 的蒸馏水，搅拌期间，小心地分别加入 0.5 mL 硫酸（95%～98%分析纯）和 1.700 g 邻苯二钾酸氢钾（分析纯），待完全溶解后，将溶液全部转移至 1 000 mL 的容量瓶并定容，混匀后装瓶待用。

标准溶液（100 mg/L）：用移液管移取 5 mL COD_{Cr} 标样储备液（2 000 mg/L）于 100 mL 容量瓶中，用蒸馏水稀释至容量瓶标线，使之成为 100 mg/L 的标样溶液，建议仪器标定时现配制。

标样（40 mg/L）：用移液管移取 2 mL COD_{Cr} 标样储备液（2 000 mg/L）于 100 mL 容量瓶中，用蒸馏水稀释至容量瓶标线，使之成为 40 mg/L 的标样溶液，建议仪器标定时现配制。

五、实验步骤

1. 检查：仪器启动时，确保所有试剂均已正确对应放置到位，同时检查各试剂瓶中溶液是否充足，若不足，补充试剂后点击"初始装液"。

2. 仪器初始化

在仪器初始运行、试剂更换后试剂浓度波动较大或是仪器异常、检修后，任意一路进样管管内没有试剂时，一般要执行此操作；在仪器停运时间多于 3 d 时，建议把所有试剂的进样管插入蒸馏水中，启动此操作对仪器进行冲洗。

仪器处于待机状态时，进入设置界面后，启动"初始装液"按钮，即刻完成。

3. 仪器校准

在仪器初始运行并执行完仪器初始化操作后，或是在设定的校准时刻，仪器执行校准程序。

仪器在使用前需要对工作曲线进行校准，在使用中也需要定期校准。根据水样的浑浊度适当调整标定的时间间隔，每周至少一次，可设置自动标定或手动标定。仪器标定所需标准溶液的浓度可参考实际水样 COD_{Cr} 质量浓度。比如水样质量浓度在 60 mg/L 左右时，可配制标液为 100 mg/L，尽量使标液质量浓度与实际质量浓度靠近，减少线性误差。并定期与手工方法进行实际水样对比，保证工作曲线准确。

4. 清洗

为了防止试剂结晶或附着太多，影响测量或堵塞软管，需要定期进行手动或自动清洗。使用用蒸馏水清洗水样的整个接触区域直到水样试管的末端。若蒸馏水难以清洗干净，用热酸液清洗。可设置"清洗时间""清洗周期"启动自动清洗程序，或启动"即刻清洗"进入清洗流程。

5. 设定参数

设置采样测量时的加热时间、温度、量程选择等参数，具体操作方法参照仪器使用说明书。

6. 水样测量

在仪器进行测量运行前，请确保仪器已经执行完初始化和校准操作。

将水样管插入仪器后部连接水管软管中，重新抽取管道中水样至低位，然后将计量架中的水样排至废液桶（排除水样管中的残留液和空气）中，切换至测量状态，返回至主页面，对仪器进行"即刻测量"操作，或"时间间隔"或"整点时间"自动测量。测量过程中，注意查看任务监控界面。测量结束后，记录测量结果于表 4-18-2，可与国标方法测定值比较。

表 4-18-2　COD_{Cr} 水质在线自动监测数据记录

项目	COD_{Cr} 水质在线自动监测仪		
进水质量浓度/（mg/L）			
平均进水质量浓度/（mg/L）			
出水质量浓度/（mg/L）			
平均出水质量浓度/（mg/L）			
平均去除率/%			

7. 仪器误差分析

把水样管从仪器后部连接软管中拔出，插入 100 mg/L 的标样中，重新抽取水样至低位，将计量架中的标样排至废液桶。切换至测量状态，返回至主页面，对仪器进行"即刻测量"操作，重复 6 次。测量结束后，把测量结果和标样浓度记录，并进行比较（6 次测量结果，其中 4 个或 4 个以上测量结果，满足误差要求±10%以内，则仪器比对结果合格，符合国家标准）。

六、结果与讨论

$$误差（\%）=\frac{测量结果-标准样品质量浓度}{标准样品质量浓度}\times100\%$$

$$去除率（\%）=\frac{进水质量浓度-出水质量浓度}{进水质量浓度}\times100\%$$

七、注意事项

1. 实验前认真检查各药剂瓶内药品量，确保实验用药剂量。

2. 及时处理排除废液瓶内废液，切勿造成废液溢流。

3. 认真检查进水口及试剂管路，是否对应放入各试剂瓶中，并确保顺畅。

4. 定期检查计量管洁净程度，当计量高位或低位信号任意一路信号低于 600 时，应立即进行清洗。

5. 按照说明书要求配制试剂以免加热器内产生黑色不溶结晶，造成设备管路堵塞。

八、思考题

1. COD_{Cr} 在线自动监测的原理与传统监测法测定有哪些区别和联系？

2. 描述测定样品的整个工作流程。

3. COD_{Cr} 在线自动监测的数据能否作为污水排放水质依据？

实验十九　氨氮在线自动监测

水质在线自动监测系统（On-line Water Quality Monitoring System）是一个以分析仪表为核心，运用自动控制技术、计算机技术并配以本公司自主版权的专用软件，组成一个从取水样、预处理过滤、测量到数据处理及存贮的完整系统，从而实现水质自动监测站的在线自动运行。

当前，水质在线自动监测设备主要用在废水污染源在线监测和地表水质在线监测。其中废水污染源监测主要是对按排污量核定的国控、省控、市控污染源企业（如重点污染行业企业、城市污水处理厂等）排放的污染物中的监测因子进行测定；地表水监测主要针对河流断面、饮用水水源地、湖泊、水库等的水质进行监测。

氨氮是我国对污染源实施在线自动监测的主要项目，系统可以实现水质的实时连续监测和远程监控，环保部门能够达到及时掌握主要流域重点断面水体的水质状况、预警或预报重大流域性水质污染事故、解决跨行政区域的水污染事故纠纷、监督总量控制制度落实情况、排放达标情况等目的。

一、实验目的

1. 了解氨氮等常用在线监测仪器的安装、调试、验收的技术规范。
2. 熟悉氨氮等常用在线监测仪器的运行、维护。
3. 掌握氨氮等常用在线监测仪器的原理、构造和使用方法。
4. 掌握氨氮在线自动监测仪的操作方法和注意事项。

二、实验原理

在硝普钠存在的条件下，铵与水杨酸盐和次氯酸离子反应生成蓝色化合物，然后通过光电比色法，测出水样中氨氮的含量，测量值通过显示屏显示。

三、实验仪器

氨氮（NH_3-N）水质在线自动监测仪。

四、实验试剂

1. 标准储备液，ρ =1000 mg/L（以氨氮计）：称取 3.819 克经 180℃烘干 2 h 的氯化铵于 500 mL 烧杯中，加入 300 mL 无氨水，用玻璃棒搅拌至试剂完全溶解后，移入 1 000 mL 容量瓶中，用无氨水稀释至刻度定容，摇匀后保存于细口玻璃瓶中备用。

2. 标准使用溶液：

标样一，ρ =1 mg/L（对应量程为 0～2 mg/L）：用 1 mL 移液管移取 1 mL 浓度为 1 000 mg/L 的氨氮标准溶液至于 1 000 mL 的容量瓶中，用无氨水稀释至容量瓶刻度定容，摇匀后于玻璃瓶中保存备用。

标样二，ρ =5 mg/L（对应量程为 2～15 mg/L）：用 5 mL 移液管移取 5 mL 浓度为 1 000 mg/L 的氨氮标准溶液至于 1 000 mL 的容量瓶中，用无氨水稀释至容量瓶刻度定容，摇匀后于玻璃瓶中保存备用。

标样三，ρ=25 mg/L（对应量程为 15～80 mg/L）：用 2.5 mL 移液管移取 2.5 mL 浓度为 1 000 mg/L 的氨氮标准溶液至于 100 mL 的容量瓶中，用无氨水稀释至容量瓶刻度定容，摇匀后于玻璃瓶中保存备用。

标样四，ρ=150 mg/L（对应量程为 80～300 mg/L，无须测量高浓度氨氮值可不用配制）：用 15 mL 移液管移取 15 mL 上述浓度为 1 000 mg/L 的氨氮标准溶液至于 100 mL 的容量瓶中，用无氨水稀释至容量瓶刻度定容，摇匀后于玻璃瓶中保存备用。

3. 试剂 1：将粉末 A 倒入 1 000 mL 烧杯中，以少量无氨水冲洗塑料袋内壁 3 次，洗液一同并入烧杯中，以 500 mL 左右的无氨水将粉末溶解，待粉末完全溶解后将溶液移入 1 000 mL 容量瓶中，以少量无氨水冲洗烧杯内壁 3 次，洗液一同并入容量瓶中，用无氨水稀释至刻度摇匀，于细口棕色玻璃瓶中保存备用。

4. 试剂 2：将粉末 B_1 倒入 1 000 mL 烧杯中，以少量无氨水冲洗塑料袋内壁 3 次，洗液一同并入烧杯中，以 500 mL 左右的无氨水将粉末溶解，待 B_1 粉末完全溶解后加入粉末 B_2，以少量无氨水冲洗塑料袋内壁 3 次，洗液一同并入烧杯中，搅拌至试剂完全溶解后将溶液移入 1 000 mL 容量瓶中，以少量无氨水冲洗烧杯内壁 3 次，洗液一同并入容量瓶中，用无氨水稀释至刻度摇匀，于细口棕色玻璃瓶中保存备用［所用试剂（除标样外）均由厂家提供］。

五、实验步骤

1. 检查：仪器启动时，确保所有试剂均已正确对应放置到位，同时检查各试剂瓶中溶液是否充足，若不足，补充试剂后点击"初始装液"。

2. 仪器初始化：在仪器初始运行、试剂更换后试剂浓度波动较大或是仪器异常后仪器检修后，任意一路进样管管内没有试剂时，一般要执行此操作；在仪器停运时间多于 3 d 时，建议把所有试剂的进样管插入蒸馏水中，启动此操作对仪器进行冲洗。

仪器处于待机状态时，进入设置界面后，启动"初始装液"按钮，即刻完成。

3. 仪器校准：在仪器初始运行并执行完仪器初始化操作后，或是在设定的校准时刻，仪器执行校准程序。

仪器在使用前需要对工作曲线进行校准，在使用中也需要定期校准。根据水样的浑浊度适当调整标定的时间间隔，每周至少一次，可设置自动标定或手动标定。仪器标定所需标准溶液的浓度可参考实际水样 COD_{Cr} 浓度。比如水样浓度在 60 mg/L 左右时，可配制标液为 100 mg/L，尽量使标液浓度与实际浓度靠近，减少线性误差。并定期与手工方法进行实际水样对比，保证工作曲线准确。

4. 清洗：为了防止试剂结晶或附着太多，影响测量或堵塞软管，需要定期进行手动或自动清洗。使用用蒸馏水清洗水样的整个接触区域直到水样试管的末端。若蒸馏水难以清洗干净,用热酸液清洗。可设置"清洗时间""清洗周期"启动自动清洗程序,或启动"即刻清洗"进入清洗流程。

5．设定参数:设置采样测量时的加热时间、温度、量程选择等参数,具体操作方法参照仪器使用说明书。

6．水样测量:在仪器进行测量运行前,请确保仪器已经执行完初始化和校准操作。

将水样管插入仪器后部连接水管软管中,重新抽取管道中水样至低位,然后将计量架中的水样排至废液桶(排除水样管中的残留液和空气)中,切换至测量状态,返回至主页面,对仪器进行"即刻测量"操作。测量结束后,记录测量结果于表 4-19-1,可与国标方法测定值比较。

表 4-19-1 NH$_3$-N 水质在线自动监测数据记录

项目	NH$_3$-N 水质在线自动监测仪					
	1	2	3	4	5	6
进水水样质量浓度/(mg/L)						
出水水样质量浓度/(mg/L)						
去除率/%						

六、结果与讨论

$$误差（\%）=\frac{测量结果-标准样品质量浓度}{标准样品质量浓度}×100\% \qquad (4\text{-}19\text{-}1)$$

水样的氨氮浓度及水处理系统的氨氮去除率

$$去除率（\%）=\frac{进水质量浓度-出水质量浓度}{进水质量浓度}×100\% \qquad (4\text{-}19\text{-}2)$$

七、注意事项

1．实验前认真检查各药剂瓶内药品量,确保实验用药剂量。

2．及时处理排除废液瓶内废液,切勿造成废液溢流。

3．认真检查进水口及试剂管路,是否对应放入各试剂瓶中,并确保顺畅。

4．定期检查计量管洁净程度,当计量高位或低位信号任意一路信号低于 600 时,应立即进行清洗。

5．按照说明书要求配制试剂以免加热器内产生黑色不溶结晶,造成设备管路堵塞。

八、思考题

1．NH_3-N 在线自动监测的原理与 HJ 536—2009 水杨酸分光光度法测定有哪些区别和联系？

2．NH_3-N 在线自动监测的数据是否大于 HJ 536—2009 水杨酸分光光度法测定数据，为什么？

3．NH_3-N 在线自动监测的数据能否作为污水排放水质依据？

实验二十　空气中二氧化硫（SO_2）监测

（甲醛缓冲溶液吸收–盐酸副玫瑰苯胺分光光度法）

一、实验目的

1．掌握大气采样器的使用方法。

2．学会用分光光度法测定 SO_2。

二、实验原理

二氧化硫被甲醛缓冲溶液吸收后，生成稳定的羟基甲磺酸加成化合物。在样品溶液中加入氢氧化钠使加成化合物分解，释放出的二氧化硫与盐酸副玫瑰苯胺、甲醛作用，生成紫红色化合物，根据颜色深浅，用分光光度计在 577 nm 处进行测定。

本方法的主要干扰物为氮氧化物、臭氧及某些重金属元素。加入氨磺酸钠可消除氮氧化物的干扰；采样后放置一段时间可使臭氧自行分解；吸收液中加入磷酸及环己二胺四乙酸二钠盐可以消除或减少某些金属离子的干扰。在 10 mL 样品中存在 50 μg 钙、镁、铁、镍、锰、铜等离子及 5 μg 二价锰离子时，对本方法测定不产生干扰。当 10 mL 样品溶液中含有 10 μg 二价锰离子时，可使样品的吸光度降低 27%。

当使用 10 mL 吸收液，采样体积为 30 L 时，测定空气中二氧化硫的检出限为 0.007 mg/m³，测定下限为 0.028 mg/m³，测定上限为 0.667 mg/m³。

当使用 50 mL 吸收液，采样体积为 288 L，试样为 10 mL 时，测定空气中二氧化硫的检出限为 0.004 mg/m³，测定下限为 0.014 mg/m³，测定上限为 0.347 mg/m³。

三、实验仪器

1. 空气采样器：用于短时间采样的空气采样器，流量范围 0.1~1 L/min，应具有保温装置。用于 24 h 连续采样的空气采样器应具有恒温、恒流、计时、自动控制仪器开关的功能，流量范围 0.1~0.5 L/min。

各类采样器均应定期在采样前进行气密性检查和流量校准。吸收瓶的阻力和吸收效率应满足相应的技术要求。

2. 分光光度计：可见光波长范围 380~780 nm。

3. 多孔玻板吸收管：10 mL 的多孔玻板吸收管，用于短时间采样；50 mL 的多孔玻板吸收管用于 24 h 连续采样。

4. 恒温水浴：0~40℃，控制精度为±1℃。

5. 具塞比色管：10 mL。

6. 一般实验室常用仪器。

四、实验试剂

1. 试验用蒸馏水及其制备：水质应符合实验室用水质量二级水（或三级水）的指标。可用蒸馏、反渗透或离子交换方法制备。

2. 环己二胺四乙酸二钠溶液 c（CDTA-2Na）＝0.05 mol/L：称取 1.82 g 反式 1,2-环己二胺四乙酸（CDTA），加入 1.5 mol/L 的氢氧化钠溶液 6.5 mL，溶解后用水稀释至 100 mL。

3. 甲醛缓冲吸收液贮备液：吸取 36%~38% 的甲醛溶液 5.5 mL，0.05 mol/L 的 CDTA-2Na 溶液 20.0 mL；称取 2.04 g 邻苯二甲酸氢钾，溶解于少量水中；将三种溶液合并，用水稀释至 100 mL，贮于冰箱可保存 1 年。

4. 甲醛缓冲吸收液：用水将甲醛缓冲吸收液贮备液稀释 100 倍，此吸收液每毫升含 0.2 mg 甲醛，临用时现配。

5. 氢氧化钠溶液，c（NaOH）＝1.50 mol/L：称取 6.0 gNaOH，溶于 100 mL 水中。

6. 氨磺酸钠溶液，ρ（NaH$_2$NSO$_3$）＝6.0 g/L：称取 0.60 g 氨磺酸[H$_2$NSO$_3$H]于 100 mL 烧杯中，加入 1.50 mol/L 氢氧化钠溶液 4.0 mL，搅拌至完全溶解后稀释至 100 mL，摇匀。此溶液密封保存可使用 10 d。

7. 碘贮备液，c（1/2I$_2$）＝0.10 mol/L：称取 12.7 g 碘（I$_2$）于烧杯中，加入 40 g 碘化钾和 25 mL 水，搅拌至完全溶解后，用水稀释至 1 000 mL，贮于棕色细口瓶中。

8. 碘使用液，c（1/2I$_2$）＝0.010 mol/L：量取碘贮备液 50 mL，用水稀释至 500 mL，贮于棕色细口瓶中。

9. 淀粉溶液，ρ（淀粉）＝5.0 g/L：称取 0.5 g 可溶性淀粉于 150 mL 烧杯中，用少量水调成糊状，慢慢倒入 100 mL 沸水中，继续煮沸至溶液澄清，冷却后贮于试剂瓶中。

10．碘酸钾标准溶液，c（1/6KIO$_3$）＝0.100 0 mol/L：称取 3.566 7 g 碘酸钾（KIO$_3$，优级纯，经 110℃干燥 2 h）溶解于水，移入 1 000 mL 容量瓶中，用水稀释至标线，摇匀。

11．盐酸溶液，c（HCl）＝1.2 mol/L：量取 100 mL 浓盐酸，加到 900 mL 水中。

12．硫代硫酸钠贮备液，c（Na$_2$S$_2$O$_3$）＝0.10 mol/L：称取 25.0 g 硫代硫酸钠（Na$_2$S$_2$O$_3$·5H$_2$O），溶解于 1 000 mL 新煮沸并已冷却的水中，加入 0.2 g 无水碳酸钠，贮于棕色细口瓶中，放置一周后备用。如溶液呈现混浊，必须过滤。

标定方法：吸取三份 0.100 0 mol/L 碘酸钾标准溶液 20.00 mL 分别置于 250 mL 碘量瓶中，加入 70 mL 新煮沸并已冷却的水，加入 1 g 碘化钾，振摇至完全溶解后，加入 1.2 mol/L 盐酸溶液 10 mL，立即盖好瓶塞，摇匀。于暗处放置 5 min 后，用硫代硫酸钠标准溶液滴定溶液至浅黄色，加入 2 mL 淀粉溶液，继续滴定溶液至蓝色刚好褪去为终点。硫代硫酸钠标准溶液的浓度按下式计算：

$$c_1 = \frac{0.100\,0 \times 20.00}{V} \qquad\qquad (4\text{-}20\text{-}1)$$

式中：c_1——硫代硫酸钠标准溶液的浓度，mol/L；

　　　V——滴定所消耗硫代硫酸钠标准溶液的体积，mL。

13．硫代硫酸钠标准溶液，c（Na$_2$S$_2$O$_3$）≈0.010 00 mol/L：取 50.0 mL 硫代硫酸钠贮备液，置于 500 mL 容量瓶中，用新煮沸并已冷却的水稀释至标线，摇匀。

14．乙二胺四乙酸二钠盐（EDTA-2Na）溶液，ρ（EDTA-2Na）＝0.50 g/L：称取 0.25 gNa$_2$EDTA[C$_{10}$H$_{14}$N$_2$O$_8$Na$_2$·2H$_2$O]，溶解于 500 mL 新煮沸但已冷却的水中，临用现配。

15．亚硫酸钠溶液，ρ（Na$_2$SO$_3$）＝1 g/L：称取 0.2 g 亚硫酸钠（Na$_2$SO$_3$），溶解于 EDTA-2Na 溶液 200 mL 中，缓缓摇匀以防充氧，使其溶解。放置 2～3 h 后标定。此溶液每毫升相当于 320～400 μg 二氧化硫。

标定方法：

a. 取 6 个 250 mL 碘量瓶（A$_1$、A$_2$、A$_3$、B$_1$、B$_2$、B$_3$），在 A$_1$、A$_2$、A$_3$ 内各加入 0.50 g/L 乙二胺四乙酸二钠盐溶液 25 mL，在 B$_1$、B$_2$、B$_3$ 内加入 1 g/L 亚硫酸钠溶液 25.00 mL，分别加入 0.010 mol/L 碘溶液 50.0 mL 和 1.00 mL 冰乙酸，盖好瓶盖，摇匀。

b. 立即吸取 1 g/L 亚硫酸钠溶液 2.00 mL 加到一个已装有 40～50 mL 甲醛吸收液贮备液的 100 mL 容量瓶中，并用甲醛吸收液贮备液稀释至标线、摇匀。此溶液即为二氧化硫标准贮备溶液，在 4～5℃下冷藏，可稳定 6 个月。

c. A$_1$、A$_2$、A$_3$、B$_1$、B$_2$、B$_3$ 6 个瓶子于暗处放置 5 min 后，用硫代硫酸钠标准溶液滴定至浅黄色，加 5.0 g/L 淀粉指示剂 5 mL，继续滴定至蓝色刚刚消失。平行滴定所用硫代硫酸钠溶液的体积之差应不大于 0.05 mL。

二氧化硫标准贮备溶液的质量浓度按下式计算：

$$\rho(SO_2) = \frac{(V_0 - V) \times c(Na_2S_2O_3) \times 32.02 \times 10^3}{25.00} \times \frac{2.00}{100} \qquad (4\text{-}20\text{-}2)$$

式中：$\rho(SO_2)$——二氧化硫标准贮备液的浓度，$\mu g/mL$；

V_0——空白滴定所耗硫代硫酸钠标准溶液的体积，mL；

V——二氧化硫标准溶液滴定所耗硫代硫酸钠标准溶液的体积，mL；

$c(Na_2S_2O_3)$——硫代硫酸钠标准溶液的浓度，mol/L；

32.02——二氧化硫（1/2SO$_2$）的摩尔质量。

16. 二氧化硫标准溶液，$\rho(SO_2) = 1.00~\mu g/mL$：用甲醛吸收液将二氧化硫标准贮备溶液用甲醛缓冲吸收液稀释为每毫升含 1.0 μg 二氧化硫的标准溶液。此溶液用于绘制标准曲线，在 4～5℃下冷藏，可稳定 1 个月。

17. 盐酸副玫瑰苯胺（简称 PRA，即副品红、对晶红）贮备液，$\rho(PRA)=2.0~g/L$，其纯度应达到副玫瑰苯胺提纯及检验方法的质量要求（见附录 A）。

18. 盐酸副玫瑰苯胺溶液，$\rho(PRA)=0.50~g/L$：吸取 PRA 贮备液 25.00 mL 于 100 mL 容量瓶中，加入 85%的浓磷酸 30 mL、浓盐酸 12 mL，用水稀释至标线，摇匀。放置过夜后使用，避光密封保存。

19. 盐酸—乙醇清洗液：由 3 份（1+4）盐酸和 1 份 95%乙醇混合配制而成，用于清洗比色管和比色皿。

五、样品采集与保存

1. 短时间采样：根据环境空气中二氧化硫浓度的高低，采用内装 10 mL 吸收液的 U 形玻板吸收管，以 0.5 L/min 的流量采样，采样时吸收液温度应保持在 23～29℃。

2. 24 h 连续采样：用内装 50 mL 吸收液的多孔玻板吸收管，以 0.2 L/min 的流量连续采样 24 h，采样时吸收液温度应保持在 23～29℃。

3. 现场空白：将装有吸收液的采样管带到采样现场，除不采气之外，其他环境条件与样品相同。

放置在室（亭）内的 24 h 连续采样器，进气口应连接符合要求的空气质量采样管路系统，以减少二氧化硫气样进入吸收管前的损失。

样品的采集、运输和贮存的过程中应避光。当气温高于 30℃时，采样后如不能当天测定，可以将样品溶液贮于冰箱。

六、化学分析步骤

1. 标准曲线的绘制

取 14 支 10 mL 具塞比色管，分 A、B 两组，每组 7 支，分别对应编号，A 组按表 4-20-1 配制标准系列。

A 组各管分别加入 6.0 g/L 氨磺酸钠溶液 0.5 mL 和 1.50 mol/L 氢氧化钠溶液 0.5 mL，混匀。B 组各管加入 0.50 g/L PRA 使用溶液 1.00 mL。

将 A 组各管的溶液迅速地全部倒入对应编号并盛有 PRA 溶液的 B 管中，立即盖塞摇匀后放入恒温水浴装置中显色。

表 4-20-1　SO₂ 标准系列

管　号	0	1	2	3	4	5	6
二氧化硫标准溶液（1.00 μg/ml）/mL	0	0.50	1.00	2.00	5.00	8.00	10.00
甲醛缓冲吸收液/mL	10.00	9.50	9.00	8.00	5.00	2.00	0
二氧化硫含量/μg	0	0.50	1.00	2.00	5.00	8.00	10.00

显色温度与室温之差应不超过 3℃，根据不同季节和环境条件按表 4-20-2 选择适宜的显色温度与显色时间。

表 4-20-2　SO₂ 显色温度与时间对照表

显色温度/℃	10	15	20	25	30
显色时间/min	40	25	20	15	5
稳定时间/min	35	25	20	15	10
试剂空白吸光度 A_0	0.030	0.035	0.040	0.050	0.060

在波长 577 nm 处，用 10 mm 比色皿，以水为参比，测定吸光度。以空白校正后各管的吸光度为纵坐标，以二氧化硫的含量（μg）为横坐标，用最小二乘法建立标准曲线的回归方程式：

$$y = bx + a \qquad\qquad (4\text{-}20\text{-}3)$$

式中：y——标准溶液吸光度 A 与试剂空白吸光度 A_0 之差（$A-A_0$）；

　　　x——SO₂ 含量，μg；

　　　b——回归方程式的斜率，$A/$（μg·SO₂/12 mL）；

　　　a——回归方程式的截距（一般要求小于 0.005）。

本方法标准曲线斜率为 0.042±0.004。试剂空白吸光度 A_0 在显色规定条件下波动范围不超过±15%。正确掌握其显色温度、显色时间，特别在 25～30℃条件下，严格控制反应条件是实验成败的关键。

2．样品测定

所采集的环境空气样品溶液中如有混浊物，应离心分离除去。样品放置 20 min，以使臭氧分解。

（1）短时间采样：将吸收管中样品溶液全部移入 10 mL 比色管中，用少量甲醛缓冲吸收液洗涤吸收管，洗液并入比色管中并稀释至标线。加入 6.0 g/L 氨磺酸钠溶液 0.5 mL，混匀，放置 10 min 以除去氮氧化物的干扰，加入 1.5 mol/L 的氢氧化钠溶液，混匀，以下步骤同标准曲线的绘制。

（2）连续 24 h 采样：将吸收管中样品溶液移入 50 mL 比色管（或容量瓶）中，用少量甲醛缓冲吸收液洗涤吸收瓶，洗涤液并入样品溶液中，再用吸收液稀释至标线。吸取适量样品溶液（视浓度高低而决定取 2～10 mL）于 10 mL 比色管中，再用吸收液稀释至标线，加入 6.0 g/L 氨磺酸钠溶液 0.5 mL，混匀。放置 10 min 以除去氮氧化物的干扰，加入 1.5 mol/L 的氢氧化钠溶液，混匀，以下步骤同标准曲线的绘制。

七、结果与讨论

$$二氧化硫（mg/m^3）= \frac{A - A_0 - a}{V_s \cdot b} \times \frac{V_t}{V_a} \tag{4-20-4}$$

式中：A——样品溶液的吸光度；

A_0——试剂空白溶液的吸光度；

b——回归方程的斜率，吸光度/μg；

a——校准曲线的截距（一般要求小于 0.005）

V_t——样品溶液总体积，mL；

V_a——测定时所取样品溶液体积，mL；

V_s——换算成标准状况下（273K，101.325 kPa）的采样体积，L。

二氧化硫浓度计算结果应精确到小数点后第三位。

八、注意事项

1．环境空气样品采样时吸收液温度应保持在 23～29℃。此温度范围 SO_2 吸收效率为 100%，10～15℃时吸收效率比 23～29℃时低 5%，高于 33℃及低于 9℃时，比 23～29℃时吸收效率低 10%。

2．进行 24 h 连续采样时，进气口为倒置的玻璃或聚乙烯漏斗，以防止雨雪进入。漏斗不要紧靠近采气管管口，以免吸入部分从监测亭排出的气体。若监测亭内温度高于气温，采气管形成"烟囱"，排出的气体中包括从采样泵排出的气体，使测定结果偏低。

SO_2 气体易溶于水，空气中水蒸气冷凝在进气导管管壁上，会吸附、溶解 SO_2，使测定结果偏低。进气导管内壁应光滑，吸附性小，应采用聚四氟乙烯管。为避光，导气管外可用绝缘材料（如蛇行塑料管）保护。进气口与吸收瓶间的导气管应尽量的短，最长不得超过 6 m。导气管自上而下连接吸收管管口，安装中不可弯曲打结，以免积水。导气管与吸收管接连处采用导管内插外套法连接，即将聚四氟乙烯管插入吸收管进气口内，用聚四氟乙烯生胶带缠好，接口处再套一小段乳胶管，不得用乳胶管直接连接。

导气管应定期清洗，以除去尘埃及雾滴。每个采样点宜配备两根导气管交替使用。导气管使用前用（1＋4）盐酸溶液、水、乙醇依次冲洗，通清洁、干燥空气吹干备用。清洗周期视当地空气含尘量及相对湿度而定。

采气管上端装一防护罩，以防雨雪和粗大尘粒随空气一起被吸入。采气管不得有急转弯或呈直角、锐角的弯曲，并尽可能短。其结构应便于管道的清洗，每年至少清洗 1～3 次。

3．多孔玻板吸收管的阻力应为 6.0 kPa±0.6 kPa。要求玻板 2/3 以上面积发泡微细而且均匀，边缘无气泡逸出（若玻板与管壁连接处未封闭完全，边缘处会逸出大气泡）。

4．采样时应注意检查采样系统的气密性、流量、恒温温度，及时更换干燥剂及限流孔前的过滤膜，用皂膜流量计校准流量，做好采样记录。

5．显色温度、显色时间的选择及操作时间的掌握是本实验成败的关键。应根据实验室条件、不同季节的室温选择适宜的显色温度及时间。操作中严格控制各反应条件。当在 25～30℃显色时，不要超过颜色的稳定时间，以免测定结果偏低。

6．显色反应需在酸性溶液中进行，应将含样品（或标准）溶液、吸收液的 A 组管溶液迅速倒入装有强酸性的 PRA 使用液的 B 组管中，使混合液在瞬间呈酸性，以利反应的进行，倒完控干片刻，以免影响测定的精密度。

7．在分析环境空气样品时，PRA 溶液的纯度对试剂空白液的吸光度影响很大。用本法提纯 PRA，试剂空白值显著下降。可使用精制的商品 PRA 试剂。

8．氢氧化钠固体试剂及溶液易吸收空气中 SO_2，使试剂空白值升高，应密封保存。显色用各试剂溶液配制后最好分装成小瓶使用，操作中注意保持各溶液的纯净，防止"交叉污染"。

9．六价铬能使紫红色络合物褪色，使测定结果偏低，故应避免用硫酸—铬酸洗液洗涤玻璃仪器。若已洗，需用（1＋1）盐酸溶液浸泡 1 h 后，用水充分洗涤，烘干备用。

10．用过的比色皿及比色管应及时用酸洗涤，否则红色难以洗净。具塞比色管用（1＋1）盐酸溶液洗涤，比色皿用（1＋4）盐酸溶液加 1/3 体积乙醇的混合液洗涤。

11．在给定条件下校准曲线斜率应为 0.042±0.004，测定样品时的试剂空白吸光度

A_0 和绘制标准曲线时的 A_0 波动范围不超过 ±15%。

12．每批样品至少测定两个现场空白。即将装有吸收液的采样管带到采样现场，除不采气之外，其他环境条件与样品相同。

13．如果样品溶液的吸光度超过标准曲线的上限，可用试剂空白液稀释，在数分钟内再测定吸光度，但稀释倍数不要大于 6。

14．测定样品时的温度与绘制校准曲线时的温度之差不应超过 2℃

15．精密度和准确度：10 个实验室对质量浓度为 0.101 μg/mL 和 0.515 μg/mL 的二氧化硫统一样品进行了质量浓度测定。

精密度：重复性相对标准偏差，分别小于 3.5%和 1.4%

再现性相对标准偏差，分别小于 6.2%和 3.8%。

准确度：105 个样品质量浓度范围在 0.01～1.70 μg/mL 的实际样品的加标回收率为 96.8%～108.2%。

九、思考题

1．影响测定误差的主要因素有哪些？应如何减少误差？

2．在北方什么季节空气污染较重？一天当中什么时间污染最重？

3．测定一次结果能否代表日平均浓度？假如你测定的结果是日平均浓度，达到哪一级大气质量标准？

实验二十一　空气中氮氧化物（NO_x）监测

（盐酸萘乙二胺分光光度法）

一、实验目的

1．掌握大气采样器的使用方法。

2．学会用分光光度法测定氮氧化物的方法。

二、实验原理

空气中的二氧化氮被串联的第一支吸收瓶中的吸收液吸收并反应生成粉红色偶氮染料。空气中的一氧化氮不与吸收液反应，通过氧化管时被酸性高锰酸钾溶液氧化为二氧化氮后，与串联的第二支吸收瓶中的吸收液反应生成粉红色偶氮染料。在波长 540 nm 处分别测定第一支和第二支吸收瓶中样品的吸光度，计算两支吸收瓶内二氧化氮和一氧化氮的质量浓度，二者之和即为氮氧化物的质量浓度（以 NO_2 计）。

空气中臭氧浓度超过 0.25 mg/m^3 时，对二氧化氮测定产生负干扰，采样时在吸收瓶入口端串联一段 15～20 cm 长的硅橡胶管，排除干扰。

空气中二氧化硫质量浓度为氮氧化物质量浓度的 30 倍时，对二氧化氮的测定产生负干扰。

空气中过氧乙酰硝酸酯（PAN）对二氧化氮的测定产生正干扰。

方法检出限为 0.12 μg/10 mL。当吸收液体积为 10 mL，采样体积为 24 L 时，空气中氮氧化物的检出限为 0.005 mg/m^3。当吸收液总体积为 50 mL，采样体积 288 L 时，空气中氮氧化物的检出限为 0.003 mg/m^3。当吸收液总体积为 10 mL，采样体积为 12～24 L 时，环境空气中氮氧化物的测定范围为 0.020～2.5 mg/m^3。

三、实验仪器

1. 采样导管：硼硅玻璃、不锈钢、聚四氟乙烯或硅橡胶管，内径约为 6 mm，尽可能短一些，任何情况下不得长于 2 m，配有向下的空气入口。

2. 吸收瓶：内装 10 mL、25 mL 或 50 mL 吸收液的多孔玻板吸收瓶，液柱不低于 80 mm。图 4-21-1 示出了较为适用的两种多孔玻板吸收瓶。使用棕色吸收瓶或采样过程中吸收瓶外罩黑色避光罩。

3. 氧化瓶：内装 5 mL、10 mL 或 50 mL 酸性高锰酸钾溶液的洗气瓶，液柱不得高于 80 mm。使用后，用盐酸羟胺溶液浸泡洗涤。图 4-21-2 示出了较为适用的两种氧化瓶。

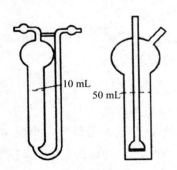

图 4-21-1　多孔玻板吸收瓶示意图

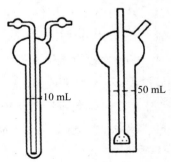

图 4-21-2　氧化瓶示意图

4. 空气采样器：

（1）便携式空气采样器：流量范围 0～1.0 L/min。采气流量为 0.4 L/min 时，相对误差小于±5%。

（2）恒温、半自动连续采样器：采气流量为 0.2 L/min 时，相对误差小于±5%。能将吸收液温度保持在 20℃±4℃。采样结束时，能够自动关闭干燥瓶和流量计之间的电磁阀。

5．分光光度计。

四、实验试剂

除非另有说明，分析时均使用符合国家标准或专业标准的分析纯试剂和无亚硝酸根的蒸馏水、去离子水或同等纯度的水。必要时可在全玻璃蒸馏器中以每升水加入 0.5 g 高锰酸钾（$KMnO_4$）和 0.5 g 氢氧化钡[$Ba(OH)_2$]重新蒸馏。

1．N-（l-萘基）乙二胺盐酸盐贮备液，ρ（$C_{10}H_7NH(CH_2)_2NH_2 \cdot 2HCl$）=1.00 g/L：称取 0.50 g N-（l-萘基）乙二胺盐酸盐于 500 mL 容量瓶中，用水稀释至标线。此溶液贮于密闭的棕色试剂瓶中，在冰箱中冷藏可稳定 3 个月。

2．显色液：称取 5.0 g 对氨基苯磺酸（$NH_2C_6H_4SO_3H$），溶解于约 200 mL 40～50℃ 热水中，将溶液冷却至室温，全部移入 1 000 mL 容量瓶中，加入 N-（l-萘基）乙二胺盐酸盐贮备液 50.0 mL 和 50 mL 冰乙酸，用水稀释至标线。此溶液于密闭的棕色瓶中，在 25℃ 以下暗处存放，可稳定 3 个月。若呈现淡红色，应弃之重配。

3．吸收液：临用时将显色液和水按 4：1（体积分数）比例混合，即为吸收液。吸收液的吸光度不超过 0.005（540 nm，10 mm 比色皿，以水为参比）。否则，应检查水、试剂纯度或显色液的配制时间和贮存方法。

4．亚硝酸盐标准贮备液，ρ（NO_2^-）=250 μg/mL：准确称取 0.3750 g 亚硝酸钠（$NaNO_2$，优级纯，预先在 105℃±5℃干燥恒重）溶解于水，移入 1 000 mL 容量瓶中，用水稀释至标线。此溶液贮于密闭的棕色试剂瓶中，暗处放置，可稳定保存 3 个月。

5．亚硝酸钠标准使用液，ρ（NO_2^-）=2.5 μg/mL：准确吸取亚硝酸钠标准贮备液 1.00 mL 于 100 mL 容量瓶中，用水稀释至标线。临用前现配。

6．硫酸溶液，c（$1/2H_2SO_4$）＝1 mol/L：取 15 mL 硫酸（ρ=1.84 g/mL）徐徐加入 500 mL 水中，搅拌均匀，冷却备用。

7．酸性高锰酸钾溶液，ρ（$KMnO_4$）=25 g/L：称取 25 g 高锰酸钾，稍微加热使其全部溶解于 500 mL 水中，然后加入 1 mol/L 硫酸溶液 500 mL，混匀，贮于棕色试剂瓶中。

8．盐酸羟胺溶液，ρ=0.2～0.5 g/L。

五、样品采集

1．短时间采样（1 h 以内）：取两支内装 10.0 mL 吸收液的多孔玻板吸收瓶和一支内装 5～10 mL 酸性高锰酸钾溶液的氧化瓶（液柱不低于 80 mm），用尽量短的硅橡胶管将氧化瓶串联在两支吸收瓶之间（见图 4-21-3），以 0.4 L/min 流量采气 4～24 L。

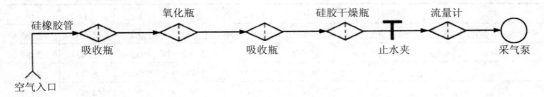

图 4-21-3　NO$_x$ 手工采样系统示意图

2．长时间采样（24 h）：取两支大型多孔玻板吸收瓶，装入 25.0 mL 或 50.0 mL 吸收液（液柱不低于 80 mm），标记吸收液液面位置。取一支内装 50.0 mL 酸性高锰酸钾溶液的氧化瓶，按图 4-21-4 所示接入采样系统，将吸收液恒温在 20℃±4℃，以 0.2 L/min 流量采气 288 L。

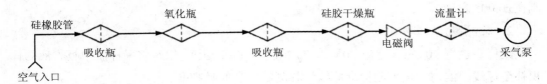

图 4-21-4　NO$_x$ 连续自动采样系统示意图

一般情况下，内装 50 mL 酸性高锰酸钾溶液的氧化瓶可连续使用 15～20 d（隔日采样）。但当氧化瓶中有明显的沉淀物析出时，应及时更换。采样过程注意观察吸收液颜色变化，避免因氮氧化物质量浓度过高而穿透。

采样前应检查采样系统的气密性，用皂膜流量计进行流量校准。采样流量的相对误差应小于±5%。

采样期间、样品运输和存放过程中应避免阳光照射。气温超过 25℃时，长时间（8 h 以上）运输和存放样品应采取降温措施。

采样结束时，为防止溶液倒吸，应在采样泵停止抽气的同时，闭合连接在采样系统中的止水夹或电磁阀（见图 4-21-3 或图 4-21-4）。

3．现场空白：将装有吸收液的吸收瓶带到采样现场，与样品在相同的条件下保存，运输，直至送交实验室分析，运输过程中应注意防止沾污。每次采样至少做 2 个现场空白测试。

六、化学分析步骤

1．标准曲线的绘制

取 6 支 10 mL 具塞比色管，按表 4-21-1 配制亚硝酸盐标准系列。

表 4-21-1　NO$_2^-$标准系列

管　号	0	1	2	3	4	5
亚硝酸盐标准工作液（2.5 μg/mL）/mL	0	0.40	0.80	1.20	1.60	2.00
水/mL	10.00	9.50	9.00	8.00	5.00	2.00
显色液/mL	8.00	8.00	8.00	8.00	8.00	8.00
NO$_2^-$含量/μg	0	1.00	2.00	3.00	4.00	5.00

各管混匀，于暗处放置 20 min（室温低于 20℃时，显色 40 min 以上），用 10 mm 比色皿，在波长 540 nm 处，以水为参比测定吸光度。扣除空白试样的吸光度以后，对应 NO$_2^-$的质量浓度（μg/mL），用最小二乘法计算标准曲线的回归方程。

标准曲线斜率控制在 0.960～0.978 吸光度·mL/μg，截距控制在 0.000～0.005（以 5 mL 体积绘制标准曲线时，标准曲线斜率控制在 0.180～0.195 吸光度·mL/μg，截距控制在±0.003 之间）。

2．样品测定

采样后放置 20 min（室温 20℃以下放置 40 min 以上），用水将采样瓶中吸收液的体积补至标线，混匀，按绘制标准曲线步骤测定样品的吸光度。

若样品的吸光度超过标准曲线的上限，应用空白试样溶液稀释，再测定其吸光度。但稀释倍数不得大于 6。

采样后应尽快测定样品的吸光度，若不能及时测定，应将样品于低温暗处存放。样品于 30℃暗处存放可稳定 8 h；于 20℃暗处存放可稳定 24 h；于 0～4℃冷藏至少可稳定 3 d。

3．空白试样的测定

（1）实验室空白试验：取实验室内未经采样的空白吸收液，用 10 mm 比色皿，在波长 540 nm 处，以水为参比测定吸光度。实验室空白吸光度 A_0 在显色规定条件下波动范围不超过±15%。

（2）现场空白：用 10 mm 比色皿，在波长 540 nm 处，以水为参比测定吸光度。将现场空白和实验室空白的测量结果相对照，若现场空白与实验室空白相差过大，查找原因，重新采样。

七、结果与讨论

$$二氧化氮（NO_2，mg/m^3）= \frac{(A_1 - A_0 - a) \cdot V \cdot D}{b \cdot f \cdot V_0} \qquad (4\text{-}21\text{-}1)$$

$$一氧化氮（以NO_2计，mg/m^3）= \frac{(A_2 - A_0 - a) \cdot V \cdot D}{b \cdot f \cdot k \cdot V_0} \qquad (4\text{-}21\text{-}2)$$

$$\text{氮氧化物（以}NO_2\text{计，}mg/m^3\text{）} = \rho_{NO_2} + \rho_{NO} \qquad (4\text{-}21\text{-}3)$$

式中： ρ_{NO_2} ——空气中二氧化氮的质量浓度，mg/m^3；

$\quad\quad\ \rho_{NO}$ ——空气中一氧化氮的质量浓度，以 NO_2 计，mg/m^3；

$\quad\quad\ A_1$、A_2 ——分别为串联的第一支吸收瓶和第二支吸收瓶中样品溶液的吸光度；

$\quad\quad\ A_0$ ——试样空白溶液的吸光度；

$\quad\quad\ b$ ——标准曲线的斜率，吸光度·$mL/\mu g$；

$\quad\quad\ a$ ——标准曲线的截距；

$\quad\quad\ V$ ——采样用吸收液体积，mL；

$\quad\quad\ V_0$ ——换算为标准状态（273K，101.325 kPa）下的采样体积，L；

$\quad\quad\ k$ ——NO 氧化为 NO_2 的氧化系数，0.68；

$\quad\quad\ D$ ——样品的稀释倍数；

$\quad\quad\ f$ ——Saltzman 实验系数，0.88（当空气中二氧化氮浓度高于 0.72 mg/m^3 时，f 值为 0.77）。

八、注意事项

1. 测定 NO_2 标准气体的精密度和准确度：5 个实验室测定质量浓度范围在 0.056～0.480 mg/m^3 的二氧化氮标准气体，重复性变异系数小于 10%，相对误差小于±8%。

2. 测定 NO 标准气体的精密度和准确度：测定质量浓度范围在 0.057～0.396 mg/m^3 的一氧化氮标准气体，相对标准偏差小于 10%，相对误差小于±8%。

3. Saltzman 实验系数（f）：用渗透法制备的二氧化氮校准用混合气体，在采气过程中被吸收液吸收，生成的偶氮燃料相当于亚硝酸根的量与通过采样系统的二氧化氮总量的比值。当吸收液的组成、吸收瓶类型、采样流量和采样效率一定时，该系数的值与空气中 NO_2 的浓度相关。

4. 氧化系数（k）：空气中的 NO 通过酸性高锰酸钾溶液以后被氧化为 NO_2，生成的 NO_2 与通过采样系统的 NO 总量的比值。

5. 玻板阻力及微孔均匀性检查：新的多孔玻板吸收瓶在使用前，应用（1+1）HCl 浸泡 24 h 以上，用清水洗净。每支吸收瓶在使用前或使用一段时间以后，应测其玻板阻力，检查气泡分散的均匀性。不要使用阻力不符合要求和气泡分散不均匀的吸收瓶。

内装 10 mL 吸收液的多孔玻板吸收瓶，以 0.4 L/min 流量采样时，玻板阻力应在 4～5 kPa，通过玻板后的气泡应分散均匀。

内装 50 mL 吸收液的多孔玻板吸收瓶，以 0.2 L/min 流量采样时，玻板阻力应在 5～6 kPa，通过玻板后的气泡应分散均匀。

6. 采样效率的测定：吸收瓶在使用前和使用一段时间后，应测定其采样效率。

采样效率测定方法如下：将两支吸收瓶串联，采集环境空气，当第一支吸收瓶中 NO_2^- 质量浓度约为 0.4 μg/mL 时，停止采样。测定第一支和第二支吸收瓶中样品的吸光度，按下式计算第一支吸收瓶的采样效率（E）。采样效率 E 低于 0.97 的吸收瓶不要使用。

$$E = \frac{\rho_1}{\rho_1 + \rho_2} \tag{4-21-4}$$

式中：ρ_1、ρ_2——分别为串联的第一支、第二支吸收瓶中 NO_2^- 的质量浓度，μg/mL。

7. 沉积在氧化瓶管壁上的高锰酸钾沉淀物，用盐酸羟胺溶液浸泡后可清洗掉。

九、思考题

1. 什么物质会对氮氧化物的测定产生干扰？如何消除干扰？

2. 如何校准转子流量计？

3. 测定一次结果能否代表日平均质量浓度？假如你测定的结果是日平均质量浓度，达到哪一级大气质量标准？

实验二十二　空气中总悬浮颗粒物（TSP）监测

（重量法）

一、实验目的

1. 掌握中流量大气采样器 TSP 部分的使用方法。

2. 学会质量法在大气环境监测中的应用。

二、实验原理

总悬浮颗粒物，简称 TSP，系指空气中空气动力学直径小于 100 μm 的颗粒物。

通过具有一定切割特性的采样器，以恒速抽取定量体积的空气，空气中粒径小于 100 μm 的悬浮颗粒物，被截留在已恒重的滤膜上。根据采样前、后滤膜重量之差及采气体积，计算总悬浮颗粒物的质量浓度。滤膜经处理后，可进行组分分析。

测定 TSP 采用重量法。所用的采样器按采气量大小，分为大流量采样器和中流量采样器。方法的检出限为 0.001 mg/m³。TSP 含量过高或雾天采样使滤膜阻力大于 10 kPa

时，本方法不适用。

用超细玻璃纤维滤膜采样，在测定 TSP 的质量浓度后，样品滤膜可用于测定无机盐（如硫酸盐、硝酸盐及氯化物等）和有机化合物（如苯并[a]芘等）。若要测定金属元素（如铍、铬、锰、铁、镍、铜、锌、硒、镉、锑及铅等），则用聚氯乙烯等有机滤膜。

三、实验仪器

1. 中流量采样器：采样器采样口的抽气速度为 0.3 m/s。采气流量（工作点流量）为 100 L/min。

2. 滤膜：超细玻璃纤维滤膜，直径 9 cm。滤膜对 0.3 μm 标准粒子的截留效率不低于 99%，在气流速度为 0.45 m/s 时，单张滤膜阻力不大于 3.5 kPa，在同样气流速度下，抽取经高效过滤器净化的空气 5 h，每平方厘米滤膜失重不大于 0.012 mg。

3. 滤膜袋：用于存放采样后对折的采尘滤膜。袋面印有编号、采样日期、采样地点、采样人等项栏目。

4. 滤膜保存盒：用于保存、运送滤膜，保证滤膜在采样前处于平展不受折状态。

5. 镊子：用于夹取滤膜。

6. X 光看片机：用于检查滤膜有无缺损。

7. 打号机：用于在滤膜及滤膜袋上打号。

8. 恒温恒湿箱（室）：箱（室）内空气温度要求在 15～30℃ 范围内连续可调，控温精度±1℃；箱（室）内空气相对湿度应控制在 45%～55% 范围内。恒温恒湿箱（室）可连续工作。

9. 分析天平：用于中流量采样滤膜称量。称量范围≥10 g；感量 0.1 mg。

10. 中流量孔口流量计：量程 70～160 L/min；准确度不超过±2%。附有与孔口流量计配套的 U 形管压差计（或智能流量校准器），最小分度值 10 Pa。

11. 气压计。

12. 温度计。

四、实验步骤

1. 中流量采样器流量校准（用中流量孔口流量计校准，方法略）：新购置或维修后的采样器在启用前，需进行流量校准；正常使用的采样器每月需进行一次流量校准。

2. 空白滤膜准备：

（1）每张滤膜均需用 X 光看片机进行检查，不得有针孔或任何缺陷。在选中的滤膜光滑表面的两个对角上打印编号。滤膜袋上打印同样编号备用。

（2）将滤膜放在恒温恒湿箱（室）中平衡 24 h。平衡温度取 15～30℃ 中任一点，相对湿度控制在 45%～55% 范围内。记录平衡温度与湿度。

（3）在上述平衡条件下称量滤膜，中流量采样器滤膜称量精确到 0.1 mg。记录滤膜重量。

（4）称量好的滤膜平展地放在滤膜保存盒中，采样前不得将滤膜弯曲或折叠。

3. 采样：

（1）打开采样头顶盖，取出滤膜夹。用清洁干布擦去采样头内及滤膜夹的灰尘。

（2）将已编号并称量过的滤膜毛面朝进气方向，放在滤膜网托上，然后放滤膜夹，对正、拧紧，使不漏气。盖好采样头顶盖，按照采样器使用说明操作，设置好采样时间，即可启动采样。

（3）采样器不能直接显示标准状态下的累积采样体积时，需记录采样期间测试现场平均环境温度和平均大气压。

（4）采样结束后，打开采样头，用镊子轻轻取下滤膜，采样面向里，将滤膜对折，放入号码相同的滤膜袋中。取滤膜时，如发现滤膜损坏，或滤膜上尘的边缘轮廓不清晰、滤膜安装歪斜等，表示采样时漏气，则本次采样作废，需重新采样。

TSP 现场采样记录见下表 4-22-1。

表 4-22-1　TSP 现场采样记录

月　日	采样器编　号	滤膜编号	采样起始时间	采样终了时间	采样期间环境温度 T_2 /K	采样期间大气压 P_2 /kPa	测试人

4. 尘膜的平衡及称量：

（1）尘膜放在恒温恒湿箱（室）中，用同空白滤膜平衡条件相同的温度、湿度，平衡 24 h。

（2）在上述平衡条件下称量尘膜，中流量采样器尘膜称量精确到 0.1 mg。记录尘膜重量。滤膜增重，中流量滤膜增重不小于 10 mg。

五、结果与讨论

$$\text{TSP}\,(\text{mg/m}^3) = \frac{(W_1 - W_0)}{V_n} \times 1\,000 \qquad (4\text{-}22\text{-}1)$$

式中：W_1——尘膜重量，g；

　　　W_0——空白滤膜重量，g；

　　　V_n——标准状态下的累积采样体积，m^3。

当采样器未直接显示标准状态下的累积采样体积 V_n 时，按下式计算：

$$V_n = Q \times \frac{P_2 \cdot T_n}{P_n \cdot T_2} \times t \times 60 \qquad (4\text{-}22\text{-}2)$$

式中：Q——采样器采气流量，m^3/min；

$\quad\quad P_2$——采样期间测试现场平均大气压力，kPa；

$\quad\quad T_n$——标准状态的热力学温度，273K；

$\quad\quad t$——累积采样时间，h；

$\quad\quad P_n$——标准状态下的大气压力，101.325 kPa；

$\quad\quad T_2$——采样期间测试现场平均环境温度，K。

滤膜称量及 TSP 浓度记录见表 4-22-2。

表 4-22-2　TSP 滤膜称量及浓度记录表

月日	滤膜编号	采气流量 $Q/$（m^3/min）	采样期间环境温度 $T_2/$K	采样期间大气压 $P_2/$kPa	累积采样时间 $t/$h	累积采样体积 $V_n/$$m^3$	滤膜重量（空膜、尘膜、尘重）/g	TSP浓度/（mg/m^3）	测试人

注：m^3/min 为大流量采样器流量单位，中流量采样器流量单位为 L/min。

六、注意事项

1. 滤膜称量时的质量控制。取清洁滤膜若干张，在恒温恒湿箱（室）内，按平衡条件平衡 24 h，称重。每张滤膜非连续称量 10 次以上，求每张滤膜的平均值为该张滤膜的原始质量。以上述滤膜作为"标准滤膜"。每次称空白或尘滤膜的同时，称量两张"标准滤膜"。若标准滤膜称出的重量在原始重量±5 mg（中流量为±0.5 mg）范围内，则认为该批样品滤膜称量合格，数据可用。否则应检查称量条件是否符合要求并重新称量该批样品滤膜。

若恒温恒湿箱（室）控温精度达不到±1℃，滤膜平衡与称量时需在温度要求范围内，温度变化不得大于±3℃。滤膜称量时要消除静电的影响。

2. 采样器应定期维护，通常每月维护一次，所有维护项目应详细记录。

3. 要经常检查采样头是否漏气。当滤膜安放正确，采样后滤膜上颗粒物与四周白边之间出现界线模糊时，则表明应更换滤膜密封垫。

4. 当采样器的采气流量不为 100 L/min，应符合采样器采样口的抽气速度为 **0.3 m/s** 的要求。

七、思考题

1. 如何确定采样点？该采样点 TSP 的主要污染源有哪些？哪种污染源贡献率大？

2. 滤膜为什么要采取恒重法称量？为什么要用对照膜进行湿度校准实验？

3. 在什么气象条件下 TSP 污染较重？

实验二十三　空气中 PM$_{10}$ 和 PM$_{2.5}$ 监测

（重量法）

一、实验目的

1. 掌握中流量大气采样器，PM$_{10}$ 和 PM$_{2.5}$ 的采样监测方法。

2. PM$_{10}$ 及 PM$_{2.5}$ 切割器分离原理，恒重法滤膜的精确称量。

二、实验原理

分别通过具有一定切割特性的采样器，以恒速抽取定量体积空气，使环境空气中 PM$_{2.5}$ 和 PM$_{10}$ 被截留在已知质量的滤膜上，根据采样前后滤膜的重量差和采样体积，计算出 PM$_{2.5}$ 和 PM$_{10}$ 浓度。

PM$_{10}$ 是指悬浮在空气中，空气动力学直径≤10 μm 的颗粒物。PM$_{2.5}$ 是指悬浮在空气中，空气动力学直径≤2.5 μm 的颗粒物。

空气中 PM$_{10}$ 和 PM$_{2.5}$ 的测定有自动和手动两种方法,本方法为手动方法,即重量法。此方法所用的采样器按采样流量不同,可分为大流量采样器、中流量采样器及小流量采样器三种。方法的检出限为 0.010 mg/m^3（以感量 0.1 mg 分析天平,样品负载量为 1.0 mg,采集 108 m^3 空气样品计）。

三、实验仪器

1. PM$_{10}$ 中流量采样器：采气流量（工作点流量）一般为 100 L/min。

2. 滤膜：根据样品采集目的可选用玻璃纤维滤膜、石英滤膜等无机滤膜或聚氯乙烯、聚丙烯、混合纤维素等有机滤膜。滤膜对 0.3 μm 标准粒子的截留效率不低于 99%。

3．切割器：

（1）PM_{10} 切割器、采样系统：切割粒径 $Da_{50} \leqslant$（10±0.5）μm；捕集效率的几何标准差为 $\sigma_g =$（1.5±0.1）μm。其他性能和技术指标应符合相应标准的规定。

（2）$PM_{2.5}$ 切割器、采样系统：切割粒径 $Da_{50} \leqslant$（2.5±0.2）μm；捕集效率的几何标准差为 $\sigma_g =$（1.2±0.1）μm。其他性能和技术指标应符合相应标准的规定。

4．镊子：用于夹取滤膜。

5．X 光看片机：用于检查滤膜有无缺损。

6．打号机：用于在滤膜及滤膜袋上打号。

7．恒温恒湿箱（室）：箱（室）内空气温度要求在 15～30℃ 范围内连续可调，控温精度±1℃；箱（室）内空气相对湿度应控制在 45%～55% 范围内。恒温恒湿箱（室）可连续工作。

8．分析天平：感量 0.1 mg 或 0.01 mg。

9．中流量孔口流量计：量程 60～125 L/min；误差≤2%。附有与孔口流量计配套的 U 形管压差计（或智能流量校准器），最小分度值 10 Pa。

10．气压计。

11．温度计。

12．干燥器：内盛变色硅胶。

四、实验步骤

1．中流量采样器流量校准（用中流量孔口流量计校准）（略）。

2．空白滤膜准备：

（1）每张滤膜均需用 X 光看片机进行检查，不得有针孔或任何缺陷。在选中的滤膜光滑表面的两个对角上打印编号。滤膜袋上打印同样编号备用。

（2）将滤膜放在恒温恒湿箱（室）中平衡 24 h。平衡温度取 15～30℃ 中任一点，相对湿度控制在 45%～55% 范围内。记录平衡温度与湿度。

（3）在上述平衡条件下称量滤膜，中流量采样器滤膜称量精确到 0.1 mg。记录滤膜重量。

（4）称量好的滤膜平展地放在滤膜保存盒中，采样前不得将滤膜弯曲或折叠。

3．采样：

（1）打开采样头顶盖，取出滤膜夹。用清洁干布擦去采样头内及滤膜夹的灰尘。

（2）将已编号并称量过的滤膜毛面朝进气方向，用镊子放入采样夹内的滤网上，然后放滤膜夹，将滤膜牢固压紧至不漏气。盖好采样头顶盖，按照采样器使用说明操作，设置好采样时间，即可启动采样。

（3）采样器不能直接显示标准状态下的累积采样体积时，需记录采样期间测试现场平均环境温度和平均大气压。

（4）采样结束后，打开采样头，用镊子轻轻取下滤膜，采样面向里，将滤膜两次对折，放入号码相同的滤膜袋中。取滤膜时，如发现滤膜损坏，或滤膜上尘的边缘轮廓不清晰、滤膜安装歪斜等，表示采样时漏气，则本次采样作废，需重新采样。PM$_{10}$和PM$_{2.5}$现场采样记录见表4-23-1。

表 4-23-1　PM$_{10}$和PM$_{2.5}$现场采样记录

月　日	采样器编　号	滤膜编号	采样起始时间	采样终了时间	采样期间环境温度 T_2/K	采样期间大气压 P_2/kPa	测试人

4．尘膜的平衡及称量：

（1）尘膜放在恒温恒湿箱（室）中，用同空白滤膜平衡条件相同的温度、湿度，平衡 24 h。

（2）在上述平衡条件下，用感量为 0.1 mg 或 0.01 mg 的分析天平称量滤膜，记录滤膜重量。同一滤膜在恒温恒湿箱（室）中相同条件下再平衡 1 h 后称重。对于 PM$_{10}$和 PM$_{2.5}$颗粒物样品滤膜，两次重量之差分别小于 0.4 mg 或 0.04 mg 为满足恒重要求。

五、结果与讨论

$$\rho = \frac{(W_1 - W_0)}{V} \times 1\,000 \qquad (4\text{-}23\text{-}1)$$

式中：ρ——PM$_{10}$或 PM$_{2.5}$的质量浓度，mg/m^3；

$\quad$ W_1——尘膜重量，g；

$\quad$ W_0——空白滤膜重量，g；

$\quad$ V——标准状态下的累积采样体积，m^3。

滤膜称量及 PM$_{10}$或 PM$_{2.5}$的质量浓度记录见表4-23-2。

表 4-23-2　PM$_{10}$或 PM$_{2.5}$滤膜称量及浓度记录表

测定时间	滤膜编号	采气流量 Q/（m^3/min）	采样期间环境温度 T_2/K	采样期间大气压 P_2/kPa	累积采样时间 t/h	累积采样体积 V_n/m^3	滤膜重量（空膜、尘膜、尘重）/g	PM$_{10}$质量浓度/（mg/m^3）	PM$_{2.5}$质量浓度/（mg/m^3）	测试人

注：m^3/min 为大流量采样器流量单位，中流量采样器流量单位为 L/min。

计算结果保留 3 位有效数字。小数点后数字可保留到第 3 位。

六、注意事项

1. 滤膜称量时的质量控制。取清洁滤膜若干张，在恒温恒湿箱（室）内，按平衡条件平衡 24 h，称重。每张滤膜非连续称量 10 次以上，求每张滤膜的平均值为该张滤膜的原始质量。以上述滤膜作为"标准滤膜"。每次称空白或尘膜的同时，称量两张"标准滤膜"。若标准滤膜称出的重量在原始重量±5 mg（中流量为±0.5 mg）范围内，则认为该批样品滤膜称量合格，数据可用。否则应检查称量条件是否符合要求并重新称量该批样品滤膜。

若恒温恒湿箱（室）控温精度达不到±1℃，滤膜平衡与称量时需在温度要求范围内，温度变化不得大于±3℃。滤膜称量时要消除静电的影响。

2. 采样器应定期维护，通常每月维护一次，所有维护项目应详细记录。

3. 要经常检查采样头是否漏气。当滤膜安放正确，采样后滤膜上颗粒物与四周白边之间出现界线模糊时，则表明应更换滤膜密封垫。

4. 当 PM_{10} 或 $PM_{2.5}$ 含量很低时，采样时间不能过短。对于感量为 0.1 mg 和 0.01 mg 的分析天平，滤膜上颗粒物负载量应分别大于 1 mg 和 0.1 mg，以减少称量误差。

5. 采样前后，滤膜称量应使用同一台分析天平。

6. 采样时，采样器入口距地面高度不得低于 1.5 m。采样不宜在风速大于 8 m/s 等天气条件下进行。采样点应避开污染源及障碍物。如果测定交通枢纽处 PM_{10} 和 $PM_{2.5}$，采样点应布置在距人行道边缘外侧 1 m 处。

七、思考题

1. 对比 TSP、PM_{10} 及 $PM_{2.5}$ 在采样仪器和方法上有什么区别。为什么？

2. PM_{10} 及 $PM_{2.5}$ 在采样时要注意哪些事项？

3. 用两台或两台以上采样器做平行样时，为防止对采样的互相干扰应保持一定距离，对于本实验采用的中流量采样器间距应保持在多少为适宜？

实验二十四　空气中可沉降颗粒物监测

（重量法）

一、实验目的

1. 掌握降监测中采样、样品处理方法。

2. 了解降尘采样点的选择。

二、实验原理

空气中可沉降的颗粒物，沉降在装有乙二醇水溶液为收集液的集尘缸内，经蒸发、干燥、称重后，计算降尘量。

降尘量为单位面积上，单位时间内从大气中沉降的颗粒物的质量。其结果以每平方千米每月沉降的颗粒物吨数表示[即 $t/（km^2·月）$]。

方法检出限为：$0.2\ t/（km^2·月）$。

三、实验仪器

1. 集尘缸：内径 15 cm±0.5 cm，高 30 cm 的圆筒形玻璃缸。缸底要平整。

2. 瓷坩埚：100 mL。

3. 电热板：2 000 W（具调温分挡开关）。

4. 搪瓷盘。

5. 分析天平：感量 0.1 mg。

6. 淀帚：在玻璃棒的一端，套上一段乳胶管，然后用止血夹夹紧，放在 105℃±5℃ 的烘箱中，烘 3 h 后使乳胶管粘合在一起，剪掉不粘合的部分，用来扫除尘粒。

四、实验试剂

1. 乙二醇（$C_2H_6O_2$）：分析纯。

2. 实验用水：蒸馏水。

五、实验采样

1. 采样点的设置

（1）应选择集尘缸不易损坏的地方，且易于操作者更换集尘缸。通常设在矮建筑物的屋顶，必要时可以设在电线杆上，集尘缸应距离电线杆 0.5 m 为宜。

（2）采样点附近不应有高大的建筑物及树木，并应避开局部污染源。

（3）集尘缸放置高度应距离地面 5～12 m。在某一区域内采样，各采样点集尘缸的放置高度尽力保持在大致相同的高度。如放置屋顶平台，采样口应距平台 1～1.5 m，以避免平台扬尘的影响。

（4）集尘缸的支架应该稳定并坚固，以防止被风吹倒或摇摆。

（5）在清洁区设置对照点。

2. 样品收集

（1）放缸前的准备　于集尘缸中加入 50～80 mL 乙二醇，以占满缸底为准，加水量视当地的气候情况而定。譬如：冬季和夏季加 50 mL，其他季节可加 100～200 mL。加好后，罩上塑料袋，直到把缸放在采样点的固定架上再把塑料袋取下，开始收集样品。记录放缸地点、缸号、时间（年、月、日、时）。

（2）样品的收集　按月定期更换集尘缸一次（30±2 d）。取缸时应核对地点、缸号，并记录取缸时间（月、日、时），罩上塑料袋，带回实验室。取换缸的时间规定为月底 5 d 内完成。在夏季多雨季节，应注意缸内积水情况，为防止水满溢出，及时更换新缸，采集的样品合并后测定。

六、实验步骤

1. 瓷坩埚的准备

将瓷坩埚洗净、编号，在 105℃±5℃下，烘箱内烘 3 h，取出放入干燥器内，冷却 50 min，在分析天平上称量，再烘 50 min，冷却 50 min，再称量，直至恒重（两次重量之差小于 0.4 mg），此值为 W_0。

2. 降尘量的测定

用尺子测量集尘缸的内径（按不同方向至少测定 3 处，取其算术平均值），再用镊子夹取落入缸内的树叶、昆虫等异物，并用水将附着在上面的细小尘粒冲洗下来后弃去，先用少量水湿润缸壁，然后用淀帚将附着于缸壁的尘粒刷下，再用水冲洗缸壁使尘粒全部移入溶液中，将缸内溶液和尘粒全部或分次转入 1 000 mL 烧杯中，置通风柜内，在电热板上蒸发，使体积浓缩到 10～20 mL，冷却后用少量水湿润烧杯壁，然后用淀帚将附于烧杯壁上的尘粒刷下，将烧杯内溶液和尘粒分数次全部转移到已恒重的瓷坩埚中，放在搪瓷盘里，在电热板上小心蒸发至干（溶液少时注意不要崩溅），然后放入烘箱于105℃±5℃烘干，按上述方法称量至恒重。此值为 W_1。

将与采样操作等量的乙二醇，放入 1 000 mL 烧杯中，并加同等量的水，在电热板上蒸发浓缩至 10～20 mL，然后将其转移至已恒重的瓷坩埚内，将瓷坩埚放在搪瓷盘中，再放在电热板上蒸发至干，于 105℃±5℃烘干，按上述条件称量至恒重，减去瓷坩埚的重量 W_0 即为 W_c。

七、结果与讨论

$$降尘量 \left[t / (\mathrm{km}^2 \cdot 月) \right] = \frac{W_1 - W_0 - W_C}{S \times n} \times 30 \times 10^4 \qquad (4\text{-}24\text{-}1)$$

式中：W_1——降尘、瓷坩埚和乙二醇蒸发至干并在 105℃±5℃恒重后的重量，g；

W_0——在 105℃±5℃烘干的瓷坩埚重量，g；

W——与采样操作等量的乙二醇蒸发至干并在 105℃±5℃恒重后的重量，g；

S——集尘缸缸口面积，cm^2；

n——采样天数（准确到 0.1 d）。

计算结果保留一位小数。

八、注意事项

1. 大气降尘系指可沉淀的颗粒物，故应除去树叶、枯枝、鸟粪、昆虫、花絮等干扰物。

2. 每一个样品所使用的烧杯、瓷坩埚等编号必须一致，并与其相对应的集尘缸的缸号一并及时填入记录表中。

3. 瓷坩埚在烘箱、搪瓷盘及干燥器中，应分离放置，不可重叠。

4. 蒸发浓缩实验要在通风柜中进行，应注意保持柜内清洁，防止异物落入烧杯内，影响测定，样品在瓷坩埚中浓缩时，不要用水淋洗坩埚壁，否则将在乙二醇与水的界面上发生剧烈沸腾使溶液溢出。当浓缩至 20 mL 以内时应降低温度并间歇性的徐徐摇动，使降尘黏附在瓷坩埚壁上，避免样品溅出。

5. 应尽量选择缸底比较平的集尘缸，可以减少乙二醇的用量。

6. 在室温温度较高时，冷却 50 min～1 h，使坩埚冷却至室温方可称量。

7. 收回降尘缸中溶液较多时，须分数次转移到 1 000 mL 烧杯中，但每次加液最多为烧杯 2/3 体积，因尘粒会"爬上"烧杯口，导致尘粒损失。

8. 在蒸发过程中，要调节电热板温度，使溶液始终处于微沸状态。

9. 精密度和准确度：同一实验室测定 5 份样品，相对标准偏差为 0.86%。回收率为 98%～105%。

10. 若需测定降尘中可燃物含量，操作如下：将空的瓷坩埚 105℃±5℃烘干、称量至恒重，为 W_a，再次其在 600℃灼烧 2 h，冷却，称量至恒重，此值为 W_b。

瓷坩埚与尘粒于 105℃±5℃烘干，称量至恒重，为 W_1，再将其放入马弗炉中，于 600℃灼烧 3 h，待炉内温度降至 300℃以下时取出，放入干燥器中，冷却 50 min，称量。再在 600℃灼烧 1 h，冷却 50 min，称量，直至恒重 W_2。

吸取乙二醇（与采样时体积相同），放入已恒重的瓷坩埚内，小心蒸干，105℃±5℃烘干，按上述条件称量至恒重，减去瓷坩埚重 W_a，即为 W_c。然后在 600℃灼烧，称量至恒重，减去瓷坩埚重 W_b，即为 W_d。测定 W_c、W_d 时所用乙二醇溶液与加到降尘缸的乙二醇溶液应是同一批溶液。

$$降尘中可燃物的量\left[t/(\mathrm{km^2 \cdot 月})\right] = \frac{(W_1-W_0-W_c)-(W_2-W_b-W_d)}{S \times n} \times 30 \times 10^4 \quad (4\text{-}24\text{-}2)$$

式中：W_1——降尘样品、瓷坩埚和乙二醇蒸发至干并在 105℃恒重后的重量，g；

　　　　W_2——降尘样品、瓷坩埚及乙二醇于 600℃灼烧后的重量，g；

　　　　W_0——在 105℃烘干的瓷坩埚重量，g；

　　　　W_c——与采样操作等量的乙二醇蒸发至干并在 105℃恒重后的重量，g；

　　　　W_b——瓷坩埚于 600℃灼烧后的重量，g；

　　　　W_d——与采样操作等量的乙二醇蒸发残渣于 600℃灼烧后的重量，g；

　　　　S——集尘缸缸口面积，$\mathrm{cm^2}$；

　　　　n——采样天数（准确到 0.1 d）。

九、思考题

1. 降尘缸为什么要离开地面 1～1.5 m？

2. 为什么要用乙二醇（$C_2H_6O_2$）作为吸收液？

实验二十五　区域声环境监测

一、实验目的

1. 掌握声级计的使用方法。

2. 学会正确记录等效声级 L_{eq}、累积百分声级 L_{10}、L_{50}、L_{90}、L_{max}、L_{min} 和标准偏差（SD）。

3．学会根据噪声监测的数据结果分析噪声的变化规律，并对声环境功能区的噪声水平进行评价。

二、实验原理

运用声级计对每个监测点位测量 10 min 的等效连续 A 声级 L_{eq}，记录累积百分声级 L_{10}、L_{50}、L_{90}、L_{max}、L_{min} 和标准偏差（SD）。

基础知识

1．A 声级

用 A 计权网络测得的声级，用 L_A 表示，单位 dB。

2．等效连续 A 声级

简称为等效声级，在某规定时间内 A 声级的能量平均值，用 L_{Aeq} 表示，单位为 dB。

根据定义，等效声级表示为：

$$L_{Aeq} = 10 \lg\left(\tfrac{1}{T} \int_0^T 10^{0.1L_A} \, dt \right) \qquad (4\text{-}25\text{-}1)$$

式中：L_A——t 时刻的瞬时声级；

T——规定的测量时间。

3．昼间等效声级

昼间 A 声级的能量平均值，用 L_d 表示，单位 dB。

4．夜间等效声级

夜间 A 声级的能量平均值，用 L_n 表示，单位 dB。

5．昼夜等效声级

$$L_{dn} = 10 \lg \frac{1}{24} (16 \times 10^{0.1L_d} + 8 \times 10^{0.1(L_n+10)}) \qquad (4\text{-}25\text{-}2)$$

6．最大声级

在规定的测量时间段内或对某一独立噪声事件，测得的 A 声级最大值，用 L_{max} 表示，单位 dB（A）。

7．累积百分声级

用于评价测量时间段内噪声强度时间统计分布特征的指标，指占测量时间段一定比例的累积时间内 A 声级的最小值，用 L_N 表示，单位为 dB（A）。最常用的是 L_{10}、L_{50} 和 L_{90}，其含义如下：

L_{10}——在测量时间内有 10% 的时间 A 声级超过的值，相当于噪声的平均峰值；

L_{50}——在测量时间内有 50% 的时间 A 声级超过的值，相当于噪声的平均中值；

L_{90}——在测量时间内有 90% 的时间 A 声级超过的值，相当于噪声的平均本底值。

如果数据采集是按等间隔时间进行的，则 L_N 也表示有 $N\%$ 的数据超过的噪声级。

三、测量仪器与条件

1．测量仪器

测量仪器精度为 2 型及 2 型以上的积分平均声级计或环境噪声自动监测仪器，其性能需符合 GB 3785 和 GB/T 17181 的规定，并定期校验。测量前后使用声校准器校准测量仪器的示值偏差不得大于 0.5 dB，否则测量无效。声校准器应满足 GB/T 15173 对 1 级或 2 级声校准器的要求。测量时传声器应加防风罩。

2．气象条件

测量应在无雨雪、无雷电天气，风速 5 m/s 以下时进行。

四、测点选择与监测时间

1．将整个学校校区视为缩微版的城市建成区，将校区划分成 3～5 个等大的正方形网格。网格中水面面积或无法监测的区域（如楼区）面积大于 50% 的网格视为无效网格。

2．在每一个网格的中心布设 1 个监测点位。若网格中心点不宜测量（如水面、楼区、马路行车道等），应将监测点位移动到距离中心点最近的可测量位置进行测量。测点位置要符合 GB 3096 中测点选择一般户外的要求。监测点位高度距地面为 1.2～4.0 m。

3．区域监测的频次、时间与测量量

（1）昼间监测每年 1 次，监测工作应在昼间正常工作时段内进行，并应覆盖整个工作时段。

（2）夜间监测每五年 1 次，在每个五年规划的第 3 年监测，监测从夜间起始时间开始。

（3）监测工作应安排在每年的春季或秋季，每个城市监测日期应相对固定，监测应避开节假日和非正常工作日。

（4）每个监测点位测量 10 min 的等效连续 A 声级 L_{eq}（简称：等效声级），记录累积百分声级 L_{10}、L_{50}、L_{90}、L_{max}、L_{min} 和标准偏差（SD）。

五、现场测量与记录

1．声级计的使用

打开声级计电源，在设置界面下，将光标移到测量时间的 h、m、s 上，选择"00h10m00s"分挡的测量时间。将光标移到"计权"上，按参数键选择频率计权 A 及时间计权 F 进行统计分析。进入测量菜单，按下"启动"。

2．自动测量结束后，记录等效声级 L_{eq}、累积百分声级 L_{10}、L_{50}、L_{90}、L_{max}、L_{min} 和标准偏差（SD）。记录参考表 4-25-1。

表 4-25-1　区域声环境监测记录表

班级：＿＿＿＿＿＿＿＿＿＿＿实验组号：＿＿＿＿＿＿＿＿＿实验组成员：＿＿＿＿＿＿＿＿＿＿

监测仪器（型号、编号）：＿＿＿＿＿＿＿＿＿＿声校准器（型号、编号）：＿＿＿＿＿＿＿＿＿

监测前校准值（dB）：＿＿＿＿＿＿＿监测后校准值（dB）：＿＿＿＿＿＿＿＿气象条件：＿＿＿＿＿＿

网格代码	测点名称	月	日	时	分	声源代码	L_{Aeq}	L_{10}	L_{50}	L_{90}	L_{max}	L_{min}	标准差（SD）	备注

负责人：＿＿＿＿＿＿＿审核人：＿＿＿＿＿＿＿＿测试人员：＿＿＿＿＿＿＿监测日期：＿＿＿＿＿＿

注：声源代码：1．交通噪声；2．工业噪声；3．施工噪声；4．社会噪声；5．其他。
两种以上噪声源的填主要噪声源。除交通、工业、施工噪声外的噪声，归入社会噪声，其他噪声包括自然噪声。

3．同时记录测量点被测期间的主要噪声源（社会、交通、工业、建筑、其他）。

六、结果与讨论

1．监测数据应按表 4-25-1 规定的内容记录。

2．计算整个城市环境噪声总体水平。将整个城市全部网格测点测得的等效声级分昼间和夜间，按式（4-25-3）进行算术平均运算，所得到的昼间平均等效声级 $\overline{S}_d$ 和夜间平均等效声级 $\overline{S}_n$ 代表该城市昼间和夜间的环境噪声总体水平。

$$\overline{S} = \frac{1}{n}\sum_{i=1}^{n} L_i \qquad (4-25-3)$$

式中：$\overline{S}$ —— 城市区域昼间平均等效声级（$\overline{S}_d$）或夜间平均等效声级（$\overline{S}_n$），dB（A）；

L_i —— 第 i 个网格测得的等效声级，dB（A）；

n —— 有效网格总数。

3．测量结果记入数据计录表 4-25-1，对数据准确性进行分析，并对照表 4-25-2 对环境噪声总体水平进行评价。

表 4-25-2　城市区域环境噪声总体水平等级划分　　　　　　　　单位：dB（A）

等级	一级	二级	三级	四级	五级
昼间平均等效声级（$\overline{S}_d$）	≤50.0	50.1～55.0	55.1～60.0	60.1～65.0	＞65.0
夜间平均等效声级（$\overline{S}_n$）	≤40.0	40.1～45.0	45.1～50.1	50.1～55.0	＞55.0

城市区域环境噪声总体水平等级"一级"至"五级"可分别对应评价为"好""较好""一般""较差"和"差"。

七、思考题

1. 声环境功能区分为哪几种类别？学校校区属于哪种类别的声环境功能区？

2. 声环境功能区划的目的是什么？如何进行声环境功能区划？

3. 什么叫计权网络？声级计如何采用不同的计权网络？

4. 如何根据噪声监测的数据结果对声环境质量进行评价？

实验二十六 道路交通噪声环境监测

一、实验目的

1. 学会用声级计测量交通噪声，记录车流量。

2. 掌握交通噪声数据处理技术。

3. 学会分析道路交通噪声声级与车流量、路况等的关系及变化规律。

二、实验原理

运用声级计对每个监测点位测量 20 min 的等效连续 A 声级 L_{eq}，记录累积百分声级 L_{10}、L_{50}、L_{90}、L_{max}、L_{min} 和标准偏差（SD）。

三、测点选择与监测时间

1. 能反映城市建成区内各类道路（城市快速路、城市主干路、城市次干路、含轨道交通走廊的道路及穿过城市的高速公路等）交通噪声排放特征。

2. 能反映不同道路特点（考虑车辆类型、车流量、车辆速度、路面结构、道路宽度、敏感建筑物分布等）交通噪声排放特征。

3. 道路交通噪声监测点位数量：巨大、特大城市≥100 个；大城市≥80 个；中等城市≥50 个；小城市≥20 个。一个测点可代表一条或多条相近的道路。根据各类道路的路长比例分配点位数量。

4. 测点选在路段两路口之间，距任一路口的距离大于 50 m，路段不足 100 m 的选路段中点，测点位于人行道上距路面（含慢车道）20 cm 处，监测点位高度距地面为 1.2～6.0 m。测点应避开非道路交通源的干扰，传声器指向被测声源。

5. 昼间监测每年 1 次，监测工作应在昼间正常工作时段内进行，并应覆盖整个工作时段。

6. 夜间监测每五年 1 次，在每个五年规划的第 3 年监测，监测从夜间起始时间开始。

7. 监测工作应安排在每年的春季或秋季，每个城市监测日期应相对固定，监测应避开节假日和非正常工作日。

四、测量仪器与条件

1. 测量仪器

测量仪器精度为Ⅱ型及Ⅱ型以上的积分平均声级计或环境噪声自动监测仪器，其性能需符合 GB 3785 和 GB/T 17181 的规定，并定期校验。测量前后使用声校准器校准测量仪器的示值偏差不得大于 0.5 dB，否则测量无效。声校准器应满足 GB/T 15173 对 1 级或 2 级声校准器的要求。测量时传声器应加防风罩。

2. 气象条件

测量应在无雨雪、无雷电天气，风速 5 m/s 以下时进行。

五、现场测量与记录

1. 声级计的使用

设置界面下，将光标移到测量时间的 h、m、s 上，选择"00h20m00s"分挡的测量时间。将光标移到"计权"上，按参数键选择频率计权 A 及时间计权 F 进行统计分析。进入测量菜单，按下"启动"。

2. 自动测量结束后，记录等效声级 L_{eq}、累积百分声级 L_{10}、L_{50}、L_{90}、L_{max}、L_{min} 和标准偏差（SD）。记入表 4-26-1。

表 4-26-1　道路交通声环境监测记录表

班级：＿＿＿＿＿＿　实验组号：＿＿＿＿＿＿　实验组成员：＿＿＿＿＿＿＿＿＿＿＿＿

监测仪器(型号、编号)：＿＿＿＿＿＿＿＿　声校准器(型号、编号)：＿＿＿＿＿＿＿

监测前校准值(dB)：＿＿＿＿　监测后校准值(dB)：＿＿＿＿　气象条件：＿＿＿＿

网格代码	测点名称	月	日	时	分	L_{Aeq}	L_{10}	L_{50}	L_{90}	L_{max}	L_{min}	标准差（SD）	车流量/（辆/min）		备注
													大型车	中小型车	

负责人：＿＿＿＿　审核人：＿＿＿＿　测试人员：＿＿＿＿　监测日期：＿＿＿＿

注：大型车是指车长大于等于 6 m 或者乘坐人数大于等于 20 人的载客汽车，以及总质量大于等于 12 t 的载货汽车和挂车。
中小型车是指车长小于 6 m 且乘坐人数小于 20 人的载客汽车，总质量小于 12 t 的载货汽车和挂车，以及摩托车。

3．同时按不同车型（大型车、中小型车）记录车流量。

六、结果与讨论

将道路交通噪声监测的等效声级采用路段长度加权算术平均法，按式（4-26-1）计算城市道路交通噪声平均值。

$$\overline{L}=\frac{1}{l}\sum_{i=1}^{n}(l_i\times L_i) \qquad (4\text{-}26\text{-}1)$$

式中：$\overline{L}$ —— 道路交通昼间平均等效声级（$\overline{L}_\mathrm{d}$）或夜间平均等效声级（$\overline{L}_\mathrm{n}$），dB（A）；

l —— 监测的路段总长，m；

l_i —— 第 i 测点代表的路段长度，m；

L_i —— 第 i 测点测得的等效声级，dB（A）。

测量结果记入数据记录表 4-26-1，对数据准确性进行分析，并对照表 4-26-2 对道路交通噪声强度等级水平进行评价。

表 4-26-2　道路交通噪声强度等级划分　　　　　　　　　单位：dB（A）

等级	一级	二级	三级	四级	五级
昼间平均等效声级（$\overline{S}_\mathrm{d}$）	≤68.0	68.1～70.0	70.1～72.0	72.1～74.0	＞74.0
夜间平均等效声级（$\overline{S}_\mathrm{n}$）	≤58.0	58.1～60.0	60.1～62.1	62.1～64.0	＞64.0

道路交通噪声强度等级"一级"至"五级"可分别对应评价为"好""较好""一般""较差"和"差"。

七、思考题

1．城市道路等级是如何划分的？

2．交通车辆如何划分等级？

3．道路交通噪声强度等级水平与车流量有什么样的相关关系？

4．如何对道路交通噪声强度等级水平进行评价？

实验二十七　工业企业厂界噪声监测

一、实验目的

1. 按要求进行厂界噪声测量布点，界定稳态噪声、非稳态噪声、频发噪声、偶发噪声。

2. 声级计属于精密仪器，使用时要格外小心，防止碰撞、跌落，防止潮湿淋雨。

二、名词术语

1. 稳态噪声，非稳态噪声

在测量时间内，声级起伏不大于 3 dB（A）的噪声视为稳态噪声，否则称为非稳态噪声。

2. 频发噪声

指频繁发生、发生的时间和间隔有一定规律、单次持续时间较短、强度较高的噪声。

3. 偶发噪声

指偶然发生、发生的时间和间隔无规律、单次持续时间较短、强度较高的噪声。

4. 背景噪声

被测量噪声源以外的声源发出的环境噪声的总和。

5. 最大声级

在规定的测量时间内对频发或偶发噪声事件测得的 A 声级最大值，用 L_{max} 表示，单位 dB（A）。

三、实验原理

运用声级计测量选定测点的 A 声级，并对取得的瞬时值进行计算，计算出 L_{eq}。

四、测量方法

1. 测量仪器

测量仪器为积分平均声级计或环境噪声自动监测仪，其性能应不低于 GB 3785 和 GB/T 17181 对 II 型仪器的要求。测量 35 dB（A）以下的噪声应使用 I 型声级计，且测量范围应满足所测量噪声的需要。校准所用仪器应符合 GB/T 15173 对 1 级或 2 级声校准器的要求。当需要进行噪声的频谱分析时，仪器性能应符合 GB/T 3241 中对滤波器的要求。

测量仪器和校准仪器应定期检定合格，并在有效使用期限内使用；每次测量前、后必须在测量现场进行声学校准，其前、后校准示值偏差不得大于 0.5 dB，否则测量结果无效。

测量时传声器加防风罩。

测量仪器时间计权特性设为"F"挡，采样时间间隔不大于 1 s。

2．测量条件

气象条件：测量应在无雨雪、无雷电天气，风速为 5 m/s 以下时进行。不得不在特殊气象条件下测量时，应采取必要措施保证测量准确性，同时注明当时所采取的措施及气象情况。

测量工况：测量应在被测声源正常工作时间进行，同时注明当时的工况。

3．测点位置

（1）测点布设：

根据工业企业声源、周围噪声敏感建筑物的布局以及毗邻的区域类别，在工业企业厂界布设多个测点，其中包括距噪声敏感建筑物较近以及受被测声源影响大的位置。

（2）测点位置一般规定：

一般情况下，测点选在工业企业厂界外 1 m、高度 1.2 m 以上、距任一反射面距离不小于 1 m 的位置。

（3）测点位置其他规定：

当厂界有围墙且周围有受影响的噪声敏感建筑物时，测点应选在厂界外 1 m、高于围墙 0.5 m 以上的位置。

当厂界无法测量到声源的实际排放状况时（如声源位于高空、厂界设有声屏障等），应按一般规定设置测点，同时在受影响的噪声敏感建筑物户外 1 m 处另设测点。

室内噪声测量时，室内测量点位设在距任一反射面至少 0.5 以上、距地面 1.2 m 高度处，在受噪声影响方向的窗户开启状态下测量。

固定设备结构传声至噪声敏感建筑物室内，在噪声敏感建筑物室内测量时，测点应距任一反射面至少 0.5 m 以上、距地面 1.2 m、距外窗 1 m 以上，窗户关闭状态下测量。被测房间内的其他可能干扰测量的声源（如电视机、空调机、排气扇以及镇流器较响的日光灯、运转时出声的时钟等）应关闭。

（4）测量时段：

分别在昼间、夜间两个时段测量。夜间有频发、偶发噪声影响时同时测量最大声级。

被测声源是稳态噪声，采用 1 min 的等效声级。

被测声源是非稳态噪声，测量被测声源有代表性时段的等效声级，必要时测量被测声源整个正常工作时段的等效声级。

（5）背景噪声测量：

测量环境：不受被测声源影响且其他声环境与测量被测声源时保持一致。

测量时段：与被测声源测量的时间长度相同。

五、测量记录及结果修正

1．测量记录

噪声测量时需做测量记录。记录内容应主要包括：被测量单位名称、地址、厂界所处声环境功能区类别、测量时气象条件、测量仪器、校准仪器、测点位置、测量时间、测量时段、仪器校准值（测前、测后）、主要声源、测量工况、示意图（厂界、声源、噪声敏感建筑物、测点等位置）、噪声测量值、背景值、测量人员、校对人、审核人等相关信息。填入工业企业噪声测量记录表（表 4-27-2）。

2．测量结果修正

噪声测量值与背景噪声值相差大于 10 dB（A）时，噪声测量值不做修正。

噪声测量值与背景噪声值相差在 3～10 dB（A）时，噪声测量值与背景噪声值的差值取整后，按表 4-27-1 进行修正。

表 4-27-1　测量结果修正表　　　　　　　　　　　　　　单位：dB（A）

差　值	3	4～5	6～10
修正值	−3	−2	−1

噪声测量值与背景噪声值相差小于 3 dB（A）时，应采取措施降低背景噪声后，视情况按上两项执行；仍无法满足前两款要求的，应按环境噪声监测技术规范的有关规定执行。

表 4-27-2　工业企业厂界噪声测量记录表

班级：＿＿＿＿＿＿＿＿实验组号：＿＿＿＿＿＿＿实验组成员：＿＿＿＿＿＿＿＿＿

监测仪器（型号、编号）：＿＿＿＿＿＿＿＿＿＿＿测量地点（厂、车间）：＿＿＿＿＿＿＿＿

设备情况：＿＿＿＿＿＿＿＿＿＿＿气象条件：＿＿＿＿＿＿＿＿＿

测点编号	年	月	日	时	分	测量值	背景值

负责人：＿＿＿＿＿＿审核人：＿＿＿＿＿＿测试人员：＿＿＿＿＿＿监测日期：＿＿＿＿＿＿

3．厂界噪声监测结果的评价

工业企业厂界噪声水平可根据工业企业厂界环境噪声排放限值（如表 4-27-3）进行评价。

表 4-27-3　工业企业厂界环境噪声排放限值表

厂界外声环境功能区类别	时段	
	昼间	夜间
0	50	40
1	55	45
2	60	50
3	65	55
4	70	55

在表 4-27-3 中，①工业企业厂界噪声排放限值与厂界外功能区类别有关；②夜间频发噪声的最大声级超过限值的幅度不得高于 10 dB（A）；③夜间偶发噪声的最大声级超过限值的幅度不得高于 15 dB（A）；④若工业企业所处区域未划分声环境功能区，可根据厂界外噪声敏感建筑物的情况，由当地县级以上人民政府参照相关标准确定应当执行的厂界环境排放限值；⑤当厂界与噪声敏感建筑物距离小于 1 m 时，厂界环境噪声应在噪声敏感建筑物的室内测量，并将表 4-27-3 中相应的限值减 10 dB（A）作为评价依据。

六、思考题

1．工业企业厂界噪声监测的适用范围是怎样的？

2．工业企业厂界噪声如何评价？

3．什么情况下需对噪声监测结果进行修正？如何修正？

实验二十八　建筑施工场界噪声监测

一、实验目的

1．学习建筑施工噪声的有关名词定义，掌握建筑施工噪声监测要点。

2．声级计属于精密仪器，使用时要格外小心，防止碰撞、跌落，防止潮湿淋雨。

二、名词术语

1．建筑施工

建筑施工是指工程建设实施阶段的生产活动，是各类建筑物的建造过程，包括基础工程施工、主体结构施工、屋面工程施工、装饰工程施工（已竣工交付使用的住宅楼进行室内装修活动除外）等。

2．建筑施工场界

由有关主管部门批准的建筑施工场地边界或建筑施工过程中实际使用的施工场地边界。

3．噪声敏感建筑物

指医院、学校、机关、科研单位、住宅等需要保持安静的建筑物。

4．背景噪声

当建筑场地停止施工时，上述区域的环境噪声。

三、实验原理

运用声级计测量选定测点的 A 声级，并对取得的瞬时值进行计算，计算出昼间和夜间连续等效 A 声级 L_{eq}。

四、测量方法

1．测量仪器

测量仪器为积分平均声级计或环境噪声自动监测仪，其性能应不低于 GB 3785 和 GB/T 17181 对 II 型仪器的要求。

测量仪器和校准仪器应定期检定合格，并在有效使用期限内使用；每次测量前、后必须在测量现场进行声学校准，其前、后校准示值偏差不得大于 0.5 dB，否则测量结果无效。

测量时传声器加防风罩。

测量仪器时间计权特性设为"F"挡，采样时间间隔不大于 1 s。

2．测量条件

气象条件：测量应在无雨雪、无雷电天气，风速为 5 m/s 以下时进行。

3．测点位置

（1）测点布设：

根据施工场地周围噪声敏感建筑物位置和声源位置的布局，测点应设在对噪声敏感建筑物影响较大、距离较近的位置。

（2）测点位置一般规定：

一般情况下测点设在建筑施工场界外 1 m、高度 1.2 m 以上的位置。

（3）测点位置其他规定：

当场界有围墙且周围有受影响的噪声敏感建筑物时，测点应选在场界外 1 m、高于围墙 0.5 m 以上的位置，且位于施工噪声影响的声照射区域。

当场界无法测量到声源的实际排放时，如声源位于高空、场界有声屏障、噪声敏感建筑物高于场界围墙等情况，测点可设在噪声敏感建筑物户外 1 m 处的设置。

在噪声敏感建筑物室内测量时，测点设在室内中央、距室内任一反射面 0.5 m 以上、距地面 1.2 m 高度以上，在受噪声影响方向的窗户开启状态下测量。

（4）测量时段：

施工期间，测量连续 20 min 的等效声级，夜间同时测量最大声级。

（5）背景噪声测量：

测量环境：不受被测声源影响且其他声环境与测量被测声源时保持一致。

测量时段：稳态噪声测量 1 min 的等效声级，非稳态噪声测量 20 min 的等效声级。

五、测量记录及结果修正

1．测量记录

噪声测量时需将测量记录记入表 4-28-1。记录内容应主要包括：被测量单位名称、地址、测量时气象条件、测量仪器、校准仪器、测点位置、测量时间、仪器校准值（测前、测后）、主要声源、示意图（场界、声源、噪声敏感建筑物、场界与噪声敏感建筑物间的距离、测点位置等）、噪声测量值、最大声级值（夜间时段）、背景噪声值、测量人员、校对人员、审核人员等相关信息。

表 4-28-1　建筑施工场界噪声测量记录表

班级：_____　实验组号：_____　实验组成员：_____

监测仪器（型号、编号）：_____　测量地点：_____

设备情况：_____　气象条件：_____

测点编号	年	月	日	时	分	测量值	背景值

负责人：　　　审核人：　　　测试人员：　　　监测日期：

2．测量结果修正

噪声测量值与背景噪声值相差大于 10 dB（A）时，噪声测量值不做修正。

噪声测量值与背景噪声值相差在 3～10 dB（A）时，噪声测量值与背景噪声值的差值取整后，按表 4-28-2 进行修正。

表 4-28-2　测量结果修正表　　　　　　　　　单位：dB（A）

差　值	3	4～5	6～10
修正值	−3	−2	−1

噪声测量值与背景噪声值相差小于 3 dB（A）时，应采取措施降低背景噪声后，视情况按上两项执行；仍无法满足前两款要求的，应按环境噪声监测技术规范的有关规定执行。

3．噪声监测结果的评价

建筑施工场界噪声水平可根据建筑施工场界环境噪声排放限值（表 4-28-3）进行评价。

表 4-28-3　建筑施工场界环境噪声排放限值表

昼间	夜间
70	55

在表 4-28-3 中，①夜间噪声的最大声级超过限值的幅度不得高于 15 dB（A）；②当场界距噪声敏感建筑物较近，其室外不满足测量条件时，可在噪声敏感建筑物的室内测量，并将表 4-2-6 中相应的限值减 10 dB（A）作为评价依据；③各个测点的测量结果应单独进行评价；④最大声级 L_{Amax} 直接评价。

六、思考题

1．建筑施工场界噪声监测的适用范围是什么样的？

2．如何评价建筑施工场界的噪声污染水平？

实验二十九　社会生活环境噪声的监测

一、实验目的

1. 掌握对社会生活环境噪声进行监测和评价的方法。
2. 学习利用声级计进行倍频带声压级监测的方法。

二、名词术语

1. 社会生活噪声

指营业性文化娱乐场所和商业经营活动中使用的设备、设施产生的噪声。

2. 噪声敏感建筑物

指医院、学校、机关、科研单位、住宅等需要保持安静的建筑物。

3. 边界

在法律文书（如土地使用证、房产证、租赁合同等）中确定的业主所拥有使用权（或所有权）的场所或建筑物。各种产生噪声的固定设备、设施的边界为其实际占地的边界。

4. 倍频带声压级

采用符合 GB/T 3241 规定的倍频程滤波器所测量的频带声压级，其测量带宽和中心频率成正比。室内噪声频谱分析倍频带中心频率为 31.5 Hz、63 Hz、125 Hz、50 Hz、500 Hz，其覆盖频率范围为 22～707 Hz。

三、实验原理

在噪声排放源边界进行噪声监测时，可运用声级计测量选定测点的 A 声级，根据不同时段噪声排放限值对噪声污染水平评价。

当噪声排放源位于噪声敏感建筑物内时，也可根据需要进行倍频带声压级的测量。测量时，将符合 GB/T 3241 和 IEC 1260 对 2 级滤波器要求的倍频程滤波器安装在声级计上。打开声级计电源，声级计同时给滤波器供电，当滤波器接入声级计测量电路中并正确显示开机信息后，可以开始进行测量。如果声级计频率计权开关置于"L"（线性），则声级计指示的是不经频率计权而经过滤波的声压级。如频率计权开关置于"A"或"C"，则声级计指示的是先经频率计权再经过滤波的声压级。

四、测量方法

1．测量仪器

测量仪器为积分平均声级计或环境噪声自动监测仪，其性能应不低于 GB 3785 和 GB/T 17181 对 II 型仪器的要求。测量 35 dB 以下的噪声应使用 I 型声级计，且测量范围应满足所测量噪声的需要。校准所用仪器应符合 GB/T 17173 对 1 级或 2 级声校准器的要求。当需要进行噪声的频谱分析时，仪器性能应符合 GB/T 3241 中对滤波器的要求。

测量仪器和校准仪器应定期检定合格，并在有效使用期限内使用；每次测量前、后必须在测量现场进行声学校准，其前、后校准示值偏差不得大于 0.5 dB，否则测量结果无效。

测量时传声器加防风罩。

测量仪器时间计权特性设为"F"挡，采样时间间隔不大于 1 s。

2．测量条件

气象条件：测量应在无雨雪、无雷电天气，风速为 5 m/s 以下时进行。不得不在特殊气象条件下测量时，应采取必要措施保证测量准确性，同时注明当时所采取的措施及气象情况。

测量工况：测量应在被测声源正常工作时间进行，同时注明当时的工况。

3．测点位置

（1）测点布设：

根据社会生活噪声排放源、周围噪声敏感建筑物的布局以及毗邻的区域类别，在社会生活噪声排放源边界布设多个测点，其中包括距离噪声敏感建筑物较近以及受被测声源影响大的位置。

（2）测点位置一般规定：

一般情况下，测点选在社会生活噪声排放源边界外 1 m、高度 1.2 m 以上、距任一反射面距离不小于 1 m 的位置。

（3）测点位置其他规定：

当边界有围墙且周围有受影响的噪声敏感建筑物时，测点应选在边界外 1 m、高于围墙 0.5 m 以上的位置。

当边界无法测量到声源的实际排放状况时（如声源位于高空、边界设有声屏障等），应按前述测点位置一般规定设置测点，同时在受影响的噪声敏感建筑物户外 1 m 处另设测点。

室内噪声测量时，室内测量点位设在距任一反射面至少 0.5 m 以上、距地面 1.2 m 高度处，在受噪声影响方向的窗户开启状态下测量。

社会生活噪声排放源的固定设备结构传声至噪声敏感建筑物室内，在噪声敏感建筑物室内测量时，测点应距任一反射面至少 0.5 m 以上、距地面 1.2 m、距外窗 1 m 以上，窗户关闭状态下测量。被测房间内的其他可能干扰测量的声源（如电视机、空调机、排气扇以及镇流器较响的日光灯、运转时出声的时钟等）应关闭。

（4）测量时段：

分别在昼间、夜间两个时段测量。夜间有频发、偶发噪声影响时同时测量最大声级。

被测声源是稳态噪声，采用 1 min 的等效声级。

被测声源是非稳态噪声，测量被测声源有代表性时段的等效声级，必要时测量被测声源整个正常工作时段的等效声级。

（5）背景噪声测量：

测量环境：不受被测声源影响且其他声环境与测量被测声源时保持一致。

测量时段：与被测声源测量的时间长度相同。

五、测量记录及结果修正

1．测量记录

噪声测量时需做测量记录。记录内容应主要包括：被测量单位名称、地址、边界所处声环境功能区类别、测量时气象条件、测量仪器、校准仪器、测点位置、测量时间、测量时段、仪器校准值（测前、测后）、主要声源、测量工况、示意图（边界、声源、噪声敏感建筑物、测点位置等）、噪声测量值、背景值、测量人员、校对人、审核人等相关信息。

（1）在社会生活噪声排放源边界进行噪声监测时，测量记录记入表 4-29-1。

（2）当社会生活噪声排放源位于噪声敏感建筑物内时，测量记录记入表 4-29-2。如需进行倍频带声压级测量时，将测量记录记入表 4-29-3。

表 4-29-1 社会生活噪声测量记录表

班级：_____ 实验组号：_____ 实验组成员：_____
监测仪器（型号、编号）：_____ 声校准器（型号、编号）：_____
监测前校准值（dB）：_____ 监测后校准值（dB）：_____ 气象条件：_____

测点编号	功能区类别	测量时间	测量时段	主要声源	测量工况	测量值	背景值

负责人：_____ 审核人：_____ 测试人员：_____ 监测日期：_____

表 4-29-2　结构传播固定设备室内噪声测量记录表

班级：_____　实验组号：_____　实验组成员：_____

监测仪器（型号、编号）：_____　声校准器（型号、编号）：_____

监测前校准值（dB）：_____　监测后校准值（dB）：_____　气象条件：_____

测点编号	功能区类别	测量时间	测量时段	主要声源	房间类别	测量值	背景值

负责人：　　　　审核人：　　　　测试人员：　　　　监测日期：

说明：房间类别分为 A 类和 B 类。A 类房间指以睡眠为主要目的，需要保证夜间安静的房间，包括住宅卧室、医院病房、宾馆客房等；B 类房间指主要在间间使用，需要保证思考与精神集中、正常讲话不被干扰的房间，包括学校教室、会议室、办公室、住宅中卧室以外的其他房间等。

表 4-29-3　结构传播固定设备室内噪声倍频带声压级测量记录表

班级：_____　实验组号：_____　实验组成员：_____

监测仪器（型号、编号）：_____　声校准器（型号、编号）：_____

监测前校准值（dB）：_____　监测后校准值（dB）：_____　气象条件：_____

测点编号	功能区类别	测量时间	测量时段	房间类别	在不同倍频带中心频率下的测量值（dB）				
					31.5 Hz	63 Hz	125 Hz	250 Hz	500 Hz

负责人：　　　　审核人：　　　　测试人员：　　　　监测日期：

2. 测量结果修正

噪声测量值与背景噪声值相差大于 10 dB（A）时，噪声测量值不做修正。

噪声测量值与背景噪声值相差在 3～10 dB（A）时，噪声测量值与背景噪声值的差值取整后，按表 4-29-4 进行修正。

表 4-29-4　测量结果修正表　　　　　　　单位：dB（A）

差　值	3	4～5	6～10
修正值	−3	−2	−1

噪声测量值与背景噪声值相差小于 3 dB（A）时，应采取措施降低背景噪声后，视情况按上两项执行；仍无法满足前两款要求的，应按环境噪声监测技术规范的有关规定

执行。

3．噪声监测结果的评价

各个测点的测量结果应单独评价。同一测点每天的测量结果按昼间、夜间进行评价。最大声级 L_{max} 直接评价。

（1）社会生活噪声排放源边界噪声监测结果按表 4-29-5 中的限值进行评价。

表 4-29-5 社会生产噪声排放源边界噪声排放限值表 单位：dB（A）

边界外声环境功能区类别	时 段	
	昼间	夜间
0	50	40
1	55	45
2	60	50
3	65	55
4	70	55

在社会生活噪声排放源边界处无法进行噪声测量或测量的结果不能如实反映其对噪声敏感建筑物的影响程度的情况下，噪声测量应在可能受影响的敏感建筑物窗外 1 m 处进行。

当社会生活噪声排放源边界与噪声敏感建筑物距离小于 1 m 时，应在噪声敏感建筑物的室内测量，并将表中相应的限值减 10 dB（A）作为评价依据。

（2）结构传播固定设备室内噪声测量结果按表 4-29-6 中的限值进行评价。

表 4-29-6 结构传播固定设备室内噪声排放限值表 单位：dB（A）

噪声敏感建筑物声环境所处功能区类别	A 类房间		B 类房间	
	昼间	夜间	昼间	夜间
0	40	30	40	30
1	40	30	45	35
2、3、4	45	35	50	40

（3）结构传播固定设备室内噪声倍频带声压级测量结果按表 4-29-7 中的限值进行评价。

表 4-29-7　结构传播固定设备室内噪声排放限值表（倍频带声压级）　　　单位：dB（A）

噪声敏感建筑所处声环境功能区类别	时段	房间类型	室内噪声倍频带声压级限值				
			31.5 Hz	63 Hz	125 Hz	250 Hz	500 Hz
0	昼间	A、B 类房间	76	59	48	39	34
	夜间	A、B 类房间	69	51	39	30	24
1	昼间	A 类房间	76	59	48	39	34
		B 类房间	79	63	52	44	38
	夜间	A 类房间	69	51	39	30	24
		B 类房间	72	55	43	35	29
2、3、4	昼间	A 类房间	79	63	52	44	38
		B 类房间	82	67	56	49	43
	夜间	A 类房间	72	55	43	35	29
		B 类房间	76	59	48	39	34

对于在噪声测量期间发生非稳态噪声（如电梯噪声等）的情况，最大声级超过限值的幅度不得高于 10 dB（A）。

六、思考题

1. 什么是噪声敏感建筑物？什么是社会生活噪声？
2. 针对敏感建筑物，什么情况下需要进行倍频带声压级测定？
3. 什么是倍频带声压级？进行倍频带声压级监测的目的是什么？

实验三十　污水生物处理中生物相的观察

一、实验目的

1. 掌握光学显微镜的结构、原理，学习显微镜的操作方法和保养。
2. 观察活性污泥中原、后生动物个体形态，并绘制生物图。

二、实验原理

微生物的最显著特点是个体微小，必须借助显微镜才能观察到它们的个体形态和细胞结构。熟悉显微镜和掌握其操作技术是研究微生物不可缺少的手段。本实验将介绍目前微生物学研究中最常用的普通光学显微镜的结构和样品制作。通过该实验使同学们对光学显微镜有比较全面的了解，并能够辨识污水生物处理中各阶段主要指示性生物。

（一）显微镜的机械装置（图 4-30-1）

1．镜筒：镜筒上端装目镜，下端接转换器。镜筒有单筒和双筒两种。单筒有直立式（长度为 160 mm）和后倾斜式（倾斜 45°）。双筒全是倾斜式的，其中一个筒有屈光度调节装置，以备两眼视力不同者调节使用。两筒之间可调距离，以适应两眼宽度不同者调节使用。

2．转换器：转换器装在镜筒的下方，其上有 3 个孔，有的有 4 个或 5 个孔。不同规格的物镜分别安装在各孔上。

3．载物台：载物台是放置标本的平台，中央有一圆孔。使下面的光线可以通过。两旁有弹簧夹，用以固定标本或载玻片。有的载物台上装有自动推物器。

4．镜臂：镜臂支撑镜筒、载物台、聚光器和调节器。镜臂有固定式和活动式（可改变倾斜度）两种。

5．调节器：镜臂上有两个螺旋，大的叫粗调节器，小的叫细调节器，用以升降镜筒。调节接物镜与所需观察的物体之间的距离。

6．集光器：集光器在载物台的下面，用来集合由反光镜反射来的光线。集光器可以上下调整，中央装有光圈，用以调节光线的强弱。当光线过强时，应缩小光圈或把集光器向下移动。

7．反光镜：反光镜装在显微镜的最下方，有平凹两面，可自由转动方向，以反射光线至集光器。现在新型的显微镜去除了反光镜而在底座安置一个电光源。

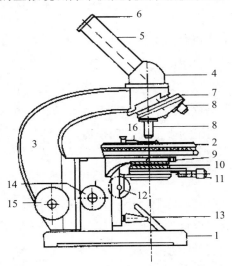

1—镜座；2—载物台；3—镜臂；4—棱镜套；5—镜筒；6—目镜；7—转换器；8—物镜；9—聚光器；
10—彩虹光圈；11—光圈固定器；12—聚光器升降螺旋；13—反光镜；14—细调节器；15—粗调节器；16—标本夹

图 4-30-1　显微镜构造示意

（二）显微镜使用和保护的方法

1．低倍镜的使用法

（1）置显微镜于固定的桌面上。

（2）拨动转换器，把低倍镜移到镜筒正下方，和镜筒连接、对齐。

（3）拨动反光镜向着光线的来源处。同时用眼对准接目镜（选用适当放大倍数的目镜）仔细观察，使视野完全成为白色，这是光线已经通到镜里的表示。

（4）把载玻片放到载物台上，要观察的标本放到圆孔的正中央。

（5）用粗调节器将载物台向上移动．同时眼睛注视接物镜，以防物镜和载玻片相碰。当物镜的尖端距载玻片约 0.5 cm 时即停止旋转。

（6）用粗调节器将载物台向下移动，同时左眼向目镜里观察。如标本显出．但不十分清楚，转用细调节器调节，至标本完全清晰为止。

（7）假如因旋转粗调节器太快，致使超过焦点，标本不能出现时，不应在眼睛注视目镜的同时用粗调节器把载物台向上移动，必须从第（5）步作起，以防使物镜与载坡片碰触而损坏镜头。

（8）在观察时，最好两眼都能同时睁开。用左眼看显微镜，右眼看桌上纸张。这样可以在观察生物的同时进行物像的绘制。

2．高倍镜的使用法

（1）使用高倍镜以前，先用低倍镜检查、确认所要观察对象。再把要观察的标本放到视野正中。

（2）拨动转换器使高倍和低倍两镜头互相对换。当高倍镜移动到载玻片时，往往镜头十分靠近载玻片。这时必须注意是否因高倍镜靠近的缘故而使载玻片也随着移动。如果载玻片有移动的现象，则应立刻停止推动转换器，把高倍镜退回原处，再按照使用低倍镜的方法，校正标本的位置，然后旋动调节器，使镜筒稍微向上，再对换高倍镜。

（3）当高倍镜已被推到镜筒下面时，向镜内观察所显现的标本，往往不很清楚，这时可旋转细调节器，上下微调至物像清晰。

3．油镜的使用法

（1）如用高倍镜放大观察，倍数还不够，则须采用油镜。用油镜以前，先用高倍镜检查，把要观察的标本放到视野正中。

（2）用油镜时，在载玻片上加一滴镜油（香柏油），然后拨动转换器对换高倍镜和油镜，使油镜头尖端和油接触，而后向目镜观察。假如不清晰，可微调细调节器．但切记不要用粗调节器。

（3）用过油镜后，必须用擦镜纸或软绸将载玻片和油镜所粘着的油拭净。必要时，可略蘸二甲苯少许，擦拭镜头．最后用擦镜纸或软绸擦干。

4．显微镜的保护法

（1）显微镜应放置在干燥的地方，使用时须避免强烈的日光照射。

（2）物镜或目镜不清洁时，应当用擦镜纸或软绸擦拭。

（3）用完显微镜后，应当立即放到镜匣中。

三、实验器材

1．光学显微镜、载玻片、盖玻片、擦镜纸。

2．污水生物处理系统泥水混合液、微生物标本。

四、实验试剂

香柏油或液体石蜡、二甲苯。

五、实验步骤

1．微生物玻片制备：从污水处理系统中取混合均匀的泥水混合溶液置于烧杯中待用，用胶头滴管取上述混合均匀的溶液滴一小滴至载玻片，然后扣好盖玻片，如盖玻片四周有外溢的水溶液则用吸水纸缓缓将其吸去。

2．低倍镜观察：观察标本时须先用低倍镜观察，因为低倍镜视野较大，较容易发现目标，将观察标本处于物镜正下方，使接物镜降至距标本约 0.5 cm 处，然后用粗调节器慢慢升起镜筒，至物像出现后再用细调节器调节到物像清楚为止，然后移动标本，将所需观察标本部位移到视野中心，切用高倍镜继续观察。

3．高倍镜观察：用高倍镜观察对应先调节好光圈，使光线呈适宜的明亮度，用低倍镜的同样方法，调节出清楚物像，找到理想的部位，移至视野中心观察。

4．油镜观察：在观察前先用高倍镜检查，将标本移到视野中央；然后换成油镜，在油镜下方标本玻镜片上滴 1 滴镜油，从侧方注视，使镜头尖端和油镜接触，注意不要压在玻片上；然后从目镜观察，用粗调节器将镜筒徐徐上升，视野出现物像时；再用细调节器，调至清晰。油镜用完后，必须用擦镜纸将油镜头和标本玻片所粘着的油拭净，必要时用二甲苯擦拭镜头。

5．用油镜观察各类菌种涂片，按照油镜的使用要求，观察标本的形态、结构并绘图。

六、结果与讨论

记录描述原生动物和后生动物种类、名称、数量。将观察到的生物样本的形态、特点绘制下来。

七、思考题

1. 使用高倍镜时，应当注意哪些问题？
2. 油镜用完后为何要用二甲苯擦拭镜头？
3. 生物相观察与污水处理系统运行控制有什么关系？
4. 生物相观察与污水处理系统运行控制有什么关系？
5. 活性污泥净化性能良好时会出现哪些微生物？
6. 活性污泥净化性能恶化时会出现哪些生物？

附注 生物相与水处理的关系

在污水处理过程中，微生物和它所处的处理系统的环境条件（如温度、酸碱度、营养物质、毒物浓度和溶解氧等）是相适应的，在处理系统环境条件发生变化时，微生物的种类、数量及其活性也会随之发生相应的变化。曝气池活性污泥中优势种属是纤毛类，沉淀池中优势种属为颤藻类和毛枝藻。根据原、后生动物的生物特征及其在不同环境条件下的种属、数量、活性等表现，通过其组成和数量的分析，可以迅速为活性污泥工艺提供有益的指示信息，从而指导污水厂的生产运行。

1. 指示活性污泥性状

（1）污泥恶化

活性污泥絮凝体较小，往往在 0.1～0.2 mm 以下。主要出现的优势原生动物：豆形虫属、肾形虫属、草履虫属、瞬目虫属、波豆虫属、尾滴虫属、滴虫属等。这些都属于快速游泳型的种属。污泥严重恶化时，微型动物几乎不出现，细菌大量分散，活性污泥的凝聚、沉降能力下降，处理能力变差。

（2）污泥结构松散、转差

常可发现游动型纤毛虫大量的增加，出水混浊、处理效果较差，此时变形虫及鞭毛虫类原生动物的数量会大大增加。

（3）污泥解体

活性污泥絮凝体细小，有些似针状分散，出水混浊并呈现白色。主要的优势原生动物有：变形虫属、简便虫属等肉足类。

（4）污泥膨胀

活性污泥沉降性能差，SVI 值高。这种情况下污泥中常常出现球衣菌属、发硫菌属、诺卡氏菌属、各种霉菌等丝状微生物异常增长的生物相。由于丝状菌的大量生长，出现能摄食丝状菌的裸口目旋毛科、全毛类原生动物及拟轮毛虫等。

332

（5）从恶化恢复到正常

在活性污泥出现恶化的情况时，通过调整运行环境，出现漫游虫属、斜叶虫属、管叶虫属等生物，这些都属于慢速游泳或匍匐行进的生物，则表明活性污泥开始从恶化恢复到正常状态。当活性污泥中的累枝虫、木盾纤虫、裂口虫、钟虫的数量呈增长趋势时，出水水质明显变好，出水 BOD_5 值下降，出水悬浮物浓度也随之下降。

（6）污泥良好

活性污泥易成絮体，活性高，沉降性能好。这阶段的优势原生动物为：钟虫属、累枝虫属、盖虫属、有肋盾纤虫属、独缩虫属、各种吸管虫类、轮虫类、寡毛类等这些均属于固着性种属或者匍匐性种属的生物。

2．指示操作环境

（1）优势种属

①高负荷、曝气量相对不足时，小鞭毛虫占优势。

②过分曝气溶解氧超过 5 mg/L，则出现肉足类及轮虫类生物。

③非常高的负荷或存在难降解的物质时，出现小的裸变形虫和鞭毛虫类生物。

④有机负荷很低时，能观察到游仆虫属、旋口虫属、表壳虫属、鳞壳虫属及轮虫等优势生物；这种生物多，标志着硝化正在进行。

⑤过短的水力停留时间，则易造成小的游泳型纤毛虫占优势。

⑥溶解氧不足时，以贝日阿托氏菌属、扭头虫属、新态虫属等类生物为主，活性污泥呈黑色，并散发出腐败的臭味。

⑦运行环境良好，处理效果好时，匍匐性和固着性纤毛虫或有壳变形虫会大量出现。

⑧进入有毒物质时，由于木盾纤虫属对毒物影响非常敏感，会急剧减少；此外原生动物及轮虫类微型动物比细菌对毒物更为敏感，所以原生动物和轮虫等后生动物也会减少。

（2）形态变化

在一定条件下，原生动物能分泌胶质并形成膜将虫体包围起来，形成孢囊。大多数孢囊用以保护虫体免受不利的环境因素（如温度不适，pH 值变化，食料短缺等）的影响。待环境转好时，虫体能恢复活力，脱孢而出。同样，鞭毛虫的鞭毛在条件不利时鞭毛消失，条件适宜时又重新生出，以此可对水质状况进行判断。

例如，当曝气池中溶解氧降低到 1 mg/L 以下时，钟虫生活不正常，体内伸缩泡会胀得很大，顶端突进一个气泡，虫体很快会死亡。

当 pH 值突然发生变化超过正常范围，钟虫表现为不活跃，纤毛环停止摆动，虫体收缩成团。所以虽然观察到钟虫数量较大，但虫体萎靡或变形时，则反映出细菌的活力在衰退，污水处理效果有变差的趋势。

（3）生殖方式

原生动物的生殖方式有无性生殖和有性生殖。

无性生殖即简单的细胞分裂，细胞核和原生质一分为二。在营养、温度、氧等环境条件良好的场合，原生动物就进行连续的无性生殖。

当出现有性生殖（接合生殖）时，往往预示环境条件变差或种群已处于衰老期。

3．几种常见指示性生物

40 倍光学显微镜下菌胶团

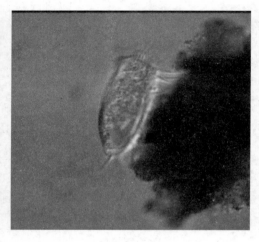

游仆虫

（有机负荷很低，出现硝化作用时能观察到）

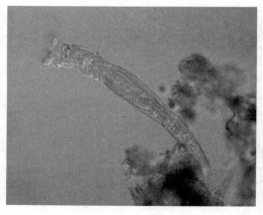

轮虫

（污水处理效果好的指示生物）

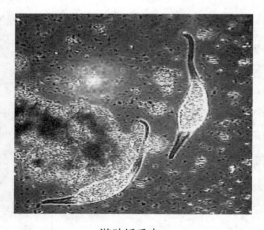

游动纤毛虫

（表征污泥结构松散，净化效果差，出水混浊）

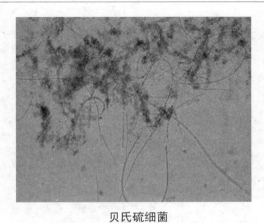

贝氏硫细菌

（表征水中溶解氧不足，过多可引起污泥膨胀）

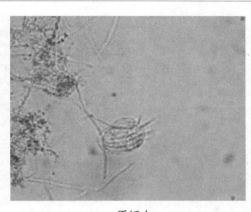

盾纤虫

（表征污水中混入有毒物质与否）

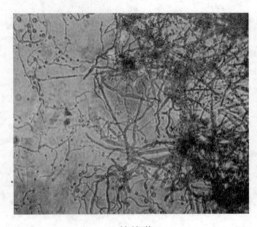

放线菌

（大量出现可引起发泡）

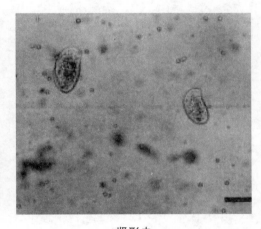

肾形虫

（表征污泥恶化）

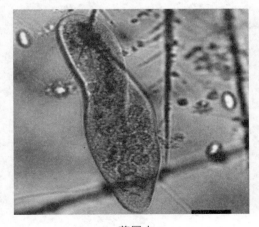

草履虫

（大量出现表示污泥恶化）

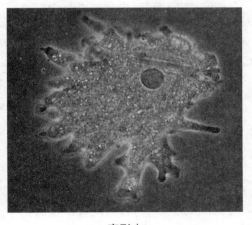

变形虫

（大量出现表征污泥结构松散、转差甚至解体）

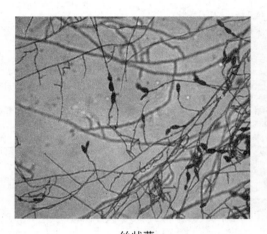

丝状菌

（大量出现会导致污泥膨胀）

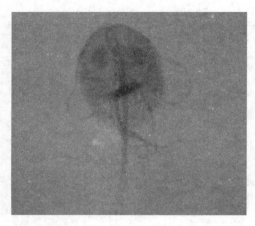

鞭毛虫

（大量出现表征污泥结构松散、转差）

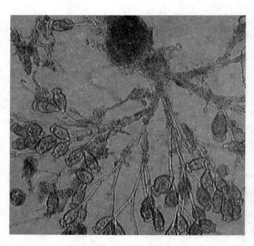

累枝虫

（出水水质好，污泥驯化佳）

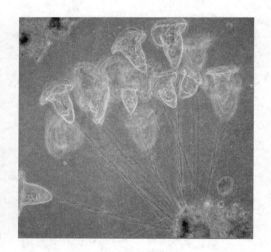

钟虫

（出现并增加表示水质变好）

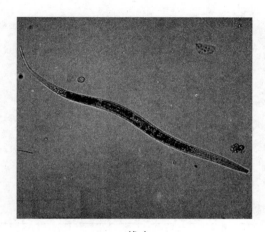

线虫

（污水进化程度较差的指示生物）

漫游虫

（预示出水较差）

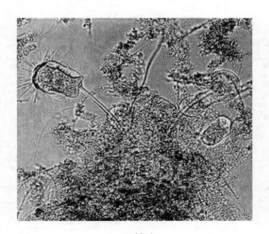

吸管虫

（出水水质好，污泥驯化佳）

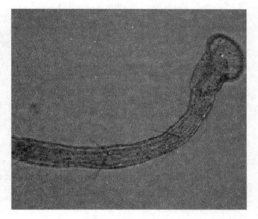

寡毛虫

（出现表征系统内 BOD 负荷过低）

附　录

附录一　生活饮用水卫生标准（GB 5749—2006）（摘录）

表 1　水质常规指标及限值

指　标	限　值
1. 微生物指标 [a]	
总大肠菌群/（MPN/100 mL 或 CFU/100 mL）	不得检出
耐热大肠菌群/（MPN/100 mL 或 CFU/100 mL）	不得检出
大肠埃希氏菌/（MPN/100 mL 或 CFU/100 mL）	不得检出
菌落总数/（CFU/mL）	100
2. 毒理指标	
砷/（mg/L）	0.01
镉/（mg/L）	0.005
铬（六价）/（mg/L）	0.05
铅/（mg/L）	0.01
汞/（mg/L）	0.001
硒/（mg/L）	0.01
氰化物/（mg/L）	0.05
氟化物/（mg/L）	1.0
硝酸盐（以 N 计）/（mg/L）	10 地下水源限制时为 20
三氯甲烷/（mg/L）	0.06
四氯化碳/（mg/L）	0.002
溴酸盐（使用臭氧时）/（mg/L）	0.01
甲醛（使用臭氧时）/（mg/L）	0.9
亚氯酸盐（使用二氧化氯消毒时）/（mg/L）	0.7
氯酸盐（使用复合二氧化氯消毒时）/（mg/L）	0.7

指　标	限　值
3. 感官性状和一般化学指标	
色度（铂钴色度单位）	15
浑浊度/（NTU）	1 水源与净水技术条件限制时为 3
臭和味	无异臭、异味
肉眼可见物	无
pH（量纲一）	不小于 6.5 且不大于 8.5
铝/（mg/L）	0.2
铁/（mg/L）	0.3
锰/（mg/L）	0.1
铜/（mg/L）	1.0
锌/（mg/L）	1.0
氯化物/（mg/L）	250
硫酸盐/（mg/L）	250
溶解性总固体/（mg/L）	1000
总硬度（以 $CaCO_3$ 计）/（mg/L）	450
耗氧量（COD_{Mn} 法，以 O_2 计）/（mg/L）	3 水源限制，原水耗氧量＞6 mg/L 时为 5
挥发酚类（以苯酚计）/（mg/L）	0.002
阴离子合成洗涤剂/（mg/L）	0.3
4. 放射性指标 [b]	指导值
总 α 放射性/（Bq/L）	0.5
总 β 放射性/（Bq/L）	1

[a] MPN 表示最可能数；CFU 表示菌落形成单位。当水样检出总大肠菌群时，应进一步检验大肠埃希氏菌或耐热大肠菌群；水样未检出总大肠菌群，不必检验大肠埃希氏菌或耐热大肠菌群。

[b] 放射性指标超过指导值，应进行核素分析和评价，判定能否饮用。

表 2　饮用水中消毒剂常规指标及要求

消毒剂名称	与水接触时间/ min	出厂水中限值/ （mg/L）	出厂水中余量/ （mg/L）	管网末梢水中余量/ （mg/L）
氯气及游离氯制剂（游离氯）	至少 30	4	≥0.3	≥0.05
一氯胺（总氯）	至少 120	3	≥0.5	≥0.05
臭氧（O_3）	至少 12	0.3		0.02 如加氯，总氯≥0.05
二氧化氯（ClO_2）	至少 30	0.8	≥0.1	≥0.02

表3 水质非常规指标及限值

指　　标	限　值
1. 微生物指标	
贾第鞭毛虫/（个/10 L）	<1
隐孢子虫/（个/10 L）	<1
2. 毒理指标	
锑/（mg/L）	0.005
钡/（mg/L）	0.7
铍/（mg/L）	0.002
硼/（mg/L）	0.5
钼/（mg/L）	0.07
镍/（mg/L）	0.02
银/（mg/L）	0.05
铊/（mg/L）	0.000 1
氯化氰（以 CN⁻计）/（mg/L）	0.07
一氯二溴甲烷/（mg/L）	0.1
二氯一溴甲烷/（mg/L）	0.06
二氯乙酸/（mg/L）	0.05
1,2-二氯乙烷/（mg/L）	0.03
二氯甲烷/（mg/L）	0.02
三卤甲烷（三氯甲烷、一氯二溴甲烷、二氯一溴甲烷、三溴甲烷的总和）	该类化合物中各种化合物的实测浓度与其各自限值的比值之和不超过 1
1,1,1-三氯乙烷/（mg/L）	2
三氯乙酸/（mg/L）	0.1
三氯乙醛/（mg/L）	0.01
2,4,6-三氯酚/（mg/L）	0.2
三溴甲烷/（mg/L）	0.1
七氯/（mg/L）	0.000 4
马拉硫磷/（mg/L）	0.25
五氯酚/（mg/L）	0.009
六六六（总量）/（mg/L）	0.005
六氯苯/（mg/L）	0.001
乐果/（mg/L）	0.08
对硫磷/（mg/L）	0.003
灭草松/（mg/L）	0.3
甲基对硫磷/（mg/L）	0.02
百菌清/（mg/L）	0.01

指　标	限　值
呋喃丹/（mg/L）	0.007
林丹/（mg/L）	0.002
毒死蜱/（mg/L）	0.03
草甘膦/（mg/L）	0.7
敌敌畏/（mg/L）	0.001
莠去津/（mg/L）	0.002
溴氰菊酯/（mg/L）	0.02
2,4-滴/（mg/L）	0.03
滴滴涕/（mg/L）	0.001
乙苯/（mg/L）	0.3
二甲苯/（mg/L）	0.5
1,1-二氯乙烯/（mg/L）	0.03
1,2-二氯乙烯/（mg/L）	0.05
1,2-二氯苯/（mg/L）	1
1,4-二氯苯/（mg/L）	0.3
三氯乙烯/（mg/L）	0.07
三氯苯（总量）/（mg/L）	0.02
六氯丁二烯/（mg/L）	0.000 6
丙烯酰胺/（mg/L）	0.000 5
四氯乙烯/（mg/L）	0.04
甲苯/（mg/L）	0.7
邻苯二甲酸二（2-乙基己基）酯/（mg/L）	0.008
环氧氯丙烷/（mg/L）	0.000 4
苯/（mg/L）	0.01
苯乙烯/（mg/L）	0.02
苯并[a]芘/（mg/L）	0.000 01
氯乙烯/（mg/L）	0.005
氯苯/（mg/L）	0.3
微囊藻毒素-LR/（mg/L）	0.001
3. 感官性状和一般化学指标	
氨氮（以 N 计）/（mg/L）	0.5
硫化物/（mg/L）	0.02
钠/（mg/L）	200

表 4 农村小型集中式供水和分散式供水部分水质指标及限值

指　　标	限　　值
1. 微生物指标	
菌落总数/（CFU/mL）	500
2. 毒理指标	
砷/（mg/L）	0.05
氟化物/（mg/L）	1.2
硝酸盐（以 N 计）/（mg/L）	20
3. 感官性状和一般化学指标	
色度（铂钴色度单位）	20
浑浊度（NTU-散射浊度单位）	3 水源与净水技术条件限制时为 5
pH	不小于 6.5 且不大于 9.5
溶解性总固体/（mg/L）	1 500
总硬度（以 $CaCO_3$ 计）/（mg/L）	550
耗氧量（COD_{Mn} 法，以 O_2 计）/（mg/L）	5
铁/（mg/L）	0.5
锰/（mg/L）	0.3
氯化物/（mg/L）	300
硫酸盐/（mg/L）	300

表 A.1 生活饮用水水质参考指标及限值（附录 A）

指　标	限　值
肠球菌/（CFU/100 mL）	0
产气荚膜梭状芽孢杆菌/（CFU/100 mL）	0
二（2-乙基己基）己二酸酯/（mg/L）	0.4
二溴乙烯/（mg/L）	0.000 05
二噁英（2,3,7,8-TCDD）/（mg/L）	0.000 000 03
土臭素（二甲基萘烷醇）/（mg/L）	0.000 01
五氯丙烷/（mg/L）	0.03
双酚 A/（mg/L）	0.01
丙烯腈/（mg/L）	0.1
丙烯酸/（mg/L）	0.5
丙烯醛/（mg/L）	0.1
四乙基铅/（mg/L）	0.000 1
戊二醛/（mg/L）	0.07
甲基异莰醇-2/（mg/L）	0.000 01
石油类（总量）/（mg/L）	0.3
石棉（＞10 μm）/（万/L）	700
亚硝酸盐/（mg/L）	1
多环芳烃（总量）/（mg/L）	0.002
多氯联苯（总量）/（mg/L）	0.000 5
邻苯二甲酸二乙酯/（mg/L）	0.3
邻苯二甲酸二丁酯/（mg/L）	0.003
环烷酸/（mg/L）	1.0
苯甲醚/（mg/L）	0.05
总有机碳（TOC）/（mg/L）	5
萘酚-β/（mg/L）	0.4
黄原酸丁酯/（mg/L）	0.001
氯化乙基汞/（mg/L）	0.000 1
硝基苯/（mg/L）	0.017

附录二 生活杂用水水质标准（CJ/T 48—1999）（摘录）

项目	厕所便器冲洗，城市绿化	洗车，扫除
浊度/度	10	5
溶解性固体/（mg/L）	1 200	1 000
悬浮性固体/（mg/L）	10	5
色度/度	30	30
臭	无不快感觉	无不快感觉
pH	6.5～9.0	6.5～9.0
BOD_5/（mg/L）	10	10
COD_{Cr}/（mg/L）	50	50
氨氮（以 N 计）/（mg/L）	20	10
总硬度（以 $CaCO_3$ 计）/（mg/L）	450	450
氯化物/（mg/L）	350	300
阴离子合成洗涤剂/（mg/L）	1.0	0.5
铁/（mg/L）	0.4	0.4
锰/（mg/L）	0.1	0.1
游离余氯/（mg/L）	管网末端水不小于 0.2	
总大肠菌群/（个/L）	3	3

附录三　地表水环境质量标准（GB 3838—2002）（摘录）

表 1　地表水环境质量标准基本项目标准限值　　　　　　　　单位：mg/L

序号	项目		I 类	II 类	III 类	IV 类	V 类
1	水温/℃		人为造成的环境水温变化应限制在： 周平均最大温升≤1 周平均最大温降≤2				
2	pH（量纲一）		6~9				
3	溶解氧	≥	饱和率90% （或7.5）	6	5	3	2
4	高锰酸盐指数	≤	2	4	6	10	
5	化学需氧量（COD）	≤	15	15	20	30	
6	五日生化需氧量（BOD$_5$）	≤	3	3	4	6	
7	氨氮（NH$_3$-N）		0.15	0.5	1.0		
8	总磷（以P计）			0.1（湖、库	0.2（湖		
9	总氮（湖、库，以N计						
10	铜						
11	锌						
12	氟化物（以F$^-$计						
13	硒						
14	砷						
15	汞						
16	镉						
17	铬（六价						
18	铅						

表 2 集中式生活饮用水地表水源地补充项目标准限值　　单位：mg/L

序　号	项　　目	标准值
1	硫酸盐（以 SO_4^{2-} 计）	250
2	氯化物（以 Cl^- 计）	250
3	硝酸盐（以 N 计）	10
4	铁	0.3
5	锰	0.1

表 3 集中式生活饮用水地表水源地特定项目标准限值　　单位：mg/L

序号	项　　目	标准值	序号	项　　目	标准值
1	三氯甲烷	0.06	41	丙烯酰胺	0.000 5
	四氯化碳	0.002	42	丙烯腈	0.1
	三溴甲烷	0.1	43	邻苯二甲酸二丁酯	0.003
		0.02		邻苯二甲酸二（基己基）酯	0.008
				水合肼	0.01
				乙基铅	0.000 1
					0.2
					0.2
					0.5
					0.005
					0.01
					001

序号	项 目	标准值	序号	项 目	标准值
19	苯	0.01	59	敌敌畏	0.05
20	甲苯	0.7	60	敌百虫	0.05
21	乙苯	0.3	61	内吸磷	0.03
22	二甲苯[①]	0.5	62	百菌清	0.01
23	异丙苯	0.25	63	甲萘威	0.05
24	氯苯	0.3	64	溴氰菊酯	0.02
25	1,2-二氯苯	1.0	65	阿特拉津	0.003
26	1,4-二氯苯	0.3	66	苯并[a]芘	2.8×10^{-6}
27	三氯苯[②]	0.02	67	甲基汞	1.0×10^{-6}
28	四氯苯[③]	0.02	68	多氯联苯[⑥]	2.0×10^{-5}
29	六氯苯	0.05	69	微囊藻毒素-LR	0.001
30	硝基苯	0.017	70	黄磷	0.003
31	二硝基苯[④]	0.5	71	钼	0.07
32	2,4-二硝基甲苯	0.000 3	72	钴	1.0
33	2,4,6-三硝基甲苯	0.5	73	铍	0.002
34	硝基氯苯[⑤]	0.05	74	硼	0.5
35	2,4-二硝基氯苯	0.5	75	锑	0.005
36	2,4-二氯苯酚	0.093	76	镍	0.02
37	2,4,6-三氯苯酚	0.2	77	钡	0.7
38	五氯酚	0.009	78	钒	0.05
39	苯胺	0.1	79	钛	0.1
40	联苯胺	0.000 2	80	铊	0.000 1

注：①二甲苯：指对-二甲苯、间-二甲苯、邻-二甲苯。
②三氯苯：指1,2,3-三氯苯、1,2,4-三氯苯、1,3,5-三氯苯。
③四氯苯：指1,2,3,4-四氯苯、1,2,3,5-四氯苯、1,2,4,5-四氯苯。
④二硝基苯：指对-二硝基苯、间-二硝基苯、邻-二硝基苯。
⑤硝基氯苯：指对-硝基氯苯、间-硝基氯苯、邻-硝基氯苯。
⑥多氯联苯：指PCB-1016、PCB-1221、PCB-1232、PCB-1242、PCB-1248、PCB-1254、PCB-1260。

附录四　地下水质量标准（GB/T 14848—93）（摘录）

依据我国地下水水质现状、人体健康基准值及地下水质量保护目标，并参照了生活饮用水、工业用水水质要求，将地下水质量划分为五类。

Ⅰ类　主要反映地下水化学组分的天然低背景含量。适用于各种用途。

Ⅱ类　主要反映地下水化学组分的天然背景含量。适用于各种用途。

Ⅲ类　以人体健康基准值为依据。主要适用于集中式生活饮用水水源及工、农业用水。

Ⅳ类　以农业和工业用水要求为依据。除适用于农业和部分工业用水外，适当处理后可作生活饮水。

Ⅴ类　不宜饮用，其他用水可根据使用目的选用。

地下水质量分类指标

项目序号	项目	Ⅰ类	Ⅱ类	Ⅲ类	Ⅳ类	Ⅴ类
1	色/度	≤5	≤5	≤15	≤25	>25
2	嗅和味	无	无	无	无	有
3	浑浊度/度	≤3	≤3	≤3	≤10	>10
4	肉眼可见物	无	无	无	无	有
5	pH	6.5～8.5			5.5～6.5，8.5～9	<5.5，>9
6	总硬度（以 $CaCO_3$ 计）/(mg/L)	≤150	≤300	≤450	≤550	>550
7	溶解性总固体/（mg/L）	≤300	≤500	≤1 000	≤2 000	>2 000
8	硫酸盐/（mg/L）	≤50	≤150	≤250	≤350	>350
9	氯化物/（mg/L）	≤50	≤150	≤250	≤350	>350
10	铁（Fe）/（mg/L）	≤0.1	≤0.2	≤0.3	≤1.5	>1.5
11	锰（Mn）/（mg/L）	≤0.05	≤0.05	≤0.1	≤1.0	>1.0
12	铜（Cu）/（mg/L）	≤0.01	≤0.05	≤1.0	≤1.5	>1.5
13	锌（Zn）/（mg/L）	≤0.05	≤0.5	≤1.0	≤5.0	>5.0
14	钼（Mo）/（mg/L）	≤0.001	≤0.01	≤0.1	≤0.5	>0.5
15	钴（Co）/（mg/L）	≤0.005	≤0.05	≤0.05	≤1.0	>1.0

项目序号	项目	I 类	II 类	III 类	IV 类	V 类
16	挥发性酚类（以苯酚计）/(mg/L)	≤0.001	≤0.001	≤0.002	≤0.01	>0.01
17	阴离子合成洗涤剂/（mg/L）	不得检出	≤0.1	≤0.3	≤0.3	>0.3
18	高锰酸盐指数/（mg/L）	≤1.0	≤2.0	≤3.0	≤10	>10
19	硝酸盐（以 N 计）/（mg/L）	≤2.0	≤5.0	≤20	≤30	>30
20	亚硝酸盐（以 N 计）/（mg/L）	≤0.001	≤0.01	≤0.02	≤0.1	>0.1
21	氨氮（NH_3-N）/（mg/L）	≤0.02	≤0.02	≤0.2	≤0.5	>0.5
22	氟化物/（mg/L）	≤1.0	≤1.0	≤1.0	≤2.0	>2.0
23	碘化物/（mg/L）	≤0.1	≤0.1	≤0.2	≤1.0	>1.0
24	氰化物/（mg/L）	≤0.001	≤0.01	≤0.05	≤0.1	>0.1
25	汞（Hg）/（mg/L）	≤0.000 05	≤0.000 5	≤0.001	≤0.001	>0.001
26	砷（As）/（mg/L）	≤0.005	≤0.01	≤0.05	≤0.05	>0.05
27	硒（Se）/（mg/L）	≤0.01	≤0.01	≤0.01	≤0.1	>0.1
28	镉（Cd）/（mg/L）	≤0.000 1	≤0.001	≤0.01	≤0.01	>0.01
29	铬（六价）（Cr^{6+}）/（mg/L）	≤0.005	≤0.01	≤0.05	≤0.1	>0.1
30	铅（Pb）/（mg/L）	≤0.005	≤0.01	≤0.05	≤0.1	>0.1
31	铍（Be）/（mg/L）	≤0.000 02	≤0.000 1	≤0.000 2	≤0.001	>0.001
32	钡（Ba）/（mg/L）	≤0.01	≤0.1	≤1.0	≤4.0	>4.0
33	镍（Ni）/（mg/L）	≤0.005	≤0.05	≤0.05	≤0.1	>0.1
34	滴滴涕/（μg/L）	不得检出	≤0.005	≤1.0	≤1.0	>1.0
35	六六六/（μg/L）	≤0.005	≤0.05	≤5.0	≤5.0	>5.0
36	总大肠菌群/（个/L）	≤3.0	≤3.0	≤3.0	≤100	>100
37	细菌总数/（个/mL）	≤100	≤100	≤100	≤1 000	>1 000
38	总 α 放射性/（Bq/L）	≤0.1	≤0.1	≤0.1	>0.1	>0.1
39	总 β 放射性/（Bq/L）	≤0.1	≤1.0	≤1.0	>1.0	>1.0

附录五　农田灌溉水质标准（GB 5084—2005）（摘录）

表 1　农田灌溉用水水质基本控制项目标准值

序号	项目类别		作物种类		
			水作	旱作	蔬菜
1	五日生化需氧量/（mg/L）	≤	60	100	40[a]，15[b]
2	化学需氧量/（mg/L）	≤	150	200	100[a]，60[b]
3	悬浮物/（mg/L）	≤	80	100	60[a]，15[b]
4	阴离子表面活性剂/（mg/L）	≤	5	8	5
5	水温/℃	≤	25		
6	pH		5.5～8.5		
7	全盐量/（mg/L）	≤	1 000[c]（非盐碱土地区），2 000[c]（盐碱土地区）		
8	氯化物/（mg/L）	≤	350		
9	硫化物/（mg/L）	≤	1		
10	总汞/（mg/L）	≤	0.001		
11	镉/（mg/L）	≤	0.01		
12	总砷/（mg/L）	≤	0.05	0.1	0.05
13	铬（六价）/（mg/L）	≤	0.1		
14	铅/（mg/L）	≤	0.2		
15	粪大肠菌群数/（个/100 mL）	≤	4 000	4 000	2 000[a]，1 000[b]
16	蛔虫卵数/（个/L）	≤	2		2[a]，1[b]

[a] 加工、烹调及去皮蔬菜。

[b] 生食类蔬菜、瓜类和草本水果。

[c] 具有一定的水利灌排设施，能保证一定的排水和地下水径流条件的地区，或有一定淡水资源能满足冲洗土体中盐分的地区，农田灌溉水质全盐量指标可以适当放宽。

表 2　农田灌溉用水水质选择性控制项目标准值

序 号	项目类别		作物种类		
			水 作	旱 作	蔬 菜
1	铜/（mg/L）	≤	0.5	1	
2	锌/（mg/L）	≤	2		
3	硒/（mg/L）	≤	0.02		
4	氟化物/（mg/L）	≤	2（一般地区），3（高氟区）		
5	氰化物/（mg/L）	≤	0.5		
6	石油类/（mg/L）	≤	5	10	1
7	挥发酚/（mg/L）	≤	1		
8	苯/（mg/L）	≤	2.5		
9	三氯乙醛/（mg/L）	≤	1	0.5	0.5
10	丙烯醛/（mg/L）	≤	0.5		
11	硼/（mg/L）	≤	1[a]（对硼敏感作物），2[b]（对硼耐受性较强的作物），3[c]（对硼耐受性强的作物）		

[a] 对硼敏感作物，如黄瓜、豆类、马铃薯、笋瓜、韭菜、洋葱、柑橘等。

[b] 对硼耐受性较强的作物，如小麦、玉米、青椒、小白菜、葱等。

[c] 对硼耐受性强的作物，如水稻、萝卜、油菜、甘蓝等。

附录六　渔业水质标准（GB 11607—89）（摘录）

单位：mg/L

项目序号	项　目	标　准　值
1	色、臭、味	不得使鱼、虾、贝、藻类带有异色、异臭、异味
2	漂浮物质	水面不得出现明显油膜或浮沫
3	悬浮物质	人为增加的量不得超过 10，而且悬浮物质沉积于底部后，不得对鱼、虾、贝类产生有害的影响
4	pH	淡水 6.5～8.5，海水 7.0～8.5
5	溶解氧	连续 24 h 中，16 h 以上必须大于 5，其余任何时候不得低于 3，对于鲑科鱼类栖息水域冰封期其余任何时候不得低于 4
6	生化需氧量（5 d，20℃）	不超过 5，冰封期不超过 3
7	总大肠菌群	不超过 5 000 个/L（贝类养殖水质不超过 500 个/L）
8	汞	≤0.000 5
9	镉	≤0.005
10	铅	≤0.05
11	铬	≤0.1
12	铜	≤0.01
13	锌	≤0.1
14	镍	≤0.05
15	砷	≤0.05
16	氰化物	≤0.005
17	硫化物	≤0.2
18	氟化物（以 F⁻计）	≤1
19	非离子氨	≤0.02
20	凯氏氮	≤0.05
21	挥发性酚	≤0.005
22	黄磷	≤0.001
23	石油类	≤0.05
24	丙烯腈	≤0.5
25	丙烯醛	≤0.02
26	六六六（丙体）	≤0.002
27	滴滴涕	≤0.001
28	马拉硫磷	≤0.005
29	五氯酚钠	≤0.01
30	乐果	≤0.1
31	甲胺磷	≤1
32	甲基对硫磷	≤0.000 5
33	呋喃丹	≤0.01

附录七 污水综合排放标准（GB 8978—1996）（摘录）

表1 第一类污染物最高允许排放浓度 单位：mg/L

序 号	污染物	最高允许排放浓度
1	总汞	0.05
2	烷基汞	不得检出
3	总镉	0.1
4	总铬	1.5
5	六价铬	0.5
6	总砷	0.5
7	总铅	1.0
8	总镍	1.0
9	苯并[a]芘	0.000 03
10	总铍	0.005
11	总银	0.5
12	总 α 放射性	1 Bq/L
13	总 β 放射性	10 Bq/L

表2 第二类污染物最高允许排放浓度

（1997 年 12 月 31 日之前建设的单位） 单位：mg/L

序号	污染物	适用范围	一级标准	二级标准	三级标准
1	pH	一切排污单位	6~9	6~9	6~9
2	色度（稀释倍数）	染料工业	50	180	—
		其他排污单位	50	80	—
3	悬浮物（SS）	采矿、选矿、选煤工业	100	300	—
		脉金选矿	100	500	—
		边远地区砂金选矿	100	800	—
		城镇二级污水处理厂	20	30	—
		其他排污单位	70	200	400
4	五日生化需氧量（BOD_5）	甘蔗制糖、苎麻脱胶、湿法纤维板工业	30	100	600
		甜菜制糖、酒精、味精、皮革、化纤浆粕工业	30	150	600
		城镇二级污水处理厂	20	30	—
		其他排污单位	30	60	300

序号	污染物	适用范围	一级标准	二级标准	三级标准
5	化学需氧量（COD）	甜菜制糖、焦化、合成脂肪酸、湿法纤维板、染料、洗毛、有机磷农药工业	100	200	1 000
		味精、酒精、医药原料药、生物制药、苎麻脱胶、皮革、化纤浆粕工业	100	300	1 000
		石油化工工业（包括石油炼制）	100	150	500
		城镇二级污水处理厂	60	120	—
		其他排污单位	100	150	500
6	石油类	一切排污单位	10	10	30
7	动植物油	一切排污单位	20	20	100
8	挥发酚	一切排污单位	0.5	0.5	2.0
9	总氰化合物	电影洗片（铁氰化合物）	0.5	5.0	5.0
		其他排污单位	0.5	0.5	1.0
10	硫化物	一切排污单位	1.0	1.0	2.0
11	氨氮	医药原料药、染料、石油化工工业	15	50	—
		其他排污单位	15	25	—
12	氟化物	黄磷工业	10	20	20
		低氟地区（水体含氟量＜0.5 mg/L）	10	20	30
		其他排污单位	10	10	20
13	磷酸盐（以 P 计）	一切排污单位	0.5	1.0	—
14	甲醛	一切排污单位	1.0	2.0	5.0
15	苯胺类	一切排污单位	1.0	2.0	5.0
16	硝基苯类	一切排污单位	2.0	3.0	5.0
17	阴离子表面活性剂（LAS）	合成洗涤剂工业	5.0	15	20
		其他排污单位	5.0	10	20
18	总铜	一切排污单位	0.5	1.0	2.0
19	总锌	一切排污单位	2.0	5.0	5.0
20	总锰	合成脂肪酸工业	2.0	5.0	5.0
		其他排污单位	2.0	2.0	5.0
21	彩色显影剂	电影洗片	2.0	3.0	5.0
22	显影剂及氧化物总量	电影洗片	3.0	6.0	6.0
23	元素磷	一切排污单位	0.1	0.3	0.3
24	有机磷农药（以 P 计）	一切排污单位	不得检出	0.5	0.5
25	粪大肠菌群数	医院*、兽医院及医疗机构含病原体污水	500 个/L	1 000 个/L	5 000 个/L
		传染病、结核病医院污水	100 个/L	500 个/L	1 000 个/L
26	总余氯（采用氯化消毒的医院污水）	医院*、兽医院及医疗机构含病原体污水	＜0.5**	＞3（接触时间≥1 h）	＞2（接触时间≥1 h）
		传染病、结核病医院污水	＜0.5**	＞6.5（接触时间≥1.5 h）	＞5（接触时间≥1.5 h）

注：*指 50 个床位以上的医院。

**加氯消毒后须进行脱氯处理，达到本标准。

表 3 部分行业最高允许排水量

（1997 年 12 月 31 日之前建设的单位）

序号	行业类别			最高允许排水量或最低允许水重复利用率
1	矿山工业	有色金属系统选矿		水重复利用率 75%
		其他矿山工业采矿、选矿、选煤等		水重复利用率 90%（选煤）
		脉金选矿	重选	16.0 m³/t（矿石）
			浮选	9.0 m³/t（矿石）
			氰化	8.0 m³/t（矿石）
			碳浆	8.0 m³/t（矿石）
2	焦化企业（煤气厂）			1.2 m³/t（焦炭）
3	有色金属冶炼及金属加工			水重复利用率 80%
4	石油炼制工业（不包括直排水炼油厂） 加工深度分类： A.燃料型炼油厂 B.燃料+润滑油型炼油厂 C.燃料+润滑油型+炼油化工型炼油厂 （包括加工高含硫原油页岩油和石油添加剂生产基地的炼油厂）	A	>500 万 t，1.0 m³/t（原油） 250 万～500 万 t，1.2 m³/t（原油） <250 万 t，1.5 m³/t（原油）	
		B	>500 万 t，1.5 m³/t（原油） 250 万～500 万 t，2.0 m³/t（原油） <250 万 t，2.0 m³/t（原油）	
		C	>500 万 t，2.0 m³/t（原油） 250 万～500 万 t，2.5 m³/t（原油） <250 万 t，2.5 m³/t（原油）	
5	合成洗涤剂工业	氯化法生产烷基苯		200.0 m³/t（烷基苯）
		裂解法生产烷基苯		70.0 m³/t（烷基苯）
		烷基苯生产合成洗涤剂		10.0 m³/t（产品）
6	合成脂肪酸工业			200.0 m³/t（产品）
7	湿法生产纤维板工业			30.0 m³/t（板）
8	制糖工业	甘蔗制糖		10.0 m³/t（甘蔗）
		甜菜制糖		4.0 m³/t（甜菜）
9	皮革工业	猪盐湿皮		60.0 m³/t（原皮）
		牛干皮		100.0 m³/t（原皮）
		羊干皮		150.0 m³/t（原皮）
10	发酵、酿造工业	酒精工业	以玉米为原料	100.0 m³/t（酒精）
			以薯类为原料	80.0 m³/t（酒精）
			以糖蜜为原料	70.0 m³/t（酒精）
		味精工业		600.0 m³/t（味精）
		啤酒工业（排水量不包括麦芽水部分）		16.0 m³/t（啤酒）
11	铬盐工业			5.0 m³/t（产品）
12	硫酸工业（水洗法）			15.0 m³/t（硫酸）
13	苎麻脱胶工业			500 m³/t（原麻）或 750 m³/t（精干麻）
14	化纤浆粕			本色：150 m³/t（浆） 漂白：240 m³/t（浆）
15	黏胶纤维工业（单纯纤维）	短纤维（棉型中长纤维、毛型中长纤维）		300.0 m³/t（纤维）
		长纤维		800.0 m³/t（纤维）
16	铁路货车洗刷			5.0 m³/辆
17	电影洗片			5 m³/1 000 m（35 mm 的胶片）
18	石油沥青工业			冷却池的水循环利用率 95%

表 4　第二类污染物最高允许排放浓度

（1998 年 1 月 1 日后建设的单位）　　　　　　　　　单位：mg/L

序号	污染物	适用范围	一级标准	二级标准	三级标准
1	pH	一切排污单位	6～9	6～9	6～9
2	色度（稀释倍数）	一切排污单位	50	80	—
3	悬浮物（SS）	采矿、选矿、选煤工业	70	300	—
		脉金选矿	70	400	—
		边远地区砂金选矿	70	800	—
		城镇二级污水处理厂	20	30	—
		其他排污单位	70	150	400
4	五日生化需氧量（BOD_5）	甘蔗制糖、苎麻脱胶、湿法纤维板、染料、洗毛工业	20	60	600
		甜菜制糖、酒精、味精、皮革、化纤浆粕工业	20	100	600
		城镇二级污水处理厂	20	30	—
		其他排污单位	20	30	300
5	化学需氧量（COD）	甜菜制糖、合成脂肪酸、湿法纤维板、染料、洗毛、有机磷农药工业	100	200	1 000
		味精、酒精、医药原料药、生物制药、苎麻脱胶、皮革、化纤浆粕工业	100	300	1 000
		石油化工工业（包括石油炼制）	60	120	500
		城镇二级污水处理厂	60	120	—
		其他排污单位	100	150	500
6	石油类	一切排污单位	5	10	20
7	动植物油	一切排污单位	10	15	100
8	挥发酚	一切排污单位	0.5	0.5	2.0
9	总氰化合物	一切排污单位	0.5	0.5	1.0
10	硫化物	一切排污单位	1.0	1.0	1.0
11	氨氮	医药原料药、染料、石油化工工业	15	50	—
		其他排污单位	15	25	—

序号	污染物	适用范围	一级标准	二级标准	三级标准
12	氟化物	黄磷工业	10	15	20
		低氟地区（水体含氟量＜0.5 mg/L）	10	20	30
		其他排污单位	10	10	20
13	磷酸盐（以P计）	一切排污单位	0.5	1.0	—
14	甲醛	一切排污单位	1.0	2.0	5.0
15	苯胺类	一切排污单位	1.0	2.0	5.0
16	硝基苯类	一切排污单位	2.0	3.0	5.0
17	阴离子表面活性剂（LAS）	一切排污单位	5.0	10	20
18	总铜	一切排污单位	0.5	1.0	2.0
19	总锌	一切排污单位	2.0	5.0	5.0
20	总锰	合成脂肪酸工业	2.0	5.0	5.0
		其他排污单位	2.0	2.0	5.0
21	彩色显影剂	电影洗片	1.0	2.0	3.0
22	显影剂及氧化物总量	电影洗片	3.0	3.0	6.0
23	元素磷	一切排污单位	0.1	0.1	0.3
24	有机磷农药（以P计）	一切排污单位	不得检出	0.5	0.5
25	乐果	一切排污单位	不得检出	1.0	2.0
26	对硫磷	一切排污单位	不得检出	1.0	2.0
27	甲基对硫磷	一切排污单位	不得检出	1.0	2.0
28	马拉硫磷	一切排污单位	不得检出	5.0	10
29	五氯酚及五氯酚钠（以五氯酚计）	一切排污单位	5.0	8.0	10
30	可吸附有机卤化物（AOX）（以Cl计）	一切排污单位	1.0	5.0	8.0
31	三氯甲烷	一切排污单位	0.3	0.6	1.0
32	四氯化碳	一切排污单位	0.03	0.06	0.5
33	三氯乙烯	一切排污单位	0.3	0.6	1.0
34	四氯乙烯	一切排污单位	0.1	0.2	0.5
35	苯	一切排污单位	0.1	0.2	0.5

序号	污染物	适用范围	一级标准	二级标准	三级标准
36	甲苯	一切排污单位	0.1	0.2	0.5
37	乙苯	一切排污单位	0.4	0.6	1.0
38	邻-二甲苯	一切排污单位	0.4	0.6	1.0
39	对-二甲苯	一切排污单位	0.4	0.6	1.0
40	间-二甲苯	一切排污单位	0.4	0.6	1.0
41	氯苯	一切排污单位	0.2	0.4	1.0
42	邻-二氯苯	一切排污单位	0.4	0.6	1.0
43	对-二氯苯	一切排污单位	0.4	0.6	1.0
44	对-硝基氯苯	一切排污单位	0.5	1.0	5.0
45	2,4-二硝基氯苯	一切排污单位	0.5	1.0	5.0
46	苯酚	一切排污单位	0.3	0.4	1.0
47	间-甲酚	一切排污单位	0.1	0.2	0.5
48	2,4-二氯酚	一切排污单位	0.6	0.8	1.0
49	2,4,6-三氯酚	一切排污单位	0.6	0.8	1.0
50	邻苯二甲酸二丁酯	一切排污单位	0.2	0.4	2.0
51	邻苯二甲酸二辛酯	一切排污单位	0.3	0.6	2.0
52	丙烯腈	一切排污单位	2.0	5.0	5.0
53	总硒	一切排污单位	0.1	0.2	0.5
54	粪大肠菌群数	医院*、兽医院及医疗机构含病原体污水	500 个/L	1 000 个/L	5 000 个/L
		传染病、结核病医院污水	100 个/L	500 个/L	1 000 个/L
55	总余氯（采用氯化消毒的医院污水）	医院*、兽医院及医疗机构含病原体污水	<0.5**	>3（接触时间≥1 h）	>2（接触时间≥1 h）
		传染病、结核病医院污水	<0.5**	>6.5（接触时间≥1.5 h）	>5（接触时间≥1.5 h）
56	总有机碳（TOC）	合成脂肪酸工业	20	40	—
		苎麻脱胶工业	20	60	—
		其他排污单位	20	30	—

注：其他排污单位：指除在该控制项目中所列行业以外的一切排污单位。

*指 50 个床位以上的医院。

**加氯消毒后须进行脱氯处理，达到本标准。

表5 部分行业最高允许排水量

（1998年1月1日后建设的单位）

序号	行业类别				最高允许排水量或最低允许水重复利用率	
1	矿山工业	有色金属系统选矿			水重复利用率75%	
		其他矿山工业采矿、选矿、选煤等			水重复利用率90%（选煤）	
		脉金选矿	重选		16.0 m³/t（矿石）	
			浮选		9.0 m³/t（矿石）	
			氰化		8.0 m³/t（矿石）	
			碳浆		8.0 m³/t（矿石）	
2	焦化企业（煤气厂）				1.2 m³/t（焦炭）	
3	有色金属冶炼及金属加工				水重复利用率80%	
4	石油炼制工业（不包括直排水炼油厂）加工深度分类： A.燃料型炼油厂 B.燃料+润滑油型炼油厂 C.燃料+润滑油型+炼油化工型炼油厂 （包括加工高含硫原油页岩油和石油添加剂生产基地的炼油厂）			A	>500万t，1.0 m³/t（原油） 250万～500万t，1.2 m³/t（原油） <250万t，1.5 m³/t（原油）	
				B	>500万t，1.5 m³/t（原油） 250万～500万t，2.0 m³/t（原油） <250万t，2.0 m³/t（原油）	
				C	>500万t，2.0 m³/t（原油） 250万～500万t，2.5 m³/t（原油） <250万t，2.5 m³/t（原油）	
5	合成洗涤剂工业	氯化法生产烷基苯			200.0 m³/t（烷基苯）	
		裂解法生产烷基苯			70.0 m³/t（烷基苯）	
		烷基苯生产合成洗涤剂			10.0 m³/t（产品）	
6	合成脂肪酸工业				200.0 m³/t（产品）	
7	湿法生产纤维板工业				30.0 m³/t（板）	
8	制糖工业	甘蔗制糖			10.0 m³/t（甘蔗）	
		甜菜制糖			4.0 m³/t（甜菜）	
9	皮革工业	猪盐湿皮			60.0 m³/t（原皮）	
		牛干皮			100.0 m³/t（原皮）	
		羊干皮			150.0 m³/t（原皮）	
10	发酵、酿造工业	酒精工业	以玉米为原料		100.0 m³/t（酒精）	
			以薯类为原料		80.0 m³/t（酒精）	
			以糖蜜为原料		70.0 m³/t（酒精）	
		味精工业			600.0 m³/t（味精）	
		啤酒工业 （排水量不包括麦芽水部分）			16.0 m³/t（啤酒）	
11	铬盐工业				5.0 m³/t（产品）	
12	硫酸工业（水洗法）				15.0 m³/t（硫酸）	
13	苎麻脱胶工业				500 m³/t（原麻）	
					750 m³/t（精干麻）	

序号	行业类别		最高允许排水量或最低允许水重复利用率
14	黏胶纤维工业单纯纤维	短纤维（棉型中长纤维、毛型中长纤维）	300.0 m³/t（纤维）
		长纤维	800.0 m³/t（纤维）
15	化纤浆粕		本色：150 m³/t（浆） 漂白：240 m³/t（浆）
16	制药工业医药原料	青霉素	4 700 m³/t（青霉素）
		链霉素	1 450 m³/t（链霉素）
		土霉素	1 300 m³/t（土霉素）
		四环素	1 900 m³/t（四环素）
		洁霉素	9 200 m³/t（洁霉素）
		金霉素	3 000 m³/t（金霉素）
		庆大霉素	20 400 m³/t（庆大霉素）
		维生素 C	1 200 m³/t（维生素 C）
		氯霉素	2 700 m³/t（氯霉素）
		新诺明	2 000 m³/t（新诺明）
		维生素 B$_1$	3 400 m³/t（维生素 B$_1$）
		安乃近	180 m³/t（安乃近）
		非那西汀	750 m³/t（非那西汀）
		呋喃唑酮	2 400 m³/t（呋喃唑酮）
		咖啡因	1 200 m³/t（咖啡因）
17	有机磷农药工业*	乐果**	700 m³/t（产品）
		甲基对硫磷（水相法）**	300 m³/t（产品）
		对硫磷（P$_2$S$_5$法）**	500 m³/t（产品）
		对硫磷（PSCl$_3$法）**	550 m³/t（产品）
		敌敌畏（敌百虫碱解法）	200 m³/t（产品）
		敌百虫	40 m³/t（产品） （不包括三氯乙醛生产废水）
		马拉硫磷	700 m³/t（产品）
18	除草剂工业*	除草醚	5 m³/t（产品）
		五氯酚钠	2 m³/t（产品）
		五氯酚	4 m³/t（产品）
		2 甲 4 氯	14 m³/t（产品）
		2,4-D	4 m³/t（产品）
		丁草胺	4.5 m³/t（产品）
		绿麦隆（以 Fe 粉还原）	2 m³/t（产品）
		绿麦隆（以 Na$_2$S 还原）	3 m³/t（产品）
19	火力发电工业		3.5 m³/（MW·h）
20	铁路货车洗刷		5.0 m³/辆
21	电影洗片		5 m³/1 000 m（35 mm 胶片）
22	石油沥青工业		冷却池的水循环利用率 95%

注：*产品按 100%浓度计。

**不包括 P$_2$S$_5$、PSCl$_3$、PCl$_3$ 原料生产废水。

附录八 城镇污水处理厂排放标准（GB 18918—2002）（摘录）

表1 基本控制项目最高允许排放浓度（日均值）　　　　单位：mg/L

序号	基本控制项目		一级标准		二级标准	三级标准
			A 标准	B 标准		
1	化学需氧量（COD）		50	60	100	120[①]
2	生化需氧量（BOD₅）		10	20	30	60[①]
3	悬浮物（SS）		10	20	30	50
4	动植物油		1	3	5	20
5	石油类		1	3	5	15
6	阴离子表面活性剂		0.5	1	2	5
7	总氮（以 N 计）		15	20	—	—
8	氨氮（以 N 计）[②]		5（8）	8（15）	25（30）	—
9	总磷（以 P 计）	2005 年 12 月 31 日前建设的	1	1.5	3	5
		2006 年 1 月 1 日起建设的	0.5	1	3	5
10	色度（稀释倍数）		30	30	40	50
11	pH		6～9			
12	粪大肠菌群数/（个/L）		10^4	10^4	10^4	—

注：①下列情况下按去除率指标执行：当进水 COD 大于 350 mg/L 时，去除率应大于 60%；BOD 大于 160 mg/L 时，去除率应大于 50%。
②括号外数值为水温＞12℃时的控制指标，括号内数值为水温≤12℃时的控制指标。

表2 部分一类污染物最高允许排放浓度（日均值）　　　　单位：mg/L

序号	项目	标准值
1	总汞	0.001
2	烷基汞	不得检出
3	总镉	0.01
4	总铬	0.1
5	六价铬	0.05
6	总砷	0.1
7	总铅	0.1

表3　选择控制项目最高允许排放浓度（日均值）　　　　单位：mg/L

序号	选择控制项目	标准值	序号	选择控制项目	标准值
1	总镍	0.05	23	三氯乙烯	0.3
2	总铍	0.002	24	四氯乙稀	0.1
3	总银	0.1	25	苯	0.1
4	总铜	0.5	26	甲苯	0.1
5	总锌	1.0	27	邻-二甲苯	0.4
6	总锰	2.0	28	对-二甲苯	0.4
7	总硒	0.1	29	间-二甲苯	0.4
8	苯并[a]芘	0.000 03	30	乙苯	0.4
9	挥发酚	0.5	31	氯苯	0.3
10	总氰化物	0.5	32	1,4-二氯苯	0.4
11	硫化物	1.0	33	1,2-二氯苯	1.0
12	甲醛	1.0	34	对-硝基氯苯	0.5
13	苯胺类	0.5	35	2,4-二硝基氯苯	0.5
14	总硝基化合物	2.0	36	苯酚	0.3
15	有机磷农药（以P计）	0.5	37	间-甲酚	0.1
16	马拉硫磷	1.0	38	2,4-二氯酚	0.6
17	乐果	0.5	39	2,4,6-三氯酚	0.6
18	对硫磷	0.05	40	邻苯二甲酸二丁酯	0.1
19	甲基对硫磷	0.2	41	邻苯二甲酸二辛酯	0.1
20	五氯酚	0.5	42	丙烯晴	2.0
21	三氯甲烷	0.3	43	可吸附有机卤化物（AOX 以 Cl 计）	1.0
22	四氯化碳	0.03			

附录九 环境空气质量标准（GB 3095—2012）（摘录）

环境空气功能区分为两类：一类区为自然保护区、风景名胜区和其他需要特殊保护的区域；二类区为居住区、商业交通居民混合区、文化区、工业区和农村地区。一类区适用一级浓度限值，二类区适用二级浓度限值。一类、二类环境空气功能区质量要求见表 1 和表 2。

表 1 环境空气污染物基本项目浓度限值

序号	污染物项目	平均时间	浓度限值		单位
			一级	二级	
1	二氧化硫（SO_2）	年平均	20	60	$\mu g/m^3$
		24 小时平均	50	150	
		1 小时平均	150	500	
2	二氧化氮（NO_2）	年平均	40	40	
		24 小时平均	80	80	
		1 小时平均	200	200	
3	一氧化碳（CO）	24 小时平均	4	4	mg/m^3
		1 小时平均	10	10	
4	臭氧（O_3）	日最大 8 小时平均	100	160	
		1 小时平均	160	200	
5	颗粒物（粒径小于等于 10 μm）	年平均	40	70	$\mu g/m^3$
		24 小时平均	50	150	
6	颗粒物（粒径小于等于 2.5 μm）	年平均	15	35	
		24 小时平均	35	75	

表2　环境空气污染物其他项目浓度限值

序号	污染物项目	平均时间	浓度限值		单位
			一级	二级	
1	总悬浮颗粒物（TSP）	年平均	80	200	$\mu g/m^3$
		24 小时平均	120	300	
2	氮氧化物（NO_x）	年平均	50	50	
		24 小时平均	100	100	
		1 小时平均	250	250	
3	铅（Pb）	年平均	0.5	0.5	
		季平均	1	1	
4	苯并[a]芘（BaP）	年平均	0.001	0.001	
		季平均	0.002	5	

　　任何情况下，有效的污染物浓度数据均应符合表3 中的最低要求，否则应视为无效数据。

表3　污染物浓度数据有效性的最低要求

污染物项目	平均时间	数据有效性规定
二氧化硫（SO_2）、二氧化氮（NO_2）、颗粒物（粒径小于等于 10 μm）、颗粒物（粒径小于等于 2.5 μm）、氮氧化物（NO_x）	年平均	每年至少有 324 个日平均浓度值 每月至少有 27 个日平均浓度值（2 月至少有 25 个日平均浓度值）
二氧化硫（SO_2）、二氧化氮（NO_2）、一氧化碳（CO）、颗粒物（粒径小于等于 10 μm）、颗粒物（粒径小于等于 2.5 μm）、氮氧化物（NO_x）	24 小时平均	每日至少有 20 个小时平均浓度值或采样时间
臭氧（O_3）	8 小时平均	每 8 小时至少有 6 小时平均浓度值
二氧化硫（SO_2）、二氧化氮（NO_2）、一氧化碳（CO）、臭氧（O_3）、氮氧化物（NO_x）	1 小时平均	每小时至少有 45 分钟的采样时间
总悬浮颗粒物（TSP）、苯并[a]芘（BaP）、铅（Pb）	年平均	每年至少有分布均匀的 60 个日平均浓度值 每月至少有分布均匀的 5 个日平均浓度值
铅（Pb）	季平均	每季至少有分布均匀的 15 个日平均浓度值 每月至少有分布均匀的 5 个日平均浓度值
总悬浮颗粒物（TSP）、苯并[a]芘（BaP）、铅（Pb）	24 小时平均	每日应有 24 小时的采样时间

附录十　大气污染物综合排放标准（GB 16279—1996）（摘录）

表 1　现有污染源大气污染物排放限值

序号	污染物	最高允许排放浓度/（mg/m³）	最高允许排放速率/（kg/h）				无组织排放监控浓度限值	
			排气筒高度/m	一级	二级	三级	监控点	浓度/（mg/m³）
1	二氧化硫	1 200 （硫、二氧化硫、硫酸和其他含硫化合物生产） 700 （硫、二氧化硫、硫酸和其他含硫化合物使用）	15 20 30 40 50 60 70 80 90 100	1.6 2.6 8.8 15 23 33 47 63 82 100	3.0 5.1 17 30 45 64 91 120 160 200	4.1 7.7 26 45 69 98 140 190 240 310	无组织排放源上风向设参照点，下风向设监控点[1]	0.50 （监控点与参照点浓度差值）
2	氮氧化物	1 700 （硫酸、氮肥和火炸药生产） 420 （硝酸使用和其他）	15 20 30 40 50 60 70 80 90 100	0.47 0.77 2.6 4.6 7.0 9.9 14 19 24 31	0.91 1.5 5.1 8.9 14 19 27 37 47 61	1.4 2.3 7.7 14 21 29 41 56 72 92	无组织排放源上风向设参照点，下风向设监控点	0.15 （监控点与参照点浓度差值）
3	颗粒物	22 （碳黑尘、染料尘）	15 20 30 40	禁排	0.60 1.0 4.0 6.8	0.87 1.5 5.9 10	周界外浓度最高点[2]	肉眼不可见
		80[3] （玻璃棉尘、石英粉尘、矿渣棉尘）	15 20 30 40	禁排	2.2 3.7 14 25	3.1 5.3 21 37	无组织排放源上风向设参照点，下风向设监控点	2.0 （监控点与参照点浓度差值）
		150 （其他）	15 20 30 40 50 60	2.1 3.5 14 24 36 51	4.1 6.9 27 46 70 100	5.9 10 40 69 110 150	无组织排放源上风向设参照点，下风向设监控点	5.0 （监控点与参照点浓度差值）

序号	污染物	最高允许排放浓度/（mg/m³）	最高允许排放速率/（kg/h）				无组织排放监控浓度限值	
			排气筒高度/m	一级	二级	三级	监控点	浓度/（mg/m³）
4	氯化氢	150	15	禁排	0.30	0.46	周界外浓度最高点	0.25
			20		0.51	0.77		
			30		1.7	2.6		
			40		3.0	4.5		
			50		4.5	6.9		
			60		6.4	9.8		
			70		9.1	14		
			80		12	19		
5	铬酸雾	0.080	15	禁排	0.009	0.014	周界外浓度最高点	0.007 5
			20		0.015	0.023		
			30		0.051	0.078		
			40		0.089	0.13		
			50		0.14	0.21		
			60		0.19	0.29		
6	硫酸雾	1 000（火炸药厂） 70（其他）	15	禁排	1.8	2.8	周界外浓度最高点	1.5
			20		3.1	4.6		
			30		10	16		
			40		18	27		
			50		27	41		
			60		39	59		
			70		55	83		
			80		74	110		
7	氟化物	100（普钙工业） 11（其他）	15	禁排	0.12	0.18	无组织排放源上风向设参照点，下风向设监控点	20 μg/m³（监控点与参照点浓度差值）
			20		0.20	0.31		
			30		0.69	1.0		
			40		1.2	1.8		
			50		1.8	2.7		
			60		2.6	3.9		
			70		3.6	5.5		
			80		4.9	7.5		
8	氯气[4]	85	25	禁排	0.60	0.90	周界外浓度最高点	0.50
			30		1.0	1.5		
			40		3.4	5.2		
			50		5.9	9.0		
			60		9.1	14		
			70		13	20		
			80		18	28		

序号	污染物	最高允许排放浓度/（mg/m³）	最高允许排放速率/（kg/h）				无组织排放监控浓度限值	
			排气筒高度/m	一级	二级	三级	监控点	浓度/（mg/m³）
9	铅及其化合物	0.90	15	禁排	0.005	0.007	周界外浓度最高点	0.007 5
			20		0.007	0.011		
			30		0.031	0.048		
			40		0.055	0.083		
			50		0.085	0.13		
			60		0.12	0.18		
			70		0.17	0.26		
			80		0.23	0.35		
			90		0.31	0.47		
			100		0.39	0.60		
10	汞及其化合物	0.015	15	禁排	1.8×10^{-3}	2.8×10^{-3}	周界外浓度最高点	0.001 5
			20		3.1×10^{-3}	4.6×10^{-3}		
			30		10×10^{-3}	16×10^{-3}		
			40		18×10^{-3}	27×10^{-3}		
			50		27×10^{-3}	41×10^{-3}		
			60		39×10^{-3}	59×10^{-3}		
11	镉及其化合物	1.0	15	禁排	0.060	0.090	周界外浓度最高点	0.050
			20		0.10	0.15		
			30		0.34	0.52		
			40		0.59	0.90		
			50		0.91	1.4		
			60		1.3	2.0		
			70		1.8	2.8		
			80		2.5	3.7		
12	铍及其化合物	0.015	15	禁排	1.3×10^{-3}	2.0×10^{-3}	周界外浓度最高点	0.001 0
			20		2.2×10^{-3}	3.3×10^{-3}		
			30		7.3×10^{-3}	11×10^{-3}		
			40		13×10^{-3}	19×10^{-3}		
			50		19×10^{-3}	29×10^{-3}		
			60		27×10^{-3}	41×10^{-3}		
			70		39×10^{-3}	58×10^{-3}		
			80		52×10^{-3}	79×10^{-3}		
13	镍及其化合物	5.0	15	禁排	0.18	0.28	周界外浓度最高点	0.050
			20		0.31	0.46		
			30		1.0	1.6		
			40		1.8	2.7		
			50		2.7	4.1		
			60		3.9	5.9		
			70		5.5	8.2		
			80		7.4	11		

序号	污染物	最高允许排放浓度/（mg/m³）	最高允许排放速率/（kg/h）				无组织排放监控浓度限值	
			排气筒高度/m	一级	二级	三级	监控点	浓度/（mg/m³）
14	锡及其化合物	10	15	禁排	0.36	0.55	周界外浓度最高点	0.30
			20		0.61	0.93		
			30		2.1	3.1		
			40		3.5	5.4		
			50		5.4	8.2		
			60		7.7	12		
			70		11	17		
			80		15	22		
15	苯	17	15	禁排	0.60	0.90	周界外浓度最高点	0.50
			20		1.0	1.5		
			30		3.3	5.2		
			40		6.0	9.0		
16	甲苯	60	15	禁排	3.6	5.5	周界外浓度最高点	3.0
			20		6.1	9.3		
			30		21	31		
			40		36	54		
17	二甲苯	90	15	禁排	1.2	1.8	周界外浓度最高点	1.5
			20		2.0	3.1		
			30		6.9	10		
			40		12	18		
18	酚类	115	15	禁排	0.12	0.18	周界外浓度最高点	0.10
			20		0.20	0.31		
			30		0.68	1.0		
			40		1.2	1.8		
			50		1.8	2.7		
			60		2.6	3.9		
19	甲醛	30	15	禁排	0.30	0.46	周界外浓度最高点	0.25
			20		0.51	0.77		
			30		1.7	2.6		
			40		3.0	4.5		
			50		4.5	6.9		
			60		6.4	9.8		

序号	污染物	最高允许排放浓度/（mg/m³）	最高允许排放速率/（kg/h）				无组织排放监控浓度限值	
			排气筒高度/m	一级	二级	三级	监控点	浓度/（mg/m³）
20	乙醛	150	15	禁排	0.060	0.090	周界外浓度最高点	0.050
			20		0.10	0.15		
			30		0.34	0.52		
			40		0.59	0.90		
			50		0.91	1.4		
			60		1.3	2.0		
21	丙烯腈	26	15	禁排	0.91	1.4	周界外浓度最高点	0.75
			20		1.5	2.3		
			30		5.1	7.8		
			40		8.9	13		
			50		14	21		
			60		19	29		
22	丙烯醛	20	15	禁排	0.61	0.92	周界外浓度最高点	0.50
			20		1.0	1.5		
			30		3.4	5.2		
			40		5.9	9.0		
			50		9.1	14		
			60		13	20		
23	氰化氢[5]	2.3	25	禁排	0.18	0.28	周界外浓度最高点	0.030
			30		0.31	0.46		
			40		1.0	1.6		
			50		1.8	2.7		
			60		2.7	4.1		
			70		3.9	5.9		
			80		5.5	8.3		
24	甲醇	220	15	禁排	6.1	9.2	周界外浓度最高点	15
			20		10	15		
			30		34	52		
			40		59	90		
			50		91	140		
			60		130	200		

序号	污染物	最高允许排放浓度/（mg/m³）	最高允许排放速率/（kg/h）				无组织排放监控浓度限值	
			排气筒高度/m	一级	二级	三级	监控点	浓度/（mg/m³）
25	苯胺类	25	15	禁排	0.61	0.92	周界外浓度最高点	0.50
			20		1.0	1.5		
			30		3.4	5.2		
			40		5.9	9.0		
			50		9.1	14		
			60		13	20		
26	氯苯类	85	15	禁排	0.67	0.92	周界外浓度最高点	0.50
			20		1.0	1.5		
			30		2.9	4.4		
			40		5.0	7.6		
			50		7.7	12		
			60		11	17		
			70		15	23		
			80		21	32		
			90		27	41		
			100		34	52		
27	硝基苯类	20	15	禁排	0.060	0.090	周界外浓度最高点	0.050
			20		0.10	0.15		
			30		0.34	0.52		
			40		0.59	0.90		
			50		0.91	1.4		
			60		1.3	2.0		
28	氯乙烯	65	15	禁排	0.91	1.4	周界外浓度最高点	0.75
			20		1.5	2.3		
			30		5.0	7.8		
			40		8.9	13		
			50		14	21		
			60		19	29		
29	苯并[a]芘	0.50×10^{-3}（沥青及碳素制品生产和加工）	15	禁排	0.06×10^{-3}	0.09×10^{-3}	周界外浓度最高点	$0.01\ \mu g/m^3$
			20		0.10×10^{-3}	0.15×10^{-3}		
			30		0.34×10^{-3}	0.51×10^{-3}		
			40		0.59×10^{-3}	0.89×10^{-3}		
			50		0.90×10^{-3}	1.4×10^{-3}		
			60		1.3×10^{-3}	2.0×10^{-3}		

序号	污染物	最高允许排放浓度/（mg/m³）	最高允许排放速率/（kg/h）				无组织排放监控浓度限值	
			排气筒高度/m	一级	二级	三级	监控点	浓度/（mg/m³）
30	光气[6]	5.0	25	禁排	0.12	0.18	周界外浓度最高点	0.10
			30		0.20	0.31		
			40		0.69	1.0		
			50		1.2	1.8		
31	沥青烟	280（吹制沥青） 80（熔炼、浸涂） 150（建筑搅拌）	15	0.11	0.22	0.34	生产设备不得有明显的无组织排放存在	
			20	0.19	0.36	0.55		
			30	0.82	1.6	2.4		
			40	1.4	2.8	4.2		
			50	2.2	4.3	6.6		
			60	3.0	5.9	9.0		
			70	4.5	8.7	13		
			80	6.2	12	18		
32	石棉尘	2 根（纤维）/cm³ 或 20 mg/m³	15	禁排	0.65	0.98	生产设备不得有明显的无组织排放存在	
			20		1.1	1.7		
			30		4.2	6.4		
			40		7.2	11		
			50		11	17		
33	非甲烷总烃	150（使用溶剂汽油或其他混合烃类物质）	15	6.3	12	18	周界外浓度最高点	5.0
			20	10	20	30		
			30	35	63	100		
			40	61	120	170		

注：1）一般应于无组织排放源上风向 2～50 m 范围内设参考点，排放源下风向 2～50 m 范围内设监控点。

2）周界外浓度最高点一般应设于排放源下风向的单位周界外 10 m 范围内。如预计无组织排放的最大落地浓度点超出 10 m 范围，可将监控点移至该预计浓度最高点。

3）均指含游离二氧化硅 10% 以上的各种尘。

4）排放氯气的排气筒不得低于 25 m。

5）排放氰化氢的排气筒不得低于 25 m。

6）排放光气的排气筒不得低于 25 m。

表 2　新污染源大气污染物排放限值

序号	污染物	最高允许排放浓度/（mg/m³）	最高允许排放速率/（kg/h）			无组织排放监控浓度限值	
			排气筒高度/m	二级	三级	监控点	浓度/（mg/m³）
1	二氧化硫	960（硫、二氧化硫、硫酸和其他含硫化合物生产）	15	2.6	3.5	周界外浓度最高点[1]	0.40
			20	4.3	6.6		
			30	15	22		
			40	25	38		
		550（硫、二氧化硫、硫酸和其他含硫化合物使用）	50	39	58		
			60	55	83		
			70	77	120		
			80	110	160		
			90	130	200		
			100	170	270		
2	氮氧化物	1 400（硝酸、氮肥和火炸药生产）	15	0.77	1.2	周界外浓度最高点	0.12
			20	1.3	2.0		
			30	4.4	6.6		
		240（硝酸使用和其他）	40	7.5	11		
			50	12	18		
			60	16	25		
			70	23	35		
			80	31	47		
			90	40	61		
			100	52	78		
3	颗粒物	18（碳黑尘、染料尘）	15	0.51	0.74	周界外浓度最高点	肉眼不可见
			20	0.85	1.3		
			30	3.4	5.0		
			40	5.8	8.5		
		60[2]（玻璃棉尘、石英粉尘、矿渣棉尘）	15	1.9	2.6	周界外浓度最高点	1.0
			20	3.1	4.5		
			30	12	18		
			40	21	31		
		120（其他）	15	3.5	5.0	周界外浓度最高点	1.0
			20	5.9	8.5		
			30	23	34		
			40	39	59		
			50	60	94		
			60	85	130		

序号	污染物	最高允许排放浓度/（mg/m³）	最高允许排放速率/（kg/h）			无组织排放监控浓度限值	
			排气筒高度/m	二级	三级	监控点	浓度/（mg/m³）
4	氯化氢	100	15	0.26	0.39	周界外浓度最高点	0.20
			20	0.43	0.65		
			30	1.4	2.2		
			40	2.6	3.8		
			50	3.8	5.9		
			60	5.4	8.3		
			70	7.7	12		
			80	10	16		
5	铬酸雾	0.070	15	0.008	0.012	周界外浓度最高点	0.006 0
			20	0.013	0.020		
			30	0.043	0.066		
			40	0.076	0.12		
			50	0.12	0.18		
			60	0.16	0.25		
6	硫酸雾	430（火炸药厂） 45（其他）	15	1.5	2.4	周界外浓度最高点	1.2
			20	2.6	3.9		
			30	8.8	13		
			40	15	23		
			50	23	35		
			60	33	50		
			70	46	70		
			80	63	95		
7	氟化物	90（普钙工业） 9.0（其他）	15	0.10	0.15	周界外浓度最高点	20 μg/m³
			20	0.17	0.26		
			30	0.59	0.88		
			40	1.0	1.5		
			50	1.5	2.3		
			60	2.2	3.3		
			70	3.1	4.7		
			80	4.2	6.3		
8	氯气[3]	65	25	0.52	0.78	周界外浓度最高点	0.40
			30	0.87	1.3		
			40	2.9	4.4		
			50	5.0	7.6		
			60	7.7	12		
			70	11	17		
			80	15	23		

序号	污染物	最高允许排放浓度/ (mg/m³)	最高允许排放速率/（kg/h)			无组织排放监控浓度限值	
			排气筒高度/m	二级	三级	监控点	浓度/ (mg/m³)
9	铅及其化合物	0.70	15	0.004	0.006	周界外浓度最高点	0.006 0
			20	0.006	0.009		
			30	0.027	0.041		
			40	0.047	0.071		
			50	0.072	0.11		
			60	0.10	0.15		
			70	0.15	0.22		
			80	0.20	0.30		
			90	0.26	0.40		
			100	0.33	0.51		
10	汞及其化合物	0.012	15	1.5×10^{-3}	2.4×10^{-3}	周界外浓度最高点	0.001 2
			20	2.6×10^{-3}	3.9×10^{-3}		
			30	7.8×10^{-3}	13×10^{-3}		
			40	15×10^{-3}	23×10^{-3}		
			50	23×10^{-3}	35×10^{-3}		
			60	33×10^{-3}	50×10^{-3}		
11	镉及其化合物	0.85	15	0.050	0.080	周界外浓度最高点	0.040
			20	0.090	0.13		
			30	0.29	0.44		
			40	0.50	0.77		
			50	0.77	1.2		
			60	1.1	1.7		
			70	1.5	2.3		
			80	2.1	3.2		
12	铍及其化合物	0.012	15	1.1×10^{-3}	1.7×10^{-3}	周界外浓度最高点	0.000 8
			20	1.8×10^{-3}	2.8×10^{-3}		
			30	6.2×10^{-3}	9.4×10^{-3}		
			40	11×10^{-3}	16×10^{-3}		
			50	16×10^{-3}	25×10^{-3}		
			60	23×10^{-3}	35×10^{-3}		
			70	33×10^{-3}	50×10^{-3}		
			80	44×10^{-3}	67×10^{-3}		

序号	污染物	最高允许排放浓度/ (mg/m³)	最高允许排放速率/ (kg/h)			无组织排放监控浓度限值	
			排气筒高度/m	二级	三级	监控点	浓度/ (mg/m³)
13	镍及其化合物	4.3	15	0.15	0.24	周界外浓度最高点	0.040
			20	0.26	0.34		
			30	0.88	1.3		
			40	1.5	2.3		
			50	2.3	3.5		
			60	3.3	5.0		
			70	4.6	7.0		
			80	6.3	10		
14	锡及其化合物	8.5	15	0.31	0.47	周界外浓度最高点	0.24
			20	0.52	0.79		
			30	1.8	2.7		
			40	3.0	4.6		
			50	4.6	7.0		
			60	6.6	10		
			70	9.3	14		
			80	13	19		
15	苯	12	15	0.50	0.80	周界外浓度最高点	0.40
			20	0.90	1.3		
			30	2.9	4.4		
			40	5.6	7.6		
16	甲苯	40	15	3.1	4.7	周界外浓度最高点	2.4
			20	5.2	7.9		
			30	18	27		
			40	30	46		
17	二甲苯	70	15	1.0	1.5	周界外浓度最高点	1.2
			20	1.7	2.6		
			30	5.9	8.8		
			40	10	15		
18	酚类	100	15	0.10	0.15	周界外浓度最高点	0.080
			20	0.17	0.26		
			30	0.58	0.88		
			40	1.0	1.5		
			50	1.5	2.3		
			60	2.2	3.3		

序号	污染物	最高允许排放浓度/（mg/m³）	最高允许排放速率/（kg/h）			无组织排放监控浓度限值	
			排气筒高度/m	二级	三级	监控点	浓度/（mg/m³）
19	甲醛	25	15	0.26	0.39	周界外浓度最高点	0.20
			20	0.43	0.65		
			30	1.4	2.2		
			40	2.6	3.8		
			50	3.8	5.9		
			60	5.4	8.3		
20	乙醛	125	15	0.050	0.080	周界外浓度最高点	0.040
			20	0.090	0.13		
			30	0.29	0.44		
			40	0.50	0.77		
			50	0.77	1.2		
			60	1.1	1.6		
21	丙烯腈	22	15	0.77	1.2	周界外浓度最高点	0.60
			20	1.3	2.0		
			30	4.4	6.6		
			40	7.5	11		
			50	12	18		
			60	16	25		
22	丙烯醛	16	15	0.52	0.78	周界外浓度最高点	0.40
			20	0.87	1.3		
			30	2.9	4.4		
			40	5.0	7.6		
			50	7.7	12		
			60	11	17		
23	氰化氢[4]	1.9	25	0.15	0.24	周界外浓度最高点	0.024
			30	0.26	0.39		
			40	0.88	1.3		
			50	1.5	2.3		
			60	2.3	3.5		
			70	3.3	5.0		
			80	4.6	7.0		
24	甲醇	190	15	5.1	7.8	周界外浓度最高点	12
			20	8.6	13		
			30	29	44		
			40	50	70		
			50	77	120		
			60	100	170		

序号	污染物	最高允许排放浓度/ (mg/m³)	最高允许排放速率/（kg/h）			无组织排放监控浓度限值	
			排气筒高度/m	二级	三级	监控点	浓度/ （mg/m³）
25	苯胺类	20	15	0.52	0.78	周界外浓度最高点	0.40
			20	0.87	1.3		
			30	2.9	4.4		
			40	5.0	7.6		
			50	7.7	12		
			60	11	17		
26	氯苯类	60	15	0.52	0.78	周界外浓度最高点	0.40
			20	0.87	1.3		
			30	2.5	3.8		
			40	4.3	6.5		
			50	6.6	9.9		
			60	9.3	14		
			70	13	20		
			80	18	27		
			90	23	35		
			100	29	44		
27	硝基苯类	16	15	0.050	0.080	周界外浓度最高点	0.040
			20	0.090	0.13		
			30	0.29	0.44		
			40	0.50	0.77		
			50	0.77	1.2		
			60	1.1	1.7		
28	氯乙烯	36	15	0.77	1.2	周界外浓度最高点	0.60
			20	1.3	2.0		
			30	4.4	6.6		
			40	7.5	11		
			50	12	18		
			60	16	25		
29	苯并[a]芘	0.30×10^{-3} （沥青及碳素制品生产和加工）	15	0.050×10^{-3}	0.080×10^{-3}	周界外浓度最高点	0.008 μg/m³
			20	0.085×10^{-3}	0.13×10^{-3}		
			30	0.29×10^{-3}	0.43×10^{-3}		
			40	0.50×10^{-3}	0.76×10^{-3}		
			50	0.77×10^{-3}	1.2×10^{-3}		
			60	1.1×10^{-3}	1.7×10^{-3}		

序号	污染物	最高允许排放浓度/(mg/m³)	最高允许排放速率/(kg/h)			无组织排放监控浓度限值	
			排气筒高度/m	二级	三级	监控点	浓度/(mg/m³)
30	光气[5]	3.0	25	0.10	0.15	周界外浓度最高点	0.080
			30	0.17	0.26		
			40	0.59	0.88		
			50	1.0	1.5		
31	沥青烟	140（吹制沥青）40（熔炼、浸涂）75（建筑搅拌）	15	0.18	0.27	生产设备不得有明显的无组织排放存在	
			20	0.30	0.45		
			30	1.3	2.0		
			40	2.3	3.5		
			50	3.6	5.4		
			60	5.6	7.5		
			70	7.4	11		
			80	10	15		
32	石棉尘	1根（纤维）/cm³ 或 10 mg/m³	15	0.55	0.83	生产设备不得有明显的无组织排放存在	
			20	0.93	1.4		
			30	3.6	5.4		
			40	6.2	9.3		
			50	9.4	14		
33	非甲烷总烃	120（使用溶剂汽油或其他混合烃类物质）	15	10	16	周界外浓度最高点	4.0
			20	17	27		
			30	53	83		
			40	100	150		

注：1）周界外浓度最高点一般应设置于无组织排放源下风向的单位周界外 10 m 范围内，若预计无组织排放的最大落地浓度点超出 10 m 范围，可将监控点移至该预计浓度最高点。

2）均指含游离二氧化硅超过 10%以上的各种尘。

3）排放氯气的排气筒不得低于 25 m。

4）排放氰化氢的排气筒不得低于 25 m。

5）排放光气的排气筒不得低于 25 m。

附录十一 声环境质量标准（GB 3096—2008）（摘录）

按区域的使用功能特点和环境质量要求，声环境功能区分为以下五种类型：

0 类声环境功能区：指康复疗养区等特别需要安静的区域。

1 类声环境功能区：指以居民住宅、医疗卫生、文化教育、科研设计、行政办公为主要功能，需要保持安静的区域。

2 类声环境功能区：指以商业金融、集市贸易为主要功能，或者居住、商业、工业混杂，需要维护住宅安静的区域。

3 类声环境功能区：指以工业生产、仓储物流为主要功能，需要防止工业噪声对周围环境产生严重影响的区域。

4 类声环境功能区：指交通干线两侧一定距离之内，需要防止交通噪声对周围环境产生严重影响的区域，包括 4a 类和 4b 类两种类型。4a 类为高速公路、一级公路、二级公路、城市快速路、城市主干路、城市次干路、城市轨道交通（地面段）、内河航道两侧区域；4b 类为铁路干线两侧区域。

各类声环境功能区适用表 1 规定的环境噪声等效声级限值。

表 1 环境噪声限值　　　　　　　单位：dB（A）

声环境功能区类别		时段	
		昼间	夜间
0 类		50	40
1 类		55	45
2 类		60	50
3 类		65	55
4 类	4a 类	70	55
	4b 类	70	60

表 1 中 4b 类声环境功能区环境噪声限值，适用于 2011 年 1 月 1 日起环境影响评价文件通过审批的新建铁路（含新开廊道的增建铁路）干线建设项目两侧区域；

在下列情况下，铁路干线两侧区域不通过列车时的环境背景噪声限值，按昼间 70 dB（A）、夜间 55 dB（A）执行：a）穿越城区的既有铁路干线；b）对穿越城区的既有铁路干线进行改建、扩建的铁路建设项目。既有铁路是指 2010 年 12 月 31 日前已建成运营的铁路或环境影响评价文件已通过审批的铁路建设项目。

各类声环境功能区夜间突发噪声，其最大声级超过环境噪声限值的幅度不得高于 15 dB（A）。

附录十二 工业企业厂界噪声标准（GB 12348—2008）（摘录）

表1 工业企业厂界环境噪声排放限值　　　　　　　　　　单位：dB（A）

厂界外声环境功能区类别	时段	
	昼间	夜间
0	50	40
1	55	45
2	60	50
3	65	55
4	70	55

夜间频发噪声的最大声级超过限值的幅度不得高于 10 dB（A）。夜间偶发噪声的最大声级超过限值的幅度不得高于 15 dB（A）。工业企业若位于未划分声环境功能区的区域，当厂界外有噪声敏感建筑物时，由当地县级以上人民政府参照 GB 3096 和 GB/T 15190 的规定确定厂界外区域的声环境质量要求，并执行相应的厂界环境噪声排放限值。

当厂界与噪声敏感建筑物距离小于 1 m 时，厂界环境噪声应在噪声敏感建筑物的室内测量，并将表 1 中相应的限值减 10 dB（A）作为评价依据。

当固定设备排放的噪声通过建筑物结构传播至噪声敏感建筑物室内时，噪声敏感建筑物室内等效声级不得超过表 2 和表 3 规定的限值。

表2 结构传播固定设备室内噪声排放限值（等效声级）　　　单位：dB（A）

噪声敏感建筑物所处声环境功能区类别	A 类房间		B 类房间	
	昼间	夜间	昼间	夜间
0	40	30	40	30
1	40	30	45	35
2、3、4	45	35	50	40

说明：A 类房间—指以睡眠为主要目的，需要保证夜间安静的房间，包括住宅卧室、医院病房、宾馆客房等。B 类房间—指主要在昼间使用，需要保证思考与精神集中、正常讲话不被干扰的房间，包括学校教室、会议室、办公室、住宅中卧室以外的其他房间等。

表3　结构传播固定设备室内噪声排放限值（倍频带声压级）　　　单位：dB

噪声敏感建筑所处声环境功能区类别	时段	室内噪声倍频带声压级限值					
		倍频带中心频率/Hz 房间类型	31.5	63	125	250	500
0	昼间	A、B类房间	76	59	48	39	34
	夜间	A、B类房间	69	51	39	30	24
1	昼间	A类房间	76	59	48	39	34
		B类房间	79	63	52	44	38
	夜间	A类房间	69	51	39	30	24
		B类房间	72	55	43	35	29
2、3、4	昼间	A类房间	79	63	52	44	38
		B类房间	82	67	56	49	43
	夜间	A类房间	72	55	43	35	29
		B类房间	76	59	48	39	34

附录十三　建筑施工场界噪声限值（GB 12523—2011）（摘录）

表1　建筑施工场界环境噪声排放限值　　　单位：dB（A）

昼间	夜间
70	55

参考文献

[1] GB/T 8170—2008，数值修约规则与极限数值的表示和判定[S]. 北京：中国标准出版社，2008.

[2] 李云雁，胡传荣. 试验设计与数据处理[M]. 北京：化学业出版社，2017.

[3] 李兆华，胡细全，康群. 环境工程实验指导[M]. 武汉：中国地质大学出版社，2010.

[4] 陈泽堂. 水污染控制工程实验[M]. 北京：化学业出版社，2003.

[5] 张可方. 水处理实验技术[M]. 广州：暨南大学出版社，2003.

[6] 李燕成. 水处理实验技术[M]. 北京：中国建筑工业出版社，1989.

[7] 章非娟. 水污染控制工程实验[M]. 上海：同济大学出版社，1988.

[8] 高廷耀. 水污染控制工程（下）[M]. 北京：高等教育出版社，1989.

[9] 蒋展鹏. 环境工程学[M]. 北京：高等教育出版社，1992.

[10] HJ 2015—2012，水污染治理工程技术导则[S]. 北京：中国环境科学出版社，2012.

[11] HJ 2006—2010，污水混凝与絮凝处理工程技术规范[S]. 北京：中国环境科学出版社，2011.

[12] HJ 2007—2010，污水气浮处理工程技术规范[S]. 北京：中国环境科学出版社，2010.

[13] CJ/T 3015.2—1993，曝气器清水充氧性能测定[S]. 北京：中国标准出版社，1993.

[14] HJ 576—2010，厌氧-缺氧-好氧活性污泥法污水处理工程技术规范[S]. 北京：中国环境科学出版社，2011.

[15] HJ 577—2010，序批式活性污泥法污水处理工程技术规范[S]. 北京：中国环境科学出版社，2011.

[16] HJ 578—2010，氧化沟活性污泥法污水处理工程技术规范[S]. 北京：中国环境科学出版社，2011.

[17] HJ 2010—2011，膜生物法污水处理工程技术规范[S]. 北京：中国环境科学出版社，2012.

[18] HJ 579—2010，膜分离法污水处理工程技术规范[S]. 北京：中国环境科学出版社，2011.

[19] HJ 2009—2011，生物接触氧化法污水处理工程技术规范[S]. 北京：中国环境科学出版社，2012.

[20] HJ 2013—2012，升流式厌氧污泥床反应器污水处理工程技术规范[S]. 北京：中国环境科学出版社，2012.

[21] 郝吉明，段雷. 大气污染控制工程实验[M]. 北京：高等教育出版社，2004.

[22] 郝吉明，马广大，王书肖. 大气污染控制工程[M]. 北京：高等教育出版社，2010.

[23] 蔡俊. 噪声污染控制工程[M]. 北京：中国环境科学出版社，2011.

[24] 国家环境保护总局编委会. 水和废水监测分析方法[M]. 4 版. 北京：中国环境科学出版社，2002.

[25] HJ 494—2009，水质 采样技术指导[S]. 北京：中国环境科学出版社，2009.

[26] HJ 495—2009，水质 采样技术指导[S]. 北京：中国环境科学出版社，2009.

[27] HJ 493—2009，水质 样品的保存和管理技术规定[S]. 北京：中国环境科学出版社，2009.

[28] HJ 535—2009，水质 氨氮的测定 纳氏试剂分光光度法[S]. 北京：中国环境科学出版社，2010.

[29] HJ/T 346—2007，水质 硝酸盐氮的测定紫外分光光度法（试行）[S]. 北京：中国环境科学出版社，2007.

[30] HJ 505—2009，水质 五日生化需氧量（BOD_5）的测定：稀释与接种法[S]. 北京：中国环境科学出版社，2009.

[31] HJ 828—2017，水质 化学需氧量的测定 重铬酸盐法[S]. 北京：中国环境科学出版社，2017.

[32] HJ 506—2009，水质 溶解氧的测定：电化学探头法[S]. 北京：中国环境科学出版社，2009.

[33] HJ 586—2010，水质 游离氯和总氯的测定 *N,N*-二乙基-1,4-苯二胺分光光度法[S]. 北京：中国环境科学出版社，2010.

[34] HJ 585—2010，水质 游离氯和总氯的测定 *N,N*-二乙基-1,4-苯二胺滴定法[S]. 北京：中国环境科学出版社，2010.

[35] HJ/T 101—2003，氨氮水质自动分析仪技术要求[S]. 北京：中国环境科学出版社，2010.

[36] HJ/T 377—2007，环境保护产品技术要求化学需氧量（COD_{Cr}）水质在线自动监测仪[S]. 北京：中国环境科学出版社，2007.

[37] 顾国维，何义亮. 膜生物反应器——在污水处理中的研究与应用[M]. 北京：化学工业出版社，2002.

[38] 王凯军，等. 城市污水生物处理新技术开发与应用[M]. 北京：化学工业出版社，2001.

[39] S.K.I.Sayed. Biological wastewater treatment[M]. Van Hall Institute，Groningen，1996.

[40] 国家环境保护总局编委会. 空气和废气监测分析方法（第四版）[M]. 北京：中国环境科学出版社，2003.

[41] 孙成. 环境监测实验[M]. 北京：科学出版社，2003.

[42] GB 3095—2012，环境空气质量标准[S]. 北京：中国环境科学出版社，2012.

[43] HJ/T 194—2005，环境空气质量手工监测技术规范[S]. 北京：中国环境科学出版社，2005.

[44] HJ 482—2009，环境空气二氧化硫的测定甲醛吸收—副玫瑰苯胺分光光度法[S]. 北京：中国环境科学出版社，2009.

[45] HJ 479—2009，环境空气氮氧化物（一氧化氮和二氧化氮）的测定盐酸萘乙二胺分光光度法[S]. 北京：中国环境科学出版社，2009.

[46] HJ 618—2011，环境空气 PM_{10} 和 $PM_{2.5}$ 的测定 重量法[S]. 北京：中国环境科学出版社，2011.

[47] GB/T 18883—2002，室内空气质量标准[S]. 北京：中国环境科学出版社，2002.

[48] HJ 640—2012，环境噪声监测技术规范 城市声环境常规监测[S]. 北京：中国环境科学出版社，

2012.

[49] GB 3096—2008，声环境质量标准[S]. 北京：中国环境科学出版社，2008.

[50] GB 12348—2008，工业企业厂界环境噪声排放标准[S]. 北京：中国环境科学出版社，2008.

[51] GB 22337—2008，社会生活环境噪声排放标准[S]. 北京：中国环境科学出版社，2008.

[52] GB 12523—2011，建筑施工场界环境噪声排放标准[S]. 北京：中国环境科学出版社，2011.

[53] 周群英，高延耀. 环境工程微生物[M]. 2 版. 北京：高等教育出版社，2003.

[54] 环境保护部科技标准司. 中国环境保护标准全书[M]. 北京：中国环境科学出版社，2013.

教师反馈卡

尊敬的老师：您好！

　　谢谢您购买本书。为了进一步加强我们与老师之间的联系与沟通，请您协助填妥下表，以便定期向您寄送最新的出版信息，您还有机会获得我们免费寄送的样书及相关的教辅材料；同时我们还会为您的教学工作以及论著或译著的出版提供尽可能的帮助。欢迎您对我们的产品和服务提出宝贵意见，非常感谢您的大力支持与帮助。

姓名：_____　年龄：_____　职务：_____　职称：_____

系别：_____　学院：_____　学校：_____

通信地址：_____　邮编：_____

电话（办）：_____（家）_____　E-mail _____

学历：_____　毕业学校：_____

国外进修或讲学经历：_____

	教授课程	学生水平	学生人数/年	开课时间
1.	_____	_____	_____	_____
2.	_____	_____	_____	_____
3.	_____	_____	_____	_____

您的研究领域：_____

您现在授课使用的教材名称：_____

您使用的教材的出版社：_____

您是否已经采用本书作为教材：□是；□否。

采用人数：_____

您使用的教材的购买渠道：□教材科；□出版社；□书店；□网店；□其他。

您需要以下教辅：□教师手册；□学生手册；□PPT；□习题集；□其他_____
　　　　　　　（我们将为选择本教材的老师提供现有教辅产品）

您对本书的意见：_____

您是否有翻译意向：□有；□没有。

您的翻译方向：_____

您是否计划或正在编著专著：□是；□没有。

您编著的专著的方向：_____

您还希望获得的服务：_____

填妥后请选择以下任何一种方式将此表返回（如方便请赐名片）：

地址：北京市东城区广渠门内大街 16 号　中国环境出版集团第二分社

邮编：100062

电话（传真）：（010）67113412

E-mail：shenjian1960@126.com

网址：http://www.cesp.com.cn